入門 算数学

黒木哲徳 著

第3版

日本評論社

第3版まえがき

このたび，第3版をお届けできることを大変うれしく思っています．

この本を読んでくださった皆様や大学の講義にご使用いただいた皆様の温かい励ましの賜物と，心から御礼を申し上げます．

さて，今回，学習指導要領が大きく改訂されることになりました．

その背景には，高度情報化社会の進展やグローバル化により，私たちを取り巻く社会的状況がこれまで以上に大きく変化し，将来の予測が難しくなっていることなどがあります．その一方で，教員大量退職の時期を迎え，教員の年齢構成が大きく変化し，我が国のこれまでの教員文化の継承が厳しくなっていることなどがあります．そのためか，学習指導要領の表記も詳しくなり，これまでに比べてタイトなものになっています．

しかしながら，今回，以前にも増して学習の方法にまで踏み込みすぎているのではないかと懸念しています．ここ数年，アクティブ・ラーニングという言葉が独り歩きして，一時“これぞアクティブ・ラーニング！　われこそアクティブ・ラーニングの専門家！”などと百花繚乱の様相を呈しました．定義をはっきりさせるということで，“主体的・対話的で深い学び”ということで決着をみたようですが，これとても，当初想定されたアクティブ・ラーニングとの関連が明確でなく，“対話的で深い学び”という学びの方法を主導することに変わりはありません．

ところで，この4年間ほど，私は義務教育の現場を肌で感じる仕事に携わらせていただきました．全くの想定外のことでしたが，非常に勉強になりました．

学校の先生については不祥事のみが大きく報道されますが，先生の多くは，子どもたちのために骨身を惜しんで真剣に取り組んでおられます．その真面目さが，我が国のこれまでの高い教育を支えてきたことは間違いありません．しかし，自由な授業研究を行う時間が全くといっていいほど無くなっている今日的状況では，その真面目さは，ともすると学習指導要領を忠実に実施する授業へと向かい，評価項目を気にするあまり，授業の楽しさや面白さが感じられなくなってきているようにも思えます．したがって，今回の指導方法に踏み込んだ表現は教育現場に混乱をもたらすのではないかと懸念しています.

その上,“何ができるようになるか”という学びの使用価値を強調した成果主義的な考えや,カリキュラム・マネジメントが強調されていることも気になります.現在のカリキュラム上の余裕も人的ゆとりもない中で,道徳が教科化され,小学校に英語が導入され,プログラミング教育などが付け加わって,より一層カリキュラムが窮屈になるのは目に見えています.カリキュラム・マネジメントがそのための逃げ口上にならなければいいがと心配をしています.

本来,カリキュラム・マネジメントは必要だと考えます.とりわけ,教員自身による自由な裁量があってこそ,すばらしい授業が生まれるのではないでしょうか.そのように機能することを期待したいものです.

一方で,教員の定数などの条件整備は手つかずのままです.部活指導を例にあげるまでもなく,真面目な教員たちが自分自身の身をさらに切り刻むことにならないような抜本的な施策が,いま必要なのではないでしょうか.

第3版を出版するにあたっては,これまで通り京岡成典・山田直子(旧姓高塚)両氏のご協力をはじめ,適切な指導をいただいている亀井哲治郎氏には今回も多大なるご示唆をいただきました.また,今回からモニター的な立場で,趙雪梅氏(南九州大学准教授)にも加わっていただきました.また,この本を使っていただき,適切な助言をいただいている宇野民幸氏(名古屋学院大学准教授)にも心から感謝を申し上げます.

私自身は講義の現場からは遠くなってしまいましたが,今後も皆様のご意見をいただきながら,この本をさらに成長させていければ幸いだと考えております.

2018年2月28日

黒木哲徳

第2版まえがき

このたび，第2版をお届けできることを非常にうれしく思っております．

この本が出版されて5年経ちました．その間，教育をめぐるさまざまな出来事が起きました．大きいのは教育基本法の改定でしょう．教育の憲法ともいえる高い理念の法律が，時の政治に左右されるような実務的な内容に格下げされたという感はぬぐえません．

世界的な教育をめぐる動向と照らしても非常に残念なことだと思っております．

とりわけ，1999年にドイツで開催されたG8で採択されたケルン憲章には特筆すべき内容があります．その前文は「21世紀は，どのようにして，学習する社会となり，必要とされる知識，技能，資格を市民が身につけることを確保するかである．経済や社会はますます知識に基づくものとなっており，教育と技能は，経済的成功，社会における責任，社会的一体感を実現する上で不可欠である」と述べ，「21世紀は柔軟性と変化の世紀となり，流動性への要請がかつてないほどに高まり，その流動性へのパスポートは，教育と生涯学習であり，この流動性のためのパスポートは，すべての人々に提供されなければならない」と結んでいます(著者要約)．さらに，具体的方策として，「すべての子供にとって，読み，書き，算数，情報通信技術(ICT)の十分な能力を達成するとともに，基本的な社会的技能の発展を可能とする初等教育」，「すべての人々にとっての政治的権利，社会的権利及び人権の尊重，寛容さや多元的共存の価値，異なるコミュニティー，見解，及び伝統の多様性への理解と敬意を含んだ民主的な市民であるための教育」の重要性が強調されるべきだとしています．

いまや，教育は国境を越えて全世界が取り組むべき重要な共通の課題となっています．

この憲章では，この21世紀にあっても「読み，書き，算数」の能力の重要性を述べており，この3つの基本的リテラシーが再確認されたともいえます．

このような背景の中で，近年大きな話題になっているのがOECDのPISA調査です．

PISA調査では「数学的リテラシー」という新たな概念が提起されました．そのことについては本文中に触れてあります．今回の全国学力調査では算数A,

算数Bの2種類のテストを課していますが，算数Bは明らかにPISAを意識していると考えられます．もっとも，全国学力調査に関しては悉皆調査が必要であったとは考えません．むしろ，そのことで教育の現場を混乱させ，教育をやりにくくさせる結果になってしまっては本末転倒です．

ケルン憲章が強調する初等教育の重要性をもう一度しっかり捉え直し，数学的リテラシーという新たな提起を読み解きながら，21世紀における算数や数学の教育をつくる必要があるのではないかと考えています．

今回の学習指導要領の改訂にあたっては，本書巻末の表はそれに対応させてあります．

これまでに読者の方々や，この本を講義に使ってくださっている方々からの励ましの言葉やご意見もたくさんいただき，ありがとうございました．

第2版にあたっては，第1版と同様，京岡成典・高塚直子の両氏が協力をしてくれましたし，この本の趣旨に賛同された山崎千代美氏(福井大学附属小学校教諭)は，領域の指導関連表を作ってくださいました．また，この本の生みの親である亀井哲治郎氏にはいつもながら的確なご指導をいただきました．加えて，福井大学で新たに数学教育を担当する伊禮三之氏もこの本を使った授業をやっていただいています．

今後も皆様のご意見をいただきながら，この本がさらに大きく育ってくれたらと願っております．

2008年7月17日

黒木哲徳

第1版まえがき

いま学力低下が問題になっています．

学力に関しては長い論争があり，学力とは何かということが真剣に議論され，いまでもそれは続いています．その一方で，計算力をはじめとする「読み，書き，計算」の力が身についていないということが明らかになってきました．子ども達の問題行動の中には，そのような基本的な力がないために派生すると考えられるものが含まれています．学力とは何かという議論に口をはさむつもりはありませんが，学力は極めて構造的であり，普遍的なものとそうでないものがあり，普遍的な枠組みにもとづく学習は避けることができないのです．ところが，「新しい学力観」が唱えられ，これまでの基本的な枠組みは古い学力とされてしまったようです．その結果，児童・生徒もそのことに振り回されて，学ぶことの基本的な指針を見失ってしまっているように思えます．

そこで，いま一度，古いとされた学力である「読み，書き，計算」をしっかりと考えてみることが必要ではないでしょうか．古いのではなく，基本的なコアであり，その必要性を踏まえた教育をしっかりやることです．「国語」と「算数」の2つをきちんとやりきるだけでも子ども達は大きく変化します．

小学校の教員養成のあり方も，今一度，そのような観点でのカリキュラム編成を考えてみる必要があります．特に，「算数」に関していうならば，教員養成系ですら「算数」に関する科目が教材研究を除けば，わずか1科目です．これで小学校の算数を教えるのに十分であるとはいえません．

この書は，その1科目の講義の講義録です．数学の研究者から出発して，教員養成系に勤めて30年になり，わずかに1科目でどのような内容を教えるべきか試行錯誤してきました．数学者の立場からみれば，やはり算数の背景である数学的内容を教えるべきであろうと考えています．さらには，算数の教育に関して，これまでの評価の確定した知見を踏まえるべきであろうとも考えます．そのような2つの観点から，算数を教えるために必要な背景について述べたつもりでいます．

ただ，この本の内容は類書に見られる以上のものを含んでいるわけではないことを断っておきます．また，半年の15回の講義の内容なので，すべてをカバーしているわけでもありません．算数の実践的内容に関しては，巷にすばらしいものが溢れているので，そのような本を参考にしてください．

とはいえ，すでに教師をなさっている方々はもちろんのこと，ご両親や一般の方々にも「算数って，何だった？」とふり返って読んでいただけたら幸いです．

特に，この書の中では，民間教育団体の数学教育協議会（数教協）などの成果で，すでに評価の定まっているものを取り入れています．それには理由があります．教員養成系の学部に勤務するようになってはじめてわかったことがありました．いまでは考えられないことですが，当時，地方の教育現場ではこれら民間教育団体の成果を取り入れた授業研究はタブーであり，民間教育団体の研究会に参加することすら憚られていたのです．実際にそのような団体を危険視する文章が密かに配布されているのを見たときは，非常にショックでした．数学の研究の世界ではとても考えられないことだったからです．その後，役目柄，公的な研究会の助言者になる機会が多く，意識的に公平な目でかかわってきました．

いまでは，このような民間教育団体の成果は教科書にも多く取り入れられています．

著者はそのような団体の会員ではありませんが，良いものは良いということで，講義の中でも積極的に紹介して，取り入れてきました．しかし，それらの方法論や成果を本当に理解するには，その数学的かつ教育学的意味の理解が不可欠だということです．それはハウ・ツウでないので，形だけを真似ても決してうまくいかないからです．

近年，算数の指導のハウ・ツウのみを知りたがる傾向が強く見うけられます．指導方法はとても重要なことですが，児童・生徒に応じて変えることが必要ですし，なによりも，算数の内容と意味を踏まえなければ，方法論としては全く意味がありません．したがって，その背景のところをしっかりと学習し，それを踏まえた指導方法を自分なりに確立することがもっと重要なことだと考えます．そうすれば，児童・生徒の立場に立った自分なりのすばらしい算数の教育ができるに違いないのです．本書をそのための参考にしていただけたら幸いです．

この本の出版にあたっては，多くの方々のお世話になりました．

すでに述べましたように，これは講義録に加筆したものです．私の講義の数年分をビデオで撮り，それを筆耕し，補足してくれたのは，当時の学生だった京岡成典君です．彼の献身的な協力がなければ，この本はできませんでした．また，拙著『なっとくする数学記号』（講談社）のカットを担当してくれた高塚直子さんが，今回も協力をしてくれました．彼女のほのぼのとしたカットに救われています．両人ともいまは福井県の教員です．

最後に，原稿を読んで，本にして出版することを勧めてくださった亀井哲治郎氏に深い感謝の意を表します．この本のタイトル「算数学」は亀井氏によるものです．著者としては，非常に恥ずかしいのですが，亀井氏の励ましだと考えて，今後充実した内容にしていきたいと考えています．

幸い，いま，朋友の中馬悟朗氏(福井大学教授)と学校教員を退職された山岸昭則氏にこの講義をやっていただいています．読者の方々のご意見もいただいて，数年後にはさらに充実した「算数学」にしたいと考えています．

2003年5月14日

黒木哲徳

目次

●第１章

数について

§1.1　数とは

「算数」や「数学」という言葉には「数」という文字が含まれているが，「数（すう）」とは一体何であろうか．算数や数学を 12 年間以上学んできた大学生に質問してみた．

Q：「数」とは何でしょう？

A：・かず

・量

・長さ

・いち，に，さん，……

といろいろな答えが出てきた．このように，改めて「数」とは何かと問い直されてみると困ってしまうのだが，ここで算数や数学を学ぶ上で最も基本となる「数」について考えてみる．まず下の絵 1-1 を見てみよう．

絵 1-1

これらの絵 1-1 は，いちご，ボールペン，車の集まりである．このような同じ仲間(いちご同士，……)の集まりを**集合**(しゅうごう)という．それではこの 3 つの集合に共通しているものは何だろう．まず色について考えてみる．いちごは赤色としても，ボールペンや車は赤色以外の色のものも存在する．よって色には共通点がない．このように，どんな形か，食べられるものか食べられないものかなど，3 つの集合についていろいろ考えてみても共通点が見当たらない．そこで，見た目以外の性質についても考えてみることにする．いちご，ボールペン，車のような**具体物**(ぐたいぶつ)のそれぞれ 1 つを，**半具体物**(はんぐたいぶつ)**(シルエット)**である ● の 1 つと 1 対 1 に対応(たいおう)させてみる．そのようにすると，いちご，ボールペン，車は図 1-2 のように半具体物で置き換えられて，そこからものの「個数」という概念が取り出せる．ものの集まりの属性(ぞくせい)である個数を取り出すことは，いちごやボールペン，車などの「もの」は何であっても関係ない．すべての「もの」の集まりには共通している性質として個数というものがあり，どのような集まりでもそれを取り出すことができる．逆にいちご，ボールペン，車の集まりからそれぞれ共通な性質である個数を考えると，どの集合でも半具体物である ● 1 つと過不足なく対応づけができる．

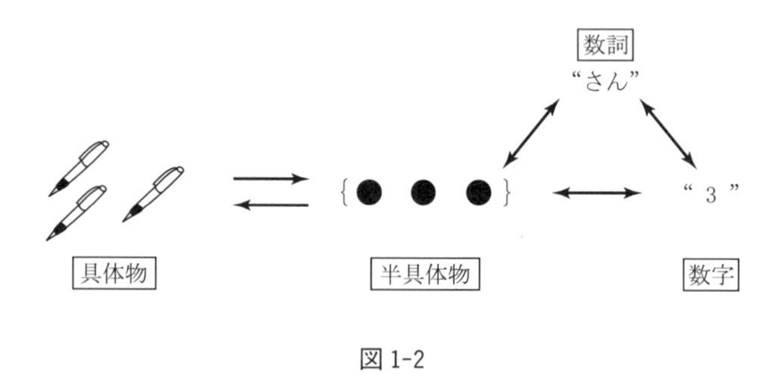

図 1-2

つまり，図 1-2 のような集合の場合，この個数を“さん”と命名し，“3”と書き記した．このように**ものの集まり(集合)**に**共通した性質(個数)**を**集合数**(しゅうごうすう)とよぶ．子どもが「数」について学ぶときに，ものの形や，色などの性質にこだわって考えてしまうと，いつまでもものの個数について理解することができない．このような性質を捨て，個数に着目させることが大切である．(コラム「1 対 1 対応」を参照)

このような，具体物から半具体物への対応は，数がまだ発見されていなかった時代から使われていた．家畜を広い大地に放牧させても家畜が逃げ出さないように家畜の数を把握する必要があった．朝，家畜を放牧させるときに，家畜 1 頭に

コラム

1対1対応

イチゴの集合を X，ボールペンの集合を Y とする．

集合 X のいちごにそれぞれ a, b, c と名前をつける．同様にボールペンにも x, y, z と名前をつける．ここで集合 X を構成している1つの**要素**に集合 Y を構成している1つの要素を**対応**させることを考える．そのようなもののうち，$a \to x$, $b \to y$, $c \to z$ という対応 f を考える(もちろん $a \to x$ としなくても，$a \to y$ というように，対応のさせ方はたくさんある)．

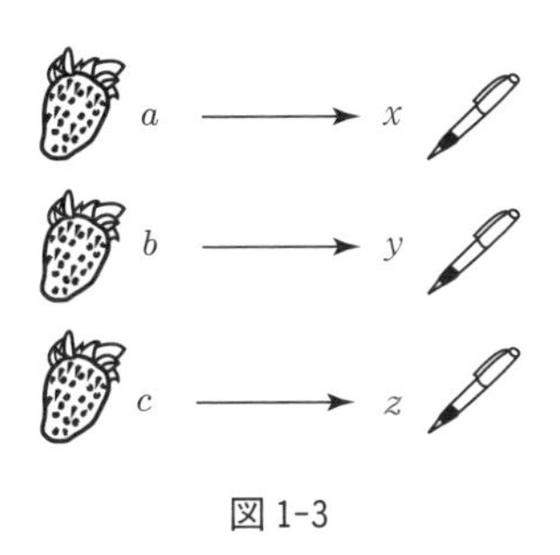

図1-3

そうすると，対応 f (写像)はある1つのものに対して違ったものが対応するという**1対1対応**である．また，この場合の対応には過不足がない．このような対応を**上への対応**という．

2つの集合の間に1対1対応でさらに上への対応がある場合に，この2つの集合の要素の個数は同じであるといえる．集合の要素の個数を考えるとき，無限の場合も考えられるので，集合の要素の個数のことを**濃度**とよんでいる．この意味で，2つの集合の間に1対1で上への対応があれば2つの濃度は等しいということになる．

対して１つの石を並べ，夕方その石を回収することで家畜の数を把握する．具体物である家畜を半具体物である石に対応させて考えていたというわけである．

また，豊臣秀吉の時代のエピソードとして，山にある木の本数の数え方で有名な話がある．山にある木の本数など数えることは不可能だと思われたが，縄をすべての木にしばり，すべての木に縄をしばり終えた後に，使用した縄の本数を数えたという．縄１本と木１本を１対１対応させることで，木の本数を数えることができる．一見不可能に感じられる山にある木の本数も，直接数えるのではなく，木の数を縄に対応させることで簡単に数えることができた．このように数を数える上で，１対１対応の考え方は非常に重要なのである．

さて次に，子どもは数をどのように認識していくかということを考えてみる．お母さんが兄弟にあめをあげた．この場合２人は，どちらのあめの数が多いか，比べようとする．しかし，数について学んでいない子どもは，数えて比べること

図 1-4

ができない．すると子どもは図1-4のように兄と弟の分を「1つに対して1つ」というように対応させて比べ，組み合わせができず残ったあめがある方を多いと判断する．また，あめを1人に対して1つずつ分けていくときには人間とあめを1対1に対応させて配っている．数の概念をまだ知らない子どもでも，1対1に対応づけることで，兄と弟のどちらのあめが多いか考えることができる．このような，1対1対応をさせて考えるということは子どもにとっても自然に行っていることであり，特別なことではない．この1対1対応という考え方は算数において基本的であることを知っておくことは極めて重要である．数の概念を知らなくても，このように考えられることから，1対1対応という考え方は数という概念を獲得する以前にあるといえる．

数を考える上で注意しなければならない点は，数には下の3つの不変性があるということである．

集合数の性質

① 1対1対応での不変性

② 分割での不変性

③ 順序変更での不変性

①は，1対1に対応させて数を数える場合，どのように対応させても数は変わらないことである．下の図1-5のように大きいもの3個と小さいもの4個があった場合，大きいもの3個の方が多いように子どもは感じてしまうことがある．

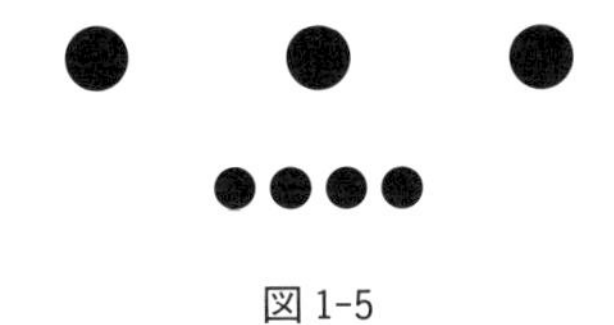

図1-5

これは結局ものの個数というものが理解できておらず，「多さ」と「大きさ」の区別ができずに単なる見かけ上で誤解してしまうことで起きる．先ほどのあめを数えるのと同様に，1対1対応させれば，どちらが多いかはすぐ理解でき，ものの大きさや属性によって個数が変わることはないことがわかる．

②は，ある集合を2つ以上のものに分けても，総数は変わらないということである．図1-6の a と b のように1つの皿に入れていたあめを2つ以上のかた

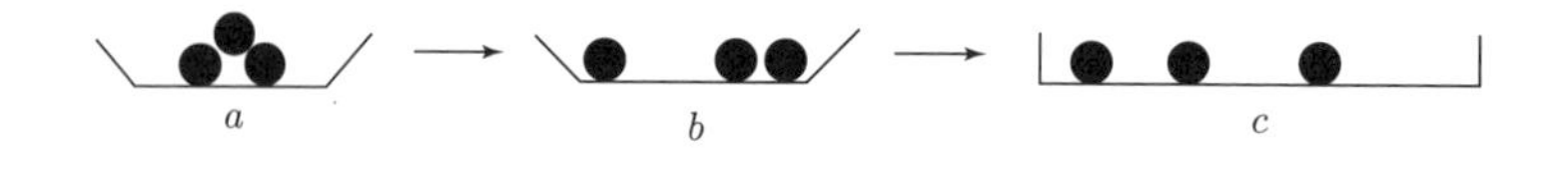

図 1-6

まりに分けても，また a と c のように違う形の皿に入れようとも，個数は変わらない．

③ は，どのような順番で数えても個数は変わらないことである．右から数え始めようが，左から数え始めようが，ものの個数には全く影響しない．

集合数にはこのような 3 つの性質がある．

これまで「数」は，ものの個数，つまり集合数のことを中心に述べてきたが，この「数」というものには別の側面もあり，次のように大きく 2 つに分けられる．

> **数の種類**
> **集合数**（しゅうごうすう）**(基数)**：ものの個数を表すもの
> **順序数**（じゅんじょすう）**(序数)**：ものの順序を表すもの

集合数とは，いままで述べてきたように，いちご，車，ボールペン，あめなどのようにものの個数を表すものであり，順序数とは，「何番目」というように順序を表すものである．

絵 1-7 （啓林館版『わくわくさんすう 1 ねん』を参考に作成）

数の構造を明確にするために，集合数と順序数の違いを認識し，これら2つの意味を指導することは重要である．しかし，ここで2つの考え方を同時に教えてしまうと子どもは混乱してしまう．そこで1～10までの集合数をよく理解した上で，小学校1年生の教科書では絵1-7のように違いを示している．

順序数で「前から4番目の人」といえば，前から順番に数えていき，4番目にいる1人の子どものことである．集合数で「前から4人」といえば，前から順番に数えていき，1番目，2番目，3番目，4番目までの合計4人を指すことになる．このように，4番目までの人が4人という集合数を示しているということから，集合数と順序数の関係がわかる．

生活の中で考えると，「数える」という作業を通じて集合数を確認していることが多い．最初に算数で「数」について勉強していくとき，絵1-1のいちごを見て，すぐに3個と答えることはできない．実際，子どもを見ていると，いちごに順番をつけていき，1つ，2つ，3つとなって初めていちごが3つあると確かめているようだ．それは順序の最後の数が，それらの集合数を示すからである．子どもたちにとって，集合数と順序数の関係はとても大切なことである．

ところで，ここで注意しなければならないのは，子どもが実際に1，2，3，……と唱えること(数唱(すうしょう))ができていても，実際には数を理解しているとは限らないということである．風呂場で最後に数を唱えてから出るということは誰もが経験したことであろう．しかし，この行為で使っている数と，それが表すものの個数がきちんと対応しているとはいいがたく，単なる数え方である日本語を唱えているにすぎない．数えることができるということは，数詞とものの個数が一致して初めていえるのである．数唱ができても，図1-8のように，1つの個数に対して2つ以上の数字が対応していれば「数」を理解したとはいいがたいのである．

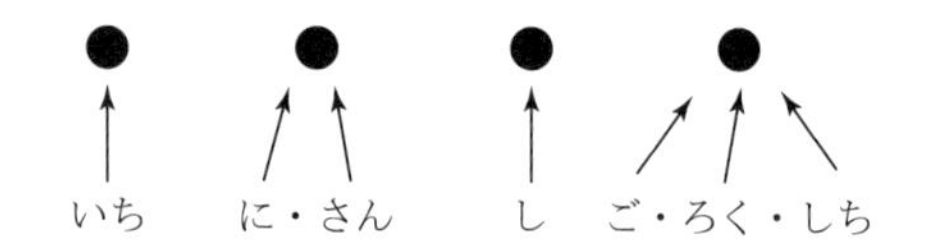

図 1-8

外国では，集合数と順序数の違いが歴然としている．それは，英語は「1」を集合数で「one」，順序数で「first」というように読み方(数詞(すうし))が全く異なるためである．しかし，日本語は，集合数で「いち」，順序数で「いちばんめ」というように，合理的に数詞が作られている．覚えるという点では，日本語の数詞は子どもが数の構造を知る意味で非常に便利であるが，逆に混同してしまう危険性もある．

それでは「数」を理解するのに，どのような段階が必要なのであろうか．次のことは，仲田紀夫著『お父さんのための算数と数学の本』(日本実業出版社)に述べられている目標である．

① 1つ1つ実物に指をあてながら数える．
② 1つ1つ移動させて，かたまりをつくって数える．
③ 指で触れたり，移動せずに目で見て数える．
④ 動いているものを，目で見て数える．
⑤ 数え直しのできないもの(走っている車など)を数える．
⑥ 目で見えないもの(手をたたく音など)を数える．
⑦ 声を出さずに数える．
⑧ 2個ずつ(5個ずつ)まとめて数える．

必ずしもこのように指導しなければならないということはないが，これらの手順を一気に飛ばして教えたりすると，子どもがとまどうことも考えられる．

§1.2　記数法と命数法

人間は生活の中から「数」というものを発見し使ってきた．この「数」の発見により，人間の生活は大きく進歩した．この「数」というものは紀元前にはすでに使用されていた．それでは「数」というものを少し深く調べておこう．

表 1-9 は，ダンツィクの本『科学の言葉＝数』(岩波書店)に出てくる，ニューヘブリドのアピ語の表記である．

	数　詞	意　味
●	tai	
●●	lua	
●●●	tolu	
●●●●	vari	
●●●●●	luna	手
●●●●●●	otai	他の一つ
●●●●●●●	olua	他の二つ
●●●●●●●●	otolu	他の三つ
●●●●●●●●●	ovari	他の四つ
●●●●●●●●●●	lua luna	両手

表 1-9　ニューヘブリドのアピ語

現在，全世界で共通のアラビア数字では，「じゅう」を1つのかたまり(単位)と考えて記号を導入してきた(**十進数の記数法**)．しかし，このアピ語では，「ご」をかたまりとする五進数の考え方を用いている．では，この五進数や十進数のように1つのかたまりである五や十という数はどこから生まれてきたのだろうか．アピ語の意味のところを注意して見ると，1つの手を用いていることがわかる．このように手や足の指の数である「五」や両方の指の数である「十」を使って数えたことから，それを1つのまとまりとする読み方(数詞)や表記法が生まれたと考えられる．

また，手，足，目，耳のように体に2つずつあることから発達したと思われる

	数　詞
●	urapun
●●	okosa
●●●	okosa-urapun
●●●●	okosa-okosa
●●●●●	okosa-okosa-urapun
●●●●●●	okosa-okosa-okosa

表 1-10　オーストラリアとニューギニアとの間にある海峡西部の種族

二進数もある．この二進数で代表的なオーストラリアとニューギニアとの間にある海峡西部の種族の表し方を見てみよう(表 1-10)．

この二進数の読み方で特に注意しておきたいのが，「okosa」と「urapun」という 2 つの読み方だけですべての数を表していることである．要するに数詞をたくさん覚えなくてよい．また，そのことは演算をするときに，少ない計算を暗記するだけですべての演算ができるという利点がある．なぜそうなるのかは後で述べよう．

ところで，数を表すために必要なのは次のようなことである．

> **数の表し方**
> **命数法**(めいすうほう)：数に名前をつけること
> **記数法**(きすうほう)：数を書き表すこと

では，古代の十進数の記数法にはどのようなものがあったのか，見てみよう．

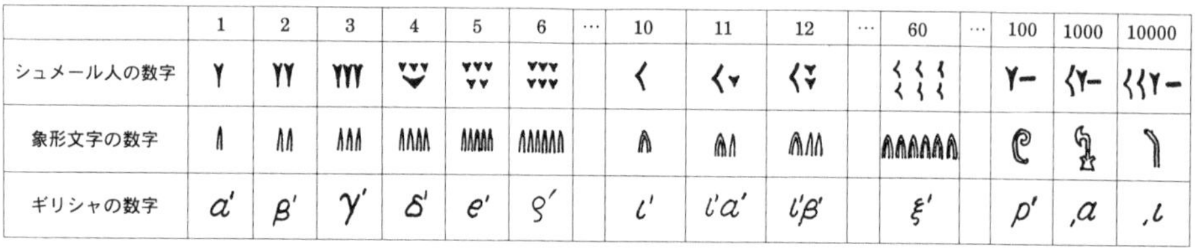

	1	2	3	4	5	6	…	10	11	12	…	60	…	100	1000	10000
シュメール人の数字	𒁹	𒈫	𒐈	𒐉	𒐊	𒐋		𒌋	𒌋𒁹	𒌋𒈫		𒌋𒌋𒌋𒌋𒌋𒌋		𒁹𒈨	𒌋𒁹𒈨	𒌋𒌋𒁹𒈨
象形文字の数字	𓏺	𓏻	𓏼	𓏽	𓏾	𓏿		𓎆	𓎆𓏺	𓎆𓏻		𓎆𓎆𓎆𓎆𓎆𓎆		𓍢	𓆼	𓂭
ギリシャの数字	α′	β′	γ′	δ′	ε′	ϛ′		ι′	ια′	ιβ′		ξ′		ρ′	,α	,ι

表 1-11　古代の記数法(ダンツィク著『科学の言葉＝数』(岩波書店)を参考に作成)

古代の世界ではこのような記数法があった．なぜ，このような記数法は現在まで残らなかったのであろうか．それは，現在使われているアラビア数字には，もう 1 つ大切な原則が含まれていたためである．

§ 1.3　位取りの原理

表 1-11 のような，古代の記数法が現在まで残らなかった理由について考えてみよう．人類は，大昔，「数」というものを発見した．しかし時代が進み，商売が行われるようになり，「数」を表記していくだけでなく，2 つの「数」があっ

た場合，それら2つの「数」を足し合わせたり，差を求めたりすることが必要になってきた．

ここで，古代の記数法のまま計算してみよう．

【問1-1】 表1-11の古代の記数法を参考にして，アラビア数字に直さずに次の計算をしなさい．

① ▼▼ ＋ ▼▼▼ ＝　　⑤ 二百三 ＋ 四千五十二 ＝

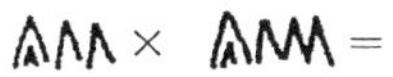

② ΛΛΛΛ ＋ ΛΛΛΛΛ ＝　　⑥ 三百五 × 二十 ＝

③ α' ＋ β' ＝

④ ΛΛΛ × ΛΛΛΛ ＝

①の計算は，現在私たちが使っている**アラビア数字**(1～9までの数字での表し方)よりも簡単に思える．そのまま記号を5つ並べるだけなので，新しい記号を覚える必要がないからである．しかし，②以降の計算はどうだろうか．実際にこれらの計算をしてみてわかるが，非常に大変である．⑤や⑥のように，私たちが日常使っている漢数字(かんすうじ)も，計算の面では非常に使いづらいことがわかる．

また，これら古代の十進数の記数法には大きな問題があった．象形文字で「二百四十三」という数を表すと下の図のようになる．

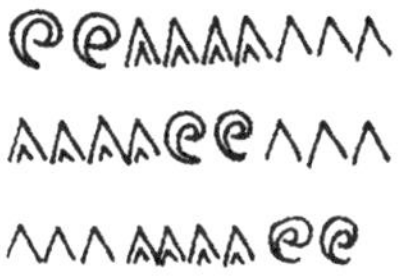

図1-12

この図1-12は3つとも，すべて同じものを表しているのである．数字を書く場所が違っていても，記号によって数の大きさの違いを決めていたためにこのようなことが起こった．「二百四十三」は桁(けた)数が小さいのでまだ簡単にわかるが，桁数が増えると，見た目ではどんな大きさの数かわかりにくい．例えば図1-12の一番下の記号を読むと，「三，四十，二百」というように最後まで読まないとだいたいの大きさすらわからない．

また，表 1-11 のような古代の記数法では，1 つのかたまりを表すのに新しい記号を使ってきた．ギリシャ数字にいたっては，10，20，30，……ごとに全く新しい記号を用いて表していた．したがって，大きな数を表そうとすると，たくさんの記号を使わなければならない．先ほどの計算がすらすらできるようにするためには，たくさんの記号と，たくさんの計算を暗記する必要があったために非常に難しく感じたのである．

そこで，「**位**」を考えて，その場所を指定することで，いままで使ってきた 1 ～ 9 という数字を使ってすべての数を表そうとした．数字が位置する場所によって大きさを表すことで，少ない記号ですべての数を表すことができるようになったのである．例えば「202」の前にある「2」と後ろにある「2」は同じ記号であっても書いてある場所(位)が違うため，大きさが全く異なる．また，1 つの場所(位)には 1 ～ 9 までの数しか入らず，それを超えた場合は十をまとめて一として左隣の位に 1 つ移るというルールを作った．また，「位」に 1 つも数がないとき，「**ゼロ**」という新しい記号を用いて表すことにした．しかしこの「ゼロ」が発見されたのはずっと後のことである．下の図のローマ数字のように，「0」を用いずに明確に区別ができていたことにもよる．また，そろばんで考えればわかるが，「ゼロ」を表す場合は何も動かさない．

18 ⟶ XVIII
108 ⟶ CVIII
180 ⟶ CLXXX

このように「何もない」ということを書き表すという考え方が昔は存在しなか

ったのである．後で述べる位取りの原理が確立してからも，「ゼロ」の発見までは時間がかかった．詳しくは不明だが，紀元後9世紀という説がある．現在の書き方で200も20も「ゼロ」を用いずに書き表そうとすると，同じ「2」になってしまうために区別をつけることができない．そのため最初の頃は「・」などを使って区別していたのである．しかし，後に「ゼロ」が発見され，それを使うことによって数字を表すことがとても簡単になった．この「ゼロ」の発見は数学史の上で非常に大きな功績となり，この原理を広く普及させることになった．

これらの原理は**位取り**(くらいど)**りの原理**と呼ばれ，紀元後5世紀から6世紀の間にインドで確立された．つまり，位取りの原理とは，次の①～③を示している．

① いくつかのまとまりを考える．

② いくつかのまとまりで **“位”**（**単位**）をつくる．

例）　十進法であれば十を1つのまとまりとして位をつくる．

③ それぞれの単位で集合数の記数法（数字）を決めて，その数字のある場所によって位を示す．

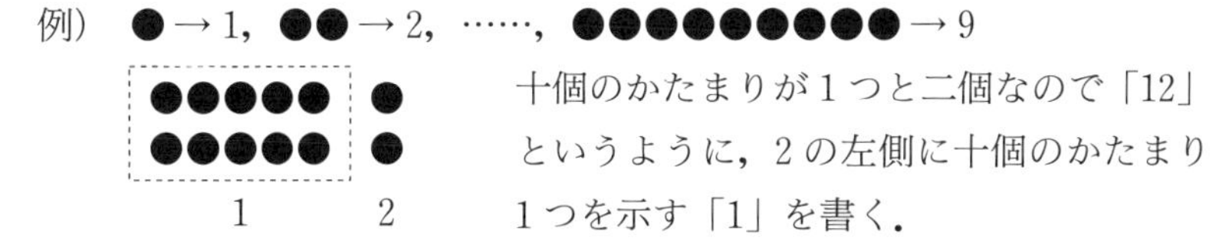

④ 1つの集まりとして単位を n とした場合（n 進数），n 個の数字だけですべてが表せる．

例えば，十進数ならば1～9と0という10個の数字だけですべての数が表せるということは驚くべき発明である．

位取りの原理は，使い慣れている私たちには，このありがたさがわかりにくいが，「数」を表し，計算するために大変重要なものであった．また，この原理が成立するのに多くの時間が費やされたことからも，全く原理を知らない子どもたちが，そう簡単に理解できなくても不思議ではない．

§1.4　十進数位取り記数法

古代の記数法を見ていくことで，いま世界中で使われているアラビア数字に代表される**十進数**(じっしんすう)**位取り記数法**の仕組みについて少し理解が深まってきたのではないだろうか．この記数法の要点をまとめてみると，以下の 3 つが重要であることがわかる．

十進数位取り記数法の仕組み

① 十ずつをひとかたまりにまとめるという**十進数**.

② 何もないことを示す**ゼロ**.

③ **位取りの原理**.

図 1-11 の古代の記数法や，漢数字が計算に向かないのは，十になったとき，別の位に移るのではなく，新しい記号を使って表しているためである．漢数字は上の原理でいえば，① の十進数の記数法であることはまちがいないが，② の「ゼロ」は古代の記数法と漢数字のどちらにもない．③ の位取りの原理はありそうに見える．「110」を漢数字では「百十」と表す．しかし，これは漢数字の「百」とか「十」が置かれている位置で単位を表しているのではなく，単位そのものを記述しているにすぎない．位取りの原理は含まれていないのである．そのようなことからも，いま使っているもののように，書く場所で位を表すという原理が昔の記数法や漢数字にはなかった．そのために計算(特に筆算)ができず，これらの記数法はそれ以上の発達はしなかったのである．

この原理を子どもに指導するときには，タイルやブロックを用いて図 1-13 のような方法で行う．また，タイルは実際にノートに書くときも容易なので，その点でも便利だといえる．

例えばタイルを使って指導する場合は，タイル 1 つを 1 個とし，それが十個集まると，1 本の棒になり，左隣の位に移る．また，棒が十本で，正方形の板 1 枚となり，さらに左隣の位に移る．それを行った後，各位の数を 1 ～ 9 までの記号

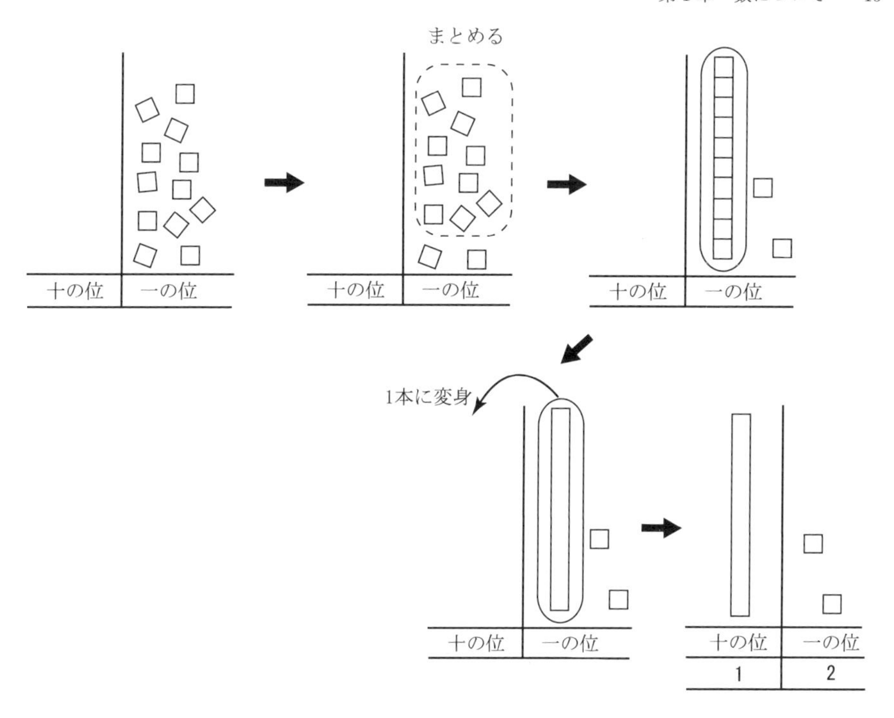

図 1-13

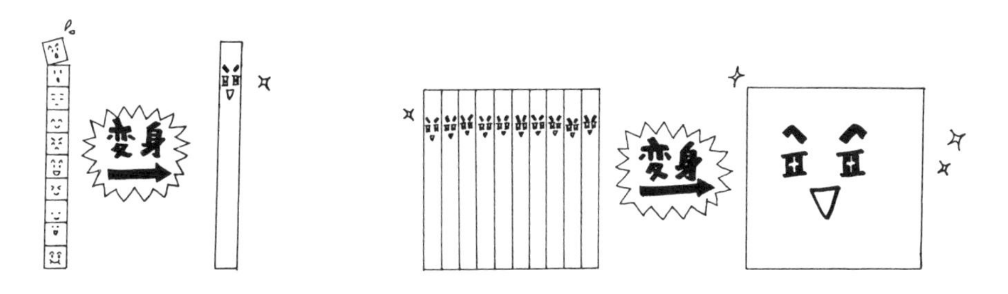

を用いて表す．位に何もないときは「ゼロ」を用いて表す．

この原理を用いれば計算(筆算)も簡単に行え，計算技術が急速に進歩することになった．例えば 12＋29 は図 1-14 (次ページ)のように考えることができる．この過程が次の筆算に対応している．

$$\begin{array}{r} 12 \\ +\ 29 \\ \hline 41 \end{array}$$

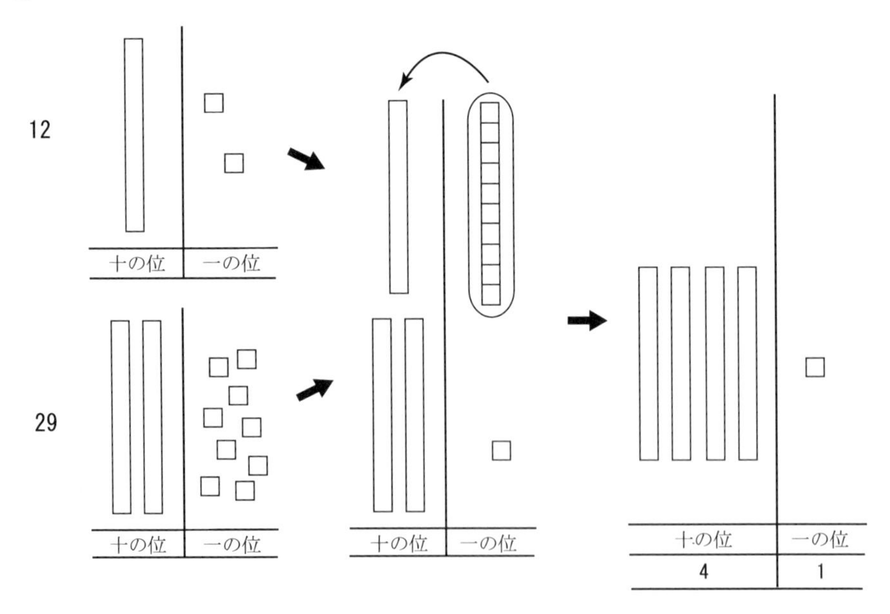

図 1-14

0～9までの数の合成

	0	1	2	3	4	5	6	7	8	9
0	0	1	2	3	4	5	6	7	8	9
1	1	2	3	4	5	6	7	8	9	10
2	2	3	4	5	6	7	8	9	10	11
3	3	4	5	6	7	8	9	10	11	12
4	4	5	6	7	8	9	10	11	12	13
5	5	6	7	8	9	10	11	12	13	14
6	6	7	8	9	10	11	12	13	14	15
7	7	8	9	10	11	12	13	14	15	16
8	8	9	10	11	12	13	14	15	16	17
9	9	10	11	12	13	14	15	16	17	18

表 1-15

このように考えていけば簡単に計算できる．2位数(2桁)同士のたし算であっても，結局は表1-15のような1位数(1桁)同士のたし算(0～9までの数の合成)ができればすべてできることがわかる．いくつといくつを合わせれば10になるかというのを10の合成といい，10はいくつといくつに分けられるというのを10の分解という．この10の**合成・分解**が計算にとっては重要な基本である．

ちなみに，位取りの原理が確立する以前に使われていた計算方法の1つに倍加法というものがある．

(例)　23×15

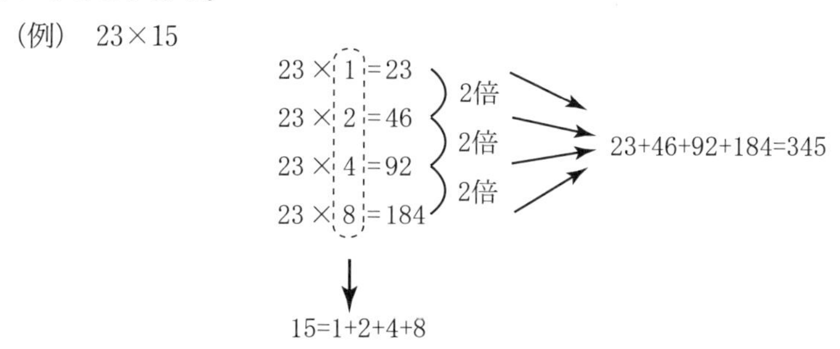

こんな面倒な計算をしていたのである．

小学校1年生では，1～10までの数を同時期に同じ単元で教えることになっている．しかし，1～9までと10には明確な区別がある．それは，1～9までは1つの単独の記号で表記しているが，10という数は位取りの原理で書かれているからである．9までは数字が単独であるため「記数法(数字)＝命数法(読み方)」という式が成り立っているが，10で初めて位取りの原理が関わってくるために，この記数法と命数法がここで分離する．記数法と命数法がうまく分離できないと，子どもは「じゅう」を「10」と書き，「10」を1つの記号と勘違いしてしまうために，「じゅういち」を「101」と書き表すということが起きる．そのため「10」

という数を指導するためには，位取りの原理を念頭において指導することが必要になってくる．「10」というのは1つの記号ではなく，2つの記号，すなわち十の位が「1」，一の位が「0」で成り立っているという認識が大切である．「10」は

古代の記数法での「じゅう」を表すものと全く違うのである.「じゅう」と読んで「10」と書くのではなく，位取りの原理の結果「10」と表すことになるということを押さえる必要がある.

また，ここのところで数え棒(かぞえぼう)やおはじき，お金を使って指導する例がしばしば見られるが，この方法は位取りの原理を認識させるには少々無理がある．なぜなら，おはじきでは10個集まっても形を変化させることができず，10や100をまとめて1つのものに置き換えるという考え方ができにくい．そのうえ，子どもはおはじきなどを使ってたし算の計算をするのではなく，おはじきの数を数えて量を把握している場合が多い．また，お金を使った方法でたし算を考えると，10円玉の「10」がそのまま見えているので，すでに述べたように十進数位取り記数法の考え方を無視して10円と1円で「101円」と書き表すことが起きる．また，1円玉10枚で10円に両替するという余分な作業が加わってくる．つまり，数え棒やおはじき，お金で数の構造を理解させるのはあまり適切だとはいえない．タイルやブロックなどの教具を使う理由は，それが数の構造とうまく対応できるというところにある.

§1.5　位取り記数法のいろいろ

位取りの原理は「数」を発展させていく上で非常に大切であることがわかった．それではなぜ「10」をひとかたまりにする十進法(十進数の記数法)が現在の主流になったのだろうか.

まず二進法から考えてみよう．二進法の大きな特徴は，まず数詞が少ないということである．表1-10のオーストラリアとニューギニアとの間にある海峡西部の種族の数を見ればわかるが，2つの数詞だけですべての数を表すことができる．また，計算のほうも表1-15のようにたくさん覚える必要がない．具体的にいうと，表1-16の4パターンの暗記だけですべての計算ができる.

+	0	1
0	0	1
1	1	10

×	0	1
0	0	0
1	0	1

表1-16　二進数記数法の計算

この2つの利点は非常に大きい．二進法は従来は中学校2年生で学習していたが，1998年の学習指導要領で姿を消してしまった．しかし，おもしろいのでちょっと考えてみよう．

十進法の数字を二進法に直してみる．二進法では1つの位に1つまでしかタイルは入れない．

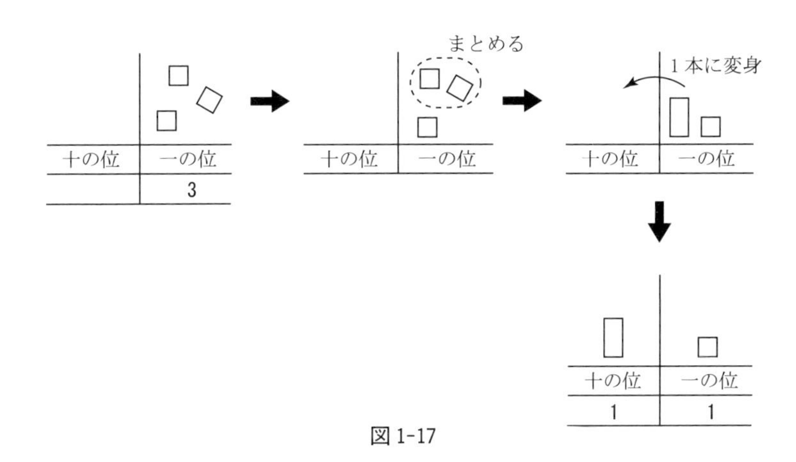

図 1-17

図1-17のように，タイルが2つになると1本になって左隣の位に上がるのである．このように考えていくと表1-18のようになる．

まず二進法から十進法への変換を考える．十進法で423と表される数はもともと

$$423 \longrightarrow 4\times10^2+2\times10^1+3\times10^0$$

と表される．二進法で111と表される数を同じように考えると

$$111 \longrightarrow 1\times2^2+1\times2^1+1\times2^0$$

と表される．これを計算すると

$$\longrightarrow 4+2+1 \longrightarrow 7$$

になる．つまり，十進法の7は二進法では111である．

次に十進法から二進法への変換を考える．例えば23で考えると，23までの2の最高ベキ(2^nで表せる数)は16 ($=2^4$)．もとの数からそれを引き，あまりを残す．$23-16=7$．そのあまりの中で再び2の最高ベキを考えると4 ($=2^2$) になる．あまりからその数

十進法	二進法
1	1
2	10
3	11
4	100
5	101
6	110
7	111
8	1000

表 1-18

を引くと $7-4=3$．同様に繰り返すと $3-2=1$．これを式に表すと

$$
\begin{aligned}
23 \quad &\longrightarrow \quad 16+4+2+1 \\
&\longrightarrow \quad 2^4+2^2+2^1+2^0 \qquad (2^0=1) \\
&\longrightarrow \quad 1\times2^4+0\times2^3+1\times2^2+1\times2^1+1\times2^0 \\
&\longrightarrow \quad 10111
\end{aligned}
$$

下のような方法もある．2 で割ったときのあまりを右に書き，2 で割った数を下に書く．それを下から読めば，二進法で表した数になる．

```
2) 23 … 1
2) 11 … 1
2)  5 … 1
2)  2 … 0
    1
```

8 までは表 1-18 になるので，自分で 15 までの数を二進法に直してみよう．そして，二進法を使い，次のようなカード整理の方法を体験してみると，二進法の良さがわかるのではないだろうか．まず，15 枚のカードを用意し，1 ～ 15 までの数字を書き，上のほうに 4 つの穴をあける．そして二進法の「1」の部分は図 1-19 のように穴を切り落とす．「0」はそのままにしておく．15 枚のカードは図 1-19 のようになる．

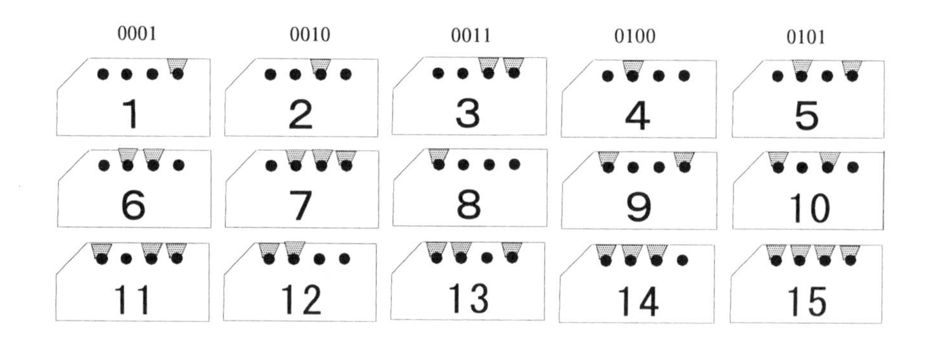

図 1-19

これらのカードをシャッフルする．そして右の穴に竹串をさして上に引っ張る．そうすると二進法でいう一の位が「0」のもの(2，4，6，……)が上がってくる．要するに偶数の数を検索することができた．そして上がってきたカードを元のカ

ードの前に置く．同様にして右から2つ目，3つ目，……というふうにしていくと，不思議なことに1から順番にカードが並び替えられる．

この仕組みは単純である．1～8までのカードなら図1-20のように説明できる．このような方法はコンピュータのない以前には図書室の検索カードなどに使われていた．

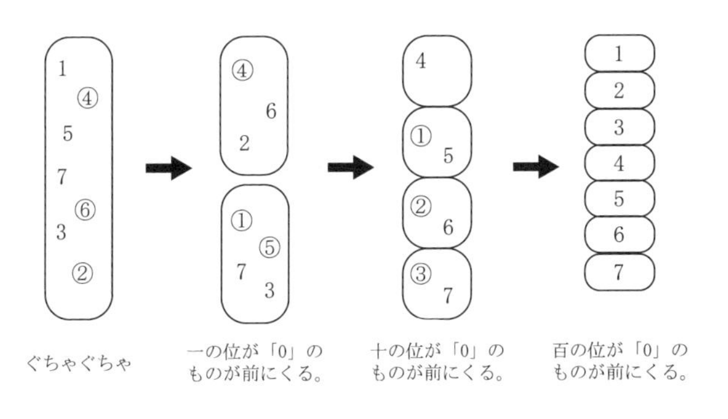

図1-20

このように，二進法を使えば簡単に検索したり，並べ替えができる．

これらの考え方を応用したのが，コンピュータである．電気信号はONかOFFの2つしかないため，それらを二進法のように配列していくことで数を電気信号に変えることができる．電卓のように簡単なコンピュータも，下のように二進法に直してから計算し，元に戻す．

$5+8 \longrightarrow 101+1000=1101 \longrightarrow 13$

十進法　　　　二進法　　　　　十進法

このようにすれば，表 1-16 の 4 つの計算だけに置き換えられ，簡単にすばやく計算できる．もし，コンピュータを十進法にしようとすると，9 と 8 の電流の差などというあいまいなものをつくる必要がある．しかし，二進法では 1 が ON，0 が OFF というように指令が 2 つだけになるので，混乱することなく電気信号を正確に伝えることができる．他にも硬貨の表裏や，真偽など，2 つの数字に置き換えられる二進法のモデルは日常生活の中にはたくさんある．

二進法はそのような優れた点を持っているが，日常使うのには重大な欠点がある．数詞が少ないために，大きな数の場合，すぐくりあがりをしてしまい，表すのが大変である．十進法で「73」を二進法になおすと，「1001001」と 7 桁必要になる．小さな量でも数で表すのが大変であることがわかる．

位取り記数法では，他にマヤ文明の二十進法や，バビロニアの六十進法も有名である．六十進法はいまでも時計や角度などに使われている．この六十という数の使われた理由はいろいろあるようである．

そのいくつかを紹介しよう．

① バビロニアの古い時代には 1 年が 360 日と考えられていた．そこで 1 日を 1 度とし，円は 360 度と定まった．また円周を半径の長さで切っていくと 6 つに分けられる．6 つに分けられた 1 つが 60 度である．

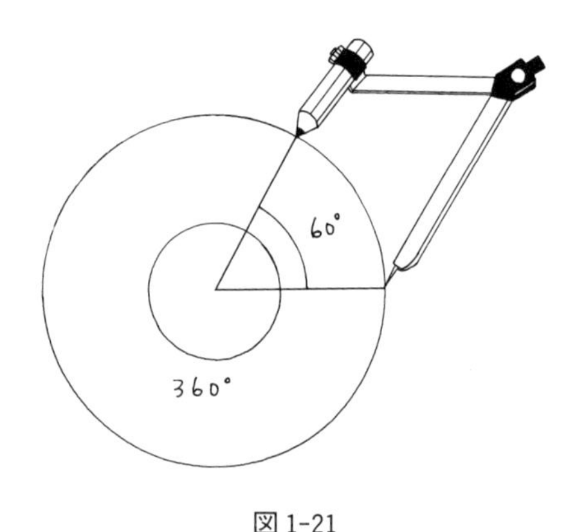

図 1-21

② 60 という数は 100 までの数のうち最も多くの約数（やくすう）を持っていることである．ちなみに 10 は「1，2，5，10」の 4 つであるが，60 は「1，2，3，4，5，6，10，12，15，20，30，60」のようにたくさんの約数を持つ．よって

等分しやすい数であるという利点がある．

六十進法が生まれた説は他にもいろいろあり，どれが正しいのかどうかというのはあまり意味のないことで，昔の人が持っていた知恵の偉大さがわかればよいのではないだろうか．是非自分でも調べることをおすすめする．

二十進法にしても六十進法にしても，たくさんの数詞や計算を覚える必要があるという欠点があった．六十進法でやろうとすると，0を含めて60個の数詞を覚えなくてはならないことになる．そのようなことから，指を使って考えることができる十進法が発展していったと考えられる．

それ以外の進数については，現在の英語に残っている．11を「tenone」とはいわない．「eleven」という．これは昔，英語を使っていた人々が十二進法や六十進法を使っていた名残りと考えることができる．しかし，13からの数は規則的になっていることから，十二進法が使われていたかどうかの詳しいことは不明である．フランス語などは，この「eleven」の形が16まで続く．そればかりでなく，六十進法の名残りか，70は60＋10「soixante-dix」という数詞になり，80にいたっては，4×20「quatre-vingts」という数詞になる．ロシア語などはもっと複雑である．また，213の英語の読み方は「two hundred thirteen」なので二百→三→十という順番になっている．このように，表記と数詞の順序や構造に違いがあるため，このような文化圏の子どもたちは数の構造や計算を理解するのに時間がかかるのではないだろうか．日本語はそのような言語に比べると，子どもにとって数の構造を理解しやすいものである．それでも，昨今，計算のできない子どもたちが増えているのはなぜだろうか．

さて，ここで位取り記数法に関する次の問題を考えてみよう．

【問 1-2】 下の★の数を十二進数位取り記数法で表記しなさい．

さあ，この問題ができただろうか．大学生に同じ問題を出したところ，ほとん

どの学生が「210」と答えた．果たしてこれは正しいのだろうか．実はこの答えでは位取りの原理が理解できているとはいえない．この星の数は十進法でいえば34個である．つまり十二進法にすれば，十二のかたまりが2つと，残り十ということになる．しかし，「210」という答えでは十二のかたまりが21あることになってしまう．また「10」という書き方自体が十進数位取りの原理に従っているので，十二まで行かないと位が上がらないのに，十を2つの位で表すというのはおかしなことである．そこで，例えば9の次の数である十はa，十一はbなど，勝手に新しい記号をつくり，書き記す必要がある．よって答えは「2a」などである(他の記号で十や十一を定義した場合には答えは異なる)．日頃使っている0～9までの数字はもともと十進法のために用意されているので何の不便も感じないが，このように初めて考える十二進数位取り記数法だとそのことに考えが及ばない．このことから考えても，子どもにとって初めての出会いである位取り記数法という考え方は決して簡単だとはいえないのである．

すでに述べたように，十進数は指の数に対応して発達してきたと思われるが，子どもの中には，十という数をひとかたまりとするにはちょっと大きすぎて操作しにくいと感じる場合もある．それは，数えるのではなく，人間にとってパッと見て把握できる数は意外に小さい数だからである．7個や8個になると，大人でも数えないとその個数を把握するのは難しい．パッと見て把握できる数はせいぜい4個か5個だといわれている．そこで小学校では，十進法でありながらも，5を1つの単位にするという，**5-2進法**(ごーにしんほう)というのを採用しているものもある．5をひとかたまりとして，5と5で10と考えて計算していく方法である．例えばそろばんがこの考え方である．

§1.6　大きな数について

数は十進法に従っているが，大きな数を表す場合には，国によってその表し方も違う．日本では，「万，十万，百万，千万」というふうに4回くりあがれば，「億」という別の単位になる．このように4桁ごとに万が億に，億が兆にくりあがる．このことから考えると，大きな数は四進法的だという見方もできる．しかし，英語圏では違う．3つでくりあがり，三進法的である．そのため，1万という数を「10,000」と「，(コンマ)」を使って表す．しかし，これは日本の数の言い方とは対応していない．日本で同じことをしようとすれば，「1,0000」と表すことになるはずである．コンマは大きな数の桁を読みやすくするためだけに打っているものであるが，日本の桁と対応させると間違う危険があるので，算数の授業ではあまり用いられてはいない．

大きな数を扱うとき，**概数**(がいすう)**(およその数)**を考える場合がある．

この概数を使う目的は大きく2つに分けることができる．

概数にする目的

① はっきりとした数値だが，便宜上，概数を用いる場合．
- およその数を把握する場合．
- 計算を簡単にする場合．

② はっきりとした数値がなく，予測的に概数を用いる場合．

① はある遊園地の1ヶ月の入場者数102,536人を約10万人と表すような方法であり，② はある遊園地での来年のいまごろの入場者数は少し減って約9万人になるだろうというように，予測が加わってくる場合である．小学校の授業で考える場合ほとんどは ① である．① の場合，なぜ概数にする必要性があるか考えてみると，1つは，先ほどの例のように，細かく表す必要がなく，およその数を把握したい場合と，計算を簡単にさせる場合との2通りある．例えば1,215＋3,253を計算するとき，だいたいの大きさだけわかればよい場合には，1,200＋3,300のように十の位を四捨五入して概数になおして計算すると，どれだけの大きさになるかが簡単に把握できる．これは買い物などをするときよく使うことがある．しかし，概数と概数で計算するため，その結果がもとの数より大きくずれてしまう場合もあるので注意が必要である．

また，概数になおす方法として，**切り捨て，切り上げ，四捨五入**(ししゃごにゅう)などがある．四捨五入すると実際の和は4,500の近くにあることはわかるが，4,500より大きいのか小さいのかわからない．そこで切り上げて計算することで1,300＋3,300となり，4,600より小さいことがわかる．逆に切り捨てて計算することで1,200＋3,200になり，4,400より大きいことがわかる．これで4,400より大きく4,600より小さい数であることがわかる．もしこれが買い物で1,215円の物と3,253円の物を買う場合，最高いくら用意したらよいかを把握するためには，お金が不足しないように，切り上げて計算する必要がある．これらの概数になおす3つの方法は，どのような目的でデータを利用するのかを考えて使えるようにすることが必要である．また，どこの位までの概数にするかについては，必要に応じて考えることができるようにしておくことが大切である．このような内容は実際の場面を準備して考えてみないと理解が深まらない．他にも，「四捨五入して千の位まで求める」のを「千の位で四捨五入する」のと混同してしまう子どもが多いので十分な注意が必要である．

演習問題 1

① 風呂場の算数(風呂で数えて出ること)だけでは，子どもが数を認識したとはいいにくいが，それはなぜか．また，数を認識するとはどのようなことかについて，まとめなさい．

② 数を子どもたちに指導するときに大切なことをまとめなさい．

③ 集合数と順序数の相違とその関係について述べなさい．

④ 古代の記数法が現代まで残らなかった理由を，アラビア数字と比較して述べなさい．

⑤ 六十進法の「六十」はなぜ生まれたのか．自分で調べて，この本に述べてあるもの以外の理由を１つ以上探してみなさい．

⑥ 下の ★ の数を十五進数位取り記数法で表記しなさい．

●第 2 章

四則演算について

§2.1　演算

小学校では文章題の問題はかなりの難関であり，「算数嫌い」を生む大きな原因になっている．その原因は「文章読解力がない」とか「国語力がない」というように指摘されているが，実際はそれだけが原因ではない．たし算とはどのような演算(えんざん)か，ひき算は……というように，演算そのものの意味が理解できていないため，何を使って考えればよいのかわからないのである．要するに数学的意味とそれを必要とする場面の理解ができないために解決の糸口がつかめないのである．計算の練習だけでなく，それぞれの演算の意味についてもしっかりとした理解が必要であることを示している．

実際に計算はできるものの，意味の理解で失敗した例を 2 つ提示しておこう．

1 つ目は次のようなものである．

> イギリスのある役人が小学校を訪れ，生徒たちは質問した．
>
> 「ある羊飼いが 80 頭の羊を飼っていました．そのうち 16 頭が死んでしまいました．さて何頭残ったでしょうか？」
>
> クラスの 4 分の 1 の生徒は 80 と 16 をたし，4 分の 1 の生徒は 80 から 16 を引き，4 分の 1 の生徒は 80 に 16 をかけ，4 分の 1 の生徒は 80 を 16 で割った．子どもたちは正しく計算を行った．しかし，自分たちが何をしているのか少しも理解できなかった．
>
> (W.W.ソーヤー著，遠山啓他訳『代数の第一歩 1』みすず書房)

2つ目は数学教育の現代化を皮肉ったもので，次のような例である．

> （先生は質問した）「2を4でわるといくつになりますか？」りこうな子どもがためらわず「マイナス2です」といいます．「どうやってその結果を得ましたか」と教師は質問します．「だって，割り算はくり返し引くことであると，教えてもらっています．だから，2から4を引き，−2になりました．」
>
> （M.クライン著，柴田録治監訳『数学教育現代化の失敗』黎明書房）

1つ目の例では，どのような場合にどのような演算を使えばよいという演算の意味が理解できていないことに問題がある．2つ目の例では，計算技術と演算の意味が混同されている．このことからもわかるように，演算の意味を理解し，各演算はどのような場合に使えばよいか，計算技術と混同せずに理解することが大切である．そのために，テープ図（図2-1）などは，イメージできない子どもにとって，数学的構造を理解させるのに非常に有効である．

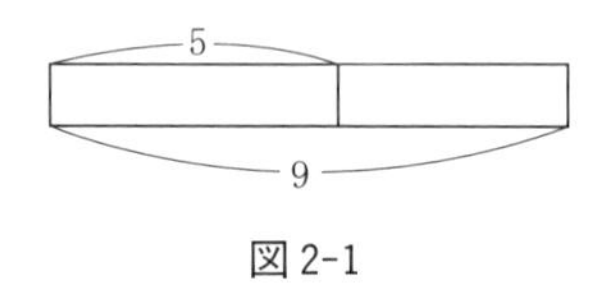

図2-1

次に計算技術を見てみよう．第1章で述べた十進数位取り記数法は計算を簡単にし，発展させた．それは，位ごとに計算することで，0〜9までの数の加法（かほう），実際には表1-15のように0の計算を除いて81通りの加法だけができれば，すべてのたし算はできるようになるからである．3位数の計算であっても，位同士の計算になるので，下のように1位数同士の演算に置き換えることができる．そのような点で，位取りの原理は，たくさんの計算を暗記せずにどれほど大きな数の

$$\begin{array}{r} 253 \\ +\,312 \\ \hline \end{array}$$

$$\begin{array}{r} 2 \\ +\,3 \\ \hline 5 \end{array} \qquad \begin{array}{r} 5 \\ +\,1 \\ \hline 6 \end{array} \qquad \begin{array}{r} 3 \\ +\,2 \\ \hline 5 \end{array}$$

（位ごとの計算）

計算でもできるという利点がある．しかし，1998年の学習指導要領で削除されたように3位数の計算を省略してもよいということではない．子どもたちにとっては，3位数以上の計算を習得するために，その練習はやはり必要なことである．練習によって原理を理解することができるからである．

1位数同士の計算(基礎計算)はとても大切で，すらすらできるように練習しておく必要がある．しかし，ここで大切なのは，単に丸暗記させるのではなく，パターンに分類するなどして，練習のための工夫が必要である．この第2章では，遠山啓(とおやまひらく)氏らが中心になって提唱した**水道方式**(すいどうほうしき)(第7章参照)による計算の型分けと指導順序を紹介しておこう．教科書はこの方式に従って書かれているものが多いが，すべての教科書がこの方式に従って書かれているというわけではないし，明確にこのような分類がしてないものもある．この水道方式がすべてとはいえないが，一般的に現在の算数指導において子どもが計算を理解するための方法として効果的だといわれている．

演算ができるということは，演算の意味を理解することと，計算技術を身につけることの両者が密接にからみあっており，どちらも大切である．

§2.2　たし算

まず演算の基本であるたし算の計算技術から見ていこう．すでに述べたように，1位数同士の基本計算はとても重要である．その基本計算を大きく分類してみる

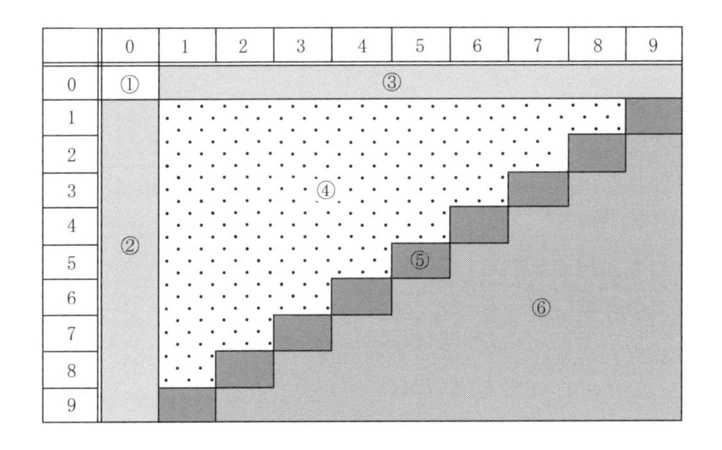

表2-2

と，くりあがりのあるものとないものに分類できる．さらに細かく分類すると，表 2-2 のように 6 つの型に分類できる．

①	$0+0$ 型	0 計算
②	$a+0$ 型	0 計算
③	$0+a$ 型	0 計算
④	$a+b$ 型	くりあがり無し
⑤	$a+(10-a)$ 型	和が 10 になる計算
⑥	$a+b$ 型	くりあがり有り

このように分類することで，基礎計算ができるようになったかどうかを判断するには，100 通りすべてができるかどうかを調べる必要はなく，この 6 つの型について調べればよいことがわかる．逆に，この 6 つの型ができれば，どのようなたし算の計算問題にも対応できることがわかる．

この指導順序であるが，位取りの原理など，たし算の構造を理解するためには，一般的な問題 ④ から始めて，特殊なもの(ここでは 0 の計算)へという順序で扱う．0 の計算は大人から見れば簡単なので，そこから導入する指導法もしばしば見られるが，たし算の構造を理解していない子どもにとっては，「加える」のに実際に何も操作しない 0 の計算はかえって難しい．よって上の分類で考えると，指導順序は，

$$④ \longrightarrow ⑤ \longrightarrow ②③ \longrightarrow ①$$

くりあがりのないものからあるものへ，その中で 0 を含まないものから含むものへと進めていく方法がよいといわれている．もちろん絶対的な順序というわけではなく，子どもによっては違う順序のほうが理解しやすい場合もある．

このような分類を参考にして，1 位数同士の計算を効果的にできるように工夫することが大切である．また，子どもが 1 位数同士の計算がすらすらできないままでいると，指などによる**数えたしの方法**を用いた計算に頼ってしまうことになる．例えば 7+4 ならば，8 から順番に 9, 10, 11 と 4 つ分の数を指などで数えて計算してしまう．数えたしの方法は子どもにとって簡単なので，十分な指導がなされないと基礎計算がスムーズにできる方向になかなか転換できない．また，この方法から抜け出せないでいると，大きな数になったときの対応ができない．指は 10 本しかなく，いちいち絵を描いているのでは時間がかかりすぎる．また，数え間違いも考えられ，あくまで間に合わせの計算方法であり，数えたしの方法からどのように脱皮していくかが重要な鍵となる．これはたし算だけでなく，他

の演算についても同様である．

くりあがりのあるたし算には，**加数分解**（**被加数分解**）という考え方がある．これは，大きい数のほうにあとどれだけを加えれば 10 になるかを考える方法である．ある数に合成すると 10 になる数のことを**補数**という．そして補数を考えた上で，小さい数を補数とそれ以外の数に分けて計算するというやり方がこの加数分解である．例えば 7+4 は次のようにする．

【例 2-1】　加数分解

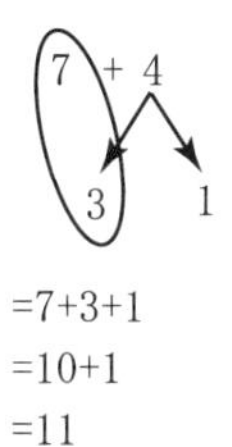

被加数分解は，被加数を分けて（この例では 7 を 1 と 6 に分けて）考える．

この**補数**という考え方は，十進法では 10 のかたまりをつくることが大切なので，非常に重要である．この補数を求めるためにも，表 2-2 の分類の中でも特に⑤の 10 の合成・分解をしっかりと理解しておく必要がある．この補数の考え方がしっかり理解できないと加数分解が使えない．また，この加数分解の考え方を使えるようになるまでには時間がかかる．それは数えたしの方法からなかなか脱皮できないためである．たし算では，加数分解を用いることで位取りの考え方ができ，大きな数でも計算できる方法として有効であり，かつ重要である．

さて，位取りの原理を理解するのに有効な方法としては，**積算**をすることであ

る．つまり，253＋312 を，上のイラストのように位ごとに計算することである．そのときに「十の位」と「一の位」があることをしっかりと認識し，1 が十集まって「十の位」に移ることをしっかり教える必要がある．また，その横でタイルなどの教具を使って操作していくことで，この考え方を無理なく取り入れることができる．教具としては，そのほかにタイルよりも分厚いブロックが用いられている．このようにして，たし算の計算の手続き(**アルゴリズム**)を子どもの中で確立させることを通して，計算の原理の理解が深まると考えられる．

● 2 位数のたし算について

十位＼一位		④くりあがり無し	0 の計算 ② $a+0$	0 の計算 ③ $0+a$	0 の計算 ① $0+0$	⑥くりあがり有り	⑤和が10の特殊型
④くりあがり無し		❶ 22 ＋ 22	❷ 22 ＋ 20	❸ 20 ＋ 22	❹ 20 ＋ 20	29 ＋ 29	29 ＋ 21
0の計算	② $a+0$	❺ 22 ＋ 2	❻ 22 ＋ 0	❼ 20 ＋ 2	❽ 20 ＋ 0	29 ＋ 9	29 ＋ 1
0の計算	③ $0+a$	❾ 2 ＋ 22	❿ 2 ＋ 20	⓫ 0 ＋ 22	⓬ 0 ＋ 20	9 ＋ 29	9 ＋ 21

表 2-3

この指導順序も 1 位数同士のときと同じで，位取りの原理を理解するためにも，❶ のような一般形から導入したほうがよい．というのは，0 を含む計算から教えてしまうと，例えば ❻ の計算では「0 があれば数をそのまま下ろす」とか，❹ の計算では「十の位の 2+2 をして 0 をそのままつける」というような方法論的な理解につながってしまい，位取りの原理である「位ごとに計算する」という最も大切なことが理解できないと考えられるためである．位取りの原理の「位ごとに計算する」というのを最もわかりやすく教えるためには，位が欠けておらず，0の計算を含まない❶の計算から始めるほうがよいということである．

以上のことから考えて，くりあがりのない2位数同士のたし算の指導順序については，次のことが提案されている．

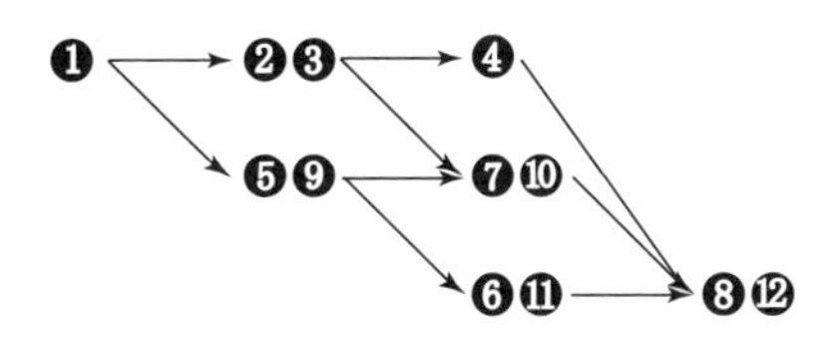

くりあがりのある2位数同士のたし算も同様にして考えることができる．このように分類すれば，全部で1万個近くある計算も18通りにおさまることがわかる．

次に，それ以上大きな数の計算であるが，ほとんどは2位数同士の表2-3と同様にして考えられる．ただ2位数同士の計算まででですべてのタイプの加法が出そろったわけではなく，3位数同士の計算まで行って初めて登場する形もある．それは，次の2つである．

(1)　真ん中に0が入っているもの．
　　例：205＋329

(2)　下の位がくりあがったために，上の位もくりあがるもの．
　　(二度くりあがりのあるもの)
　　例：157＋248

この2つと2位数同士の表2-3の計算ができれば，どれだけ大きな位のある計算でもできることになる．3位数の計算はいらないと考える人も多いが，初めて出てくるこの2つの形があるため必要であることがわかる．指導順序は大切でないことのように考えられがちであるが，このような型分けと計算の仕組みの特長を踏まえておくことで，子どもがどこでつまづいているのかを判断するのに非常に有効である．

●たし算の意味

次に，たし算の定義(意味)について考えてみる．たし算の意味には次のように

2 通りある．まず 1 つ目は合併（がっぺい）という考え方である．

【例 2-2】 合併

たかし君はチョコレートを 3 個持っています．さちこさんはチョコレートを 2 個持っています．チョコレートは合わせていくつあるでしょう．

上の問題では，同時に存在する 2 つの数量を合わせた大きさを求めるものである．簡単にいえば「合わせていくつ」ということである．これはたし算の基本であり，子どもたちもとてもわかりやすく簡単に求められる．日常生活の場においてもよく使われ，たくさんの例を用いることができて考えやすい．しかし，次のような例では考え方が急に難しくなる．

【例 2-3】 増加

子どもが 6 人で遊んでいました．そこへ 2 人来ました．みんなで何人になったでしょう．

この考え方では，最初 6 人の子どもがいて，そこに 2 人の子どもが増える場合であり，「増えるといくつ」というものである．このように，はじめからある数量に追加したときの全体の大きさを求めることを**増加（添加）**という．合併とは違い，この増加では，加えるときに時間差が生じている．時間差があるために，子どもにとって一緒のものとして考えることが難しくなり，理解しにくいものになっている．また，時間差があるために，最初の 6 人のままなのか，いじめっ子が来て 1 人帰ってしまったのか，など現実的な場面を思い起こして，数学の問題として考えにくい．教科書では 1 つの絵として描かれているため時間の経過がわかりにくく，問題の意味が捉えにくい．その点を注意して指導していく必要がある．

つまり，たし算の意味には次の 2 通りがある．

たし算の意味

合併：同時に存在する 2 つの数量を合わせた大きさを求めるもの．

増加（添加）：はじめにある数量に追加したときの全体の大きさを求めるもの．

●おかしなたし算

たし算の意味を考えると，次のような問題はおかしいことがわかる．

「豚2頭とコップ3個を合わせるといくつになるでしょう」

見かけが全く違うものを足しても意味がないのである．また，「○頭」と「○個」というように単位が異なれば答えも書けない．このような問題は実際の生活では考えない．したがって，これは問題として成り立っていないことがわかる．

大学生に問題をつくってもらったら，先ほどと同じような問題をつくった学生がいた．

「みかんが3個あります．りんごが2個あります．合わせていくつでしょう」

この問題を見ると，どこにでもありそうな気がするが，よく考えると，りんごとみかんはもともと別の果物である．「りんごとみかんは足せるのですか」という子どもの疑問に丁寧に答えることができない．適切な問題をつくらないと，子どもによってはここで疑問を感じ，いつまでもそれを引きずる場合もある．

また $1+1=2$ だと誰もが信じているだろうが，そうならない例も日常生活には存在する．例えば図2-4のように葉っぱから落ちてくるしずくと，もともとある水玉がくっついても，2つにはならない．また，ゴマ1リットルと大豆1リットルを足しても2リットルにはならない．大豆のほうが粒が大きいので，そのすき間にゴマが入り，2リットルより少ない量になるはずである．他にも，30度のお湯と30度のお湯を合わせても60度のお湯にはならない．

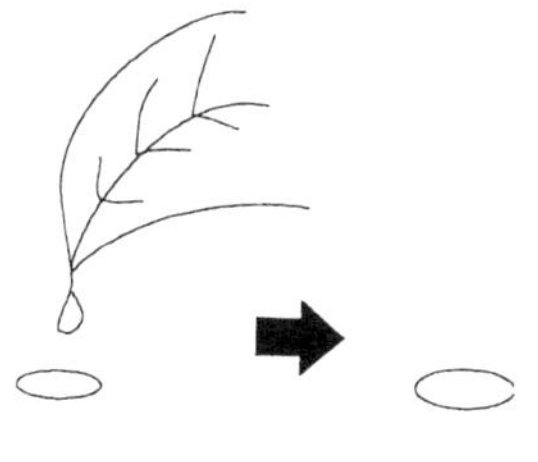

図2-4

以上のように，「合わせて」という言葉が入っていても，生活経験上，たし算が成立しないものはたくさんある．したがって機械的な作問は，場合によっては全く意味のないものになるので注意が必要である．

たし算ができるためには次のような条件が必要である．

①　変化しないものの集団であること．
②　同種，同質，同単位のものであること．
③　何を求めるか対象がわかっているものであること．

先ほどの大学生がつくった問題でも，「みかんが3個あります．りんごが2個あります．果物は合わせていくつでしょう」とするだけで②の条件が解決し，問題として成立する．たし算は子どもにとって最初の難関である．そのため，問題も実際生活と矛盾のないものを選び，実際生活に置き換えて子どもが考えることのできる配慮が必要である．

§2.3　ひき算

ひき算とはたし算の逆の演算である．5+□＝8や□+5＝8の□を求めるために，8−5という逆の演算が必要になる．これは逆に，実際の場面でひき算という演算のほうが先にあって，その逆の演算としてたし算があるともいえる．いずれにせよ，たし算とひき算は，それぞれがその逆の演算だという認識が必要である．

もちろんひき算もいくつかのパターンに分けることができる．たし算と異なるのは，小学校では負(ふ)の数を扱わないために，実際にはたし算ほど基礎計算の量は多くなく，半分程度になる．しかし，その違いぐらいで，ほとんどたし算と同じように考えていけばよいので，ここでは省略する．たし算と異なる点を挙げれば，問題中に0がある $a-0$ 型と答えが0になる $a-a$ 型のどちらを先に指導するかということになるが，これは0が隠れていないほうがやさしいと考え，$a-0$ のほうを先に扱うのが望ましいと思われる．

たし算を考える際に，加数分解という考え方があった．くりさがりのあるひき算を考えるとき，たし算でいう加数分解に相当するものが存在する．たし算のときは考え方が1つだけであったが，ひき算の場合は2通りの考え方がある．

12−3を例として考えてみる．まず1つ目の考え方は，12を10と2に分け，まず10−3を行う．それに残った2を加える．

【例 2-4】　減加法(げんかほう)

$$12-3=(10+2)-3$$

$= 10-3+2$
$= 7+2$
$= 9$

〜〜〜のように $10-x$ という形をつくる．これは0から9までの合成分解(表2-2の⑤)を利用しやすくするためである．〜〜〜をつくることで補数の考え方を使い，ひき算をして1桁+1桁という既習のものに帰着させ，計算を簡単にしている．一回引いてから足すので，この方法を**減加法**という．

また，もう1つの考え方として，3を2と1に分解して，12−2を行い，〜〜〜のように10をつくり，補数の考え方を用いて $10-x$ を計算する方法がある．

【例2-5】 減減法（げんげんほう）

$12-3 = 12-(2+1)$
$= 12-2-1$
$= 10-1$
$= 9$

この考え方では2回ひき算を行うので，**減減法**と呼ばれている．

このようにひき算では2つの方法がある．このことからもわかるように，ひき算はたし算より考えにくく，人によって理解しやすい方法も異なることを示している．減加法を指導するか，減減法を指導するかは，国によっても大きく異なる．日本では減加法を中心にして指導しているが，諸外国では減減法を指導している場合も多い．これは，文化の違いによる計算の仕方の違いであろう．いずれにしても，子どもは数の構成の理解がまだ不完全なためにそれぞれに理解しやすいものは異なる．どちらかが正しいというわけでもないので，両方を指導した上で，子どものやりやすい方法に任せることも必要である．

ヨーロッパでは，ひき算をするときに，**補加法**（ほかほう）という考え方がよく見られる．7−5を計算するときに，5に何を足したら7になるのかを考える．つまり，$7-5=x$ をするのに，$5+x=7$ を考える方法である．アメリカやヨーロッパに行ったとき，700円の品物を買って1000円札を出すと，800円，900円，1000円というように100円玉を順に3つ出してお釣りをもらった人も多いのではないだろうか．この方法はひき算をたし算として考える方法である．

また，ひき算では2段階のくりさがりのある計算が難しい．例えば，200−101

がそれにあたる．一の位で0−1をしようとしたが引けないので，1つ上の十の位から借りようとする．しかし，十の位からも借りられないので，さらに上の百の位から借りてくる．そうすると十の位には十が10本あるが，一の位も足りなかったので，1本を一の位に渡す．この計算は非常に難しいので，タイルなどの半具体物を用いて，ていねいに指導する必要がある．つまり，アルゴリズムをイメージ化することで，自分のやっていることを相対化できる．

ところで，ひき算の意味もいくつかの種類がある．まず基本的な考え方として，「残りはいくつ」という**求残**（きゅうざん）の考え方がある．

> **【例 2-6】 求残**
> チョコレートが7個あります．3個食べると残りはいくつでしょう．

はじめの数量からある量を取り去ったとき，または減少したときの大きさを求めるものである．この考え方がひき算の基本となる．この種類の問題が一番考えやすく，生活場面でもよく使われる例である．

2つ目の考え方としては，2つの数量の差を求めるものである．

> **【例 2-7】 求差**（きゅうさ）
> お兄さんはチョコレートを5個持っています．弟はチョコレートを4個持っています．お兄さんの方がチョコレートはいくつ多いでしょう．

このように「ちがいはいくつ」を求めることを**求差**という．この考え方では第1章で述べた1対1の対応が基本である．兄と弟の分を1対1に対応づけて考えたものを，ひき算という演算を用いて答えを求めるのである．また，この求差の問題は，男の子と女の子の差を求めたり，椅子とそれに座る子どもの差を求める問題がそれにあたる．例えば男の子と女の子の差の問題を子どもが解こうとすると，「男の子から女の子は引けない」といいだす子が出てくる．しかし，この問題も，男の子と女の子を1対1に対応させていくことで，無理なく差が考えられることを理解させることが必要である．また，この1対1対応の考え方ができていても，ひき算を使うことが理解しにくい子もいるので注意が必要である．

ひき算ではもう1つの考え方もある．

【例2-8】　求部分（求補）

くじが6本あります．はずれくじは4本です．あたりくじは何本でしょう．

このように全体と一部分がわかっていて，残りの部分を求める考え方を**求部分（求補）**という．このような問題で注意しなければならないのは，くじはあたりとはずれの2つしか存在しないという点である．一部分や残りの部分が何であるかを確認しておく必要があり，その点が理解できていないとこの問題は解けない．

ここまでをまとめると，ひき算の意味は次のように分類できる．

ひき算の意味

求残：はじめの数量からいくつかを取り去ったとき，または減少したときの残りの大きさを求めるもの．

求差：2 つの数量の差を求めるもの．

求部分：全体と一部分がわかっていて，残りの部分を求めるもの．

子どもが文章題でつまづいている場合，どのような種類の問題でつまづいているかを把握して，指導に生かしていくことが必要である．

§2.4　かけ算

かけ算とはたし算を簡単にするものだと考えている人はいないだろうか．「2×3 は 2 を 3 回足すことである」と習った人も少なくないと思う．しかし，この考え方で答えを求めることはできるが，かけ算の意味の説明にはならない．この考え方だと，2×1 は，2 を 1 回足すことになり，$2+2$ で 4 と考えてしまいかねない．また，2×0 は，2 を 0 回足したものという説明も，何がいいたいのか全くわからない．かろうじてこの説明で理解したとしても，3×0.7 の説明は，3 を 0.7 回足すということになる．これではわかったようでわからない．また，この説明は，自然数の場合にしか使えない．このように，かけ算の説明はたし算を用いては説明しきれないのである．つまり，かけ算はたし算と異なった新しい演算(**積**(せき))であることを認識しておくことが必要である．

かけ算の意味をまとめると次のようになる．

> **かけ算の意味**
> 　**量のかけ算：**　(1 あたり量)×(いくつ分)＝(全体量)
> 　**倍のかけ算：**　(もとの量)×(倍)＝(全体量)
> 　**積のかけ算(新しい概念を作り出す積)：**
> 　　　　　　　　(長さ)×(長さ)＝(面積)

これらのかけ算の種類のうち，小学校２年生の段階で習うものは量のかけ算がほとんどである(ただし，1 あたり量は後ほど示す)．

たし算はりんご何個とりんご何個のように，同じ単位のものしか足し合わせることはできず，答えもまた同じ単位である．ところが，かけ算の意味の３番目のように，長さと長さという量を掛け合わせることで，長さとは全く別の面積という新たな量を取り出すことができる．縦 2 cm，横 3 cm の長方形の面積は

$$2\,\mathrm{cm}\times 3\,\mathrm{cm} = 6\,\mathrm{cm}^2$$

となる．これを

$$2\,\mathrm{cm}+2\,\mathrm{cm}+2\,\mathrm{cm} = 6\,\mathrm{cm}$$

と考えると，答えは面積の単位にもならないし，この考え方は何か変だということになる．その点から考えても，かけ算は同じ数(同数)を何回も加える(累加)という**同数累加**(どうすうるいか)を超えた，全く別の演算であり，この説明は通用しないことがわかる．

次に，最初の２つのかけ算について詳しく見ていこう．

> **【例 2-9】　量のかけ算**
> 　みかんが４個ずつのった皿が３つあります．全部でみかんは何個あるでしょう．

このような問題にすると１や０のかけ算も考えやすくなる．１のかけ算は

「みかんが４個ずつのった皿が１つあります．全部でみかんは何個あるでし

ょう」

とすればイメージしやすい．また，0 のかけ算では，そのような流れの中で

「みかんが 4 個ずつのった皿がありません．全部でみかんは何個あるでしょう」

とすればわかりやすい．量のかけ算では，1 つ分の大きさが決まっていて，すべて同じ大きさのもの(1 あたり量)がいくつ分あるかということを明確にする必要がある．それが量のかけ算の意味だからである．

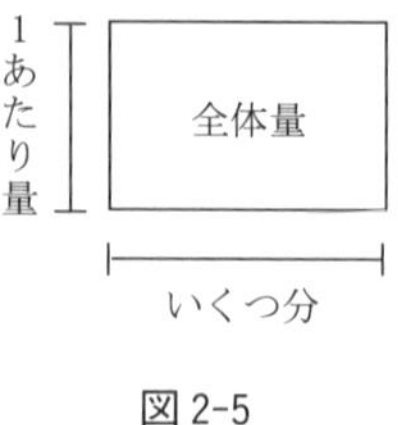

図 2-5

量のかけ算の仕組みを明らかにするために，図 2-5 のような**ファイバー構造**を導入する(かけわり図または直積構造とも呼ばれている．ファイバーとは繊維のことで，縦糸と横糸の構造関係のことである．数学にファイバー・スペースとかファイバー・バンドルという重要な概念がある．いくつ分を**ベース・スペース**，1 あたり量を**ファイバー**，全体量を**トータル・スペース**という．この三者関係のうち，2 つがわかっていて，残りの部分を求める，という構図がよく使われる)．1 あたり量を縦軸に，いくつ分を横軸にとることで，全体量はマス目でわかる．このように考えると，×1 や×0，小数や分数が出ても対応できる．

例 2-9 の問題をファイバー構造で表すと図 2-6 のようになる．また，倍のかけ算も図 2-7 のようにファイバー構造を用いればわかりやすく，かけ算を定義することができる．同様にして，積のかけ算の面積が出てきたときもこの考え方で対

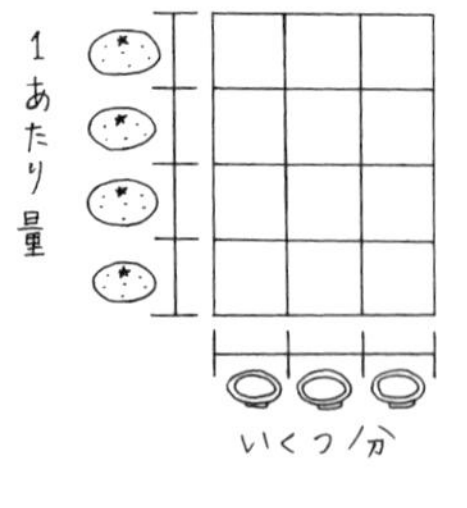

図 2-6

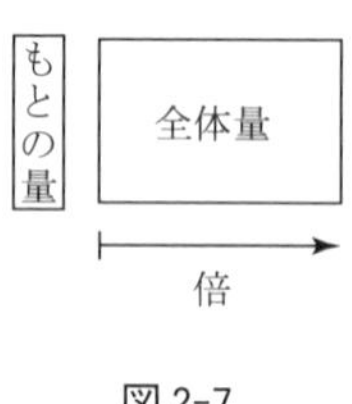

図 2-7

応できるので便利である．

量のかけ算では1あたり量を明確にするためにも，自転車の車輪(1台あたり車輪2つ)やタコの足(1匹あたり8本)のように，その都度変わらない普遍(ふへんてき)的なものから導入すると混乱せず考えやすい．

●九九(くく)について

実際に例2-9の問題の答えを求めるとき4×3という式を立てるが，九九を習うまでは，どのような方法で4×3を求めてもよい．別に4+4+4でもよいし，実際に数える子もいると思う．重要なのは，答えの求め方ではなく，どのような事象のときかけ算を用いるのかということや，かけ算の構造を理解することである．数が小さいうちはどのような方法でも答えは求められるが，数が大きくなるにつれ次第に難しくなってくる．そのために答えを求める方法として**九九**(くく)を導入する．この九九も，たし算の合成・分解の表と同じように，81通りの計算を覚えることですべてのかけ算ができるようになる．

九九の指導に入るとき，最初は2の段や5の段から始めると理解しやすい．それは，日常生活で「に，し，ろ，は，とう，……」や，「ご，じゅう，じゅうご，……」のように数えることとの関連があるからである．また，九九は語呂(ごろ)がよく，かけ算の答えを覚えるのに非常に便利である．

九九を歴史的に見ていくと，もともとは中国から伝わったものであるといわれている．日本で使われるようになったのは，万葉集の頃である．「三五月」と書いて「もちづき」と読む．もちづきは満月のことで「じゅうごや」とも呼ばれ，3×5で15だから「三五月」と書いたと思われる．昔の人はなかなかのセンスがあったようだ．

ところで，このような覚えやすい九九を使っていない地域も世界中には存在す

る．その地域では，九九がないために，計算力が乏しいといわれている．逆にインドでは 20 までの九九のようなものが存在している．そのため，紙を使わずにすばやく答えを求めることができ，計算力はどの国よりも優れているようである．覚えるのに時間がかかったとしても，九九はしっかりと覚えるほうがよい．

最近日本では，九九を覚えられない中学生や高校生も多く，それが原因で計算につまづき，数学嫌いを起こしているという報告が少なくない．子どもに「3×4 = ？」と聞いて，「3･1 が 3，3･2 が 6，……」と順番にいわないと答えが出ない状態では，それを計算に用いるのは大変である．ともかくスムーズに九九がいえて，使えるようにしておきたい．九九の言い方も，最初は覚えやすくするために統一するのもよいと思うが，絶対これでなければならないというものでもない．しかし，この段階で間違って覚えてしまうと，後で修正するのも困難なので注意しなければならない．また，速さを競うこともしばしばなされているが，速くいえたとしても間違いが多いのではあまり意味がない．正確な答えが導ければよいのである．

それよりも大切なのは，九九を忘れたときに，かけ算の法則から答えを導き出せることである．その法則を理解するのに表 2-8 のような**アレイ図**と呼ばれるものを利用するのも 1 つの方法である．この表は**乗数**(掛ける数)と**被乗数**(掛けられる数)の位置より大きい数の分を図のように紙で隠して考える図である．表 2-8 は 3×5 のときである．また，アレイ図では乗数が 1 増えると被乗数分，増えるということを，隠している紙をずらすことによってわかりやすく示すことができる．この図より，同じ答えになるかけ算(例えば 3×5 と 5×3)が同じ答えになることも簡単に理解できる．

どのような方法を用いてもよいが，九九ができるようにしておくことがとても

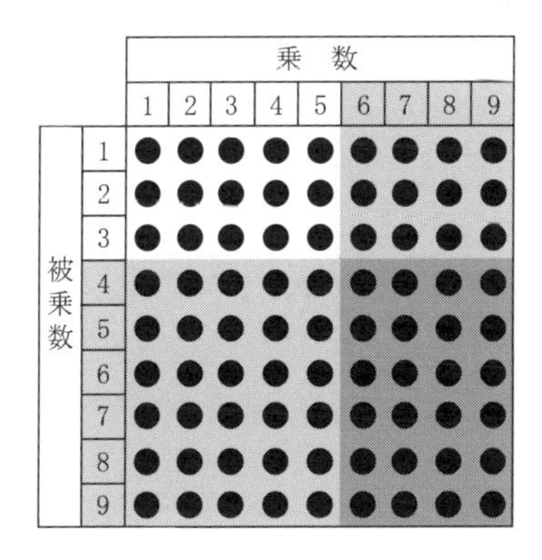

表 2-8　アレイ図

大切である．それと同時に，それを忘れても，いつでも再生できるような方法を見つけておくことはもっと重要なことである．

●かけ算の型分けについて

九九を理解したところで，大きな数のかけ算について，たし算と同じように分

十位＼一位	くりあがり無し	0の計算 0×a	くりあがり有り	★	10の計算	★
くりあがり無し	① 22 × 2	② 20 × 2	③ 29 × 2	④ 34 × 3	⑤ 25 × 2	⑥ 25 × 4
くりあがり有り	⑦ 92 × 2	⑧ 90 × 2	⑨ 99 × 2	⑩ 67 × 3	⑪ 95 × 2	⑫ 75 × 4

《注意》　★は答えの十の位の場所(部分積（ぶぶんせき）の和)がくりあがるタイプ

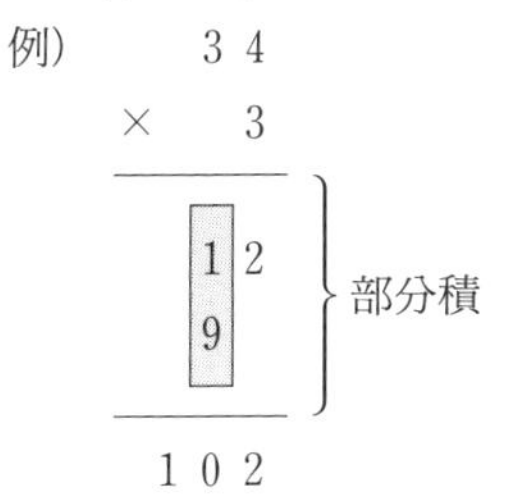

表 2-9

類できる(前ページ表 2-9)．たし算では位取りの原理を理解するために 2 位数同士の位の欠けていないものから扱った．しかし，かけ算では答えを一の位の答えと十の位の答えを最終的に足して求めるので，まず，2 位数×1 位数の場合から考えていくことになる．

この分類を大きく 3 つ(くりあがり無し，くりあがり有り，部分積の和が繰り上がる)に分ける．そして，それぞれに対して以下の順番で指導していく．

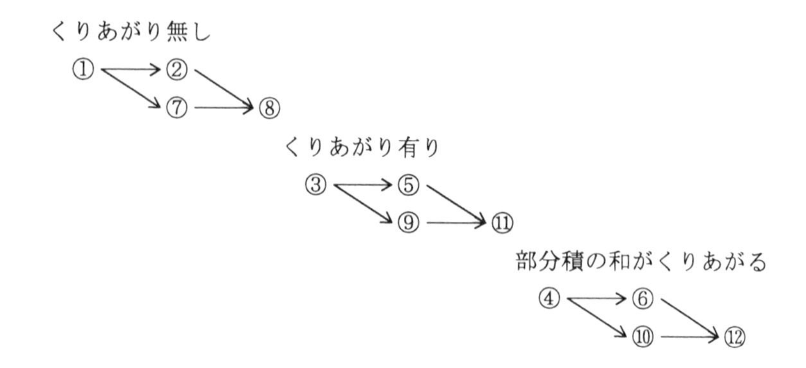

3 位数×1 位数も同様にして考えられる．部分積の和が繰り上がるものと，下のように中間に 0 が入ってくるもの

$$\begin{array}{r} 306 \\ \times \quad 5 \\ \hline \end{array}$$

の 2 つを特に注意したい．

次に 2 位数×2 位数であるが，これも同様に分類すると非常にたくさんの種類になってしまう．また，2 位数×1 位数も扱っているので，できるだけ最小限にして考えていくと，以下のような分類と指導順序になる．

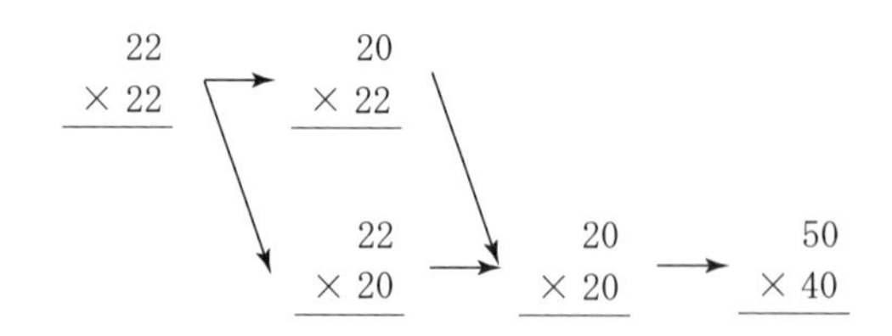

$$\begin{array}{r} 24 \\ \times\ 32 \\ \hline \end{array} \to \begin{array}{r} 24 \\ \times\ 23 \\ \hline \end{array} \to \begin{array}{r} 24 \\ \times\ 33 \\ \hline \end{array}$$

$$\begin{array}{r} 24 \\ \times\ 30 \\ \hline \end{array} \to \begin{array}{r} 15 \\ \times\ 40 \\ \hline \end{array} \to \begin{array}{r} 25 \\ \times\ 80 \\ \hline \end{array}$$

小数のかけ算でも同じように考えられるが，1998年の学習指導要領では，小数第2位以下のかけ算が削除された．型分けして考えると，次のような0を補う型や，0を取る型ができなくなる．内容削減による問題点であった．

$$\begin{array}{r} 0.26 \\ \times\quad 0.18 \\ \hline 208 \\ 26 \\ \hline 0.0468 \end{array} \qquad \begin{array}{r} 2.5 \\ \times\quad 0.4 \\ \hline 1.00 \end{array}$$

［0を補う型］　　　［0を取る型］

§2.5　わり算

わり算はかけ算の逆の演算になるわけだが，わり算の意味について考えてみよう．わり算は四則演算の中で最も難しい．それはわり算の筆算をするときに，足す，引く，掛けるという他の3つすべての演算ができないと，わり算の計算ができないためである．また，わり算以外の3つの演算は最も小さい位から計算するのに対して，わり算は一番上の位から計算していく．このようにわり算は，今までの計算をふまえた上で全く別の方法を使うために難しいのである．

わり算 $a \div b$ は割り切れない場合も出てくる．a を b で割ったときの商とあまりの関係は次のように定式化される．

わり算の定式化($a \div b$)

$$a = qb + r$$

q は，a を b で割った**商**(しょう)であり，

r は，a を b で割った**あまり**である．ただし，$0 \leqq r < b$.

わり算の定義から考えると，筆算などの指導順序は，あまりのあるものから割

り切れるものへと進めていくほうがよい．割り切れるものを先にやってしまうと，割り切れない問題が出たときに違和感を感じて計算ができない．子どもにわり算の問題について聞くと，あまりが出てくるのはよくない問題で，普通の問題は割り切れるものだと勘違いをしている場合が多い．しかし日常生活の場でわり算を考えると，ほとんどの場合はあまりが出てくるもので，たまたまあまりが0になる割り切れる形のほうが少ない．

このようにわり算では，商とあまりを考える必要があり，おまけにあまりは除数(割る数)より小さいという条件もあり，初めて学ぶ子どもにとっては難しい．しかし，わり算の意味である「分ける」という作業は，子どもたちも日頃から行っていることであり，特殊なことではない．

●わり算の意味

トランプの配り方などを考えると，1人に1枚ずつ順番に配っていくやり方と，だいたい1人何枚になるのか見当をつけて数枚ずつ配るやり方と，2種類の方法がある．このように，答えを求める方法は何種類かあるので，実際にわり算が不得意な子どもがいた場合には，日常生活の問題に置き換えて考えさせることが重要である．ところで，わり算の意味を見ていこう．

【例 2-10】 等分除

A君がチョコレートを20個持っています．それを5人の友だちに分けました．1人何個チョコレートがもらえるでしょう．

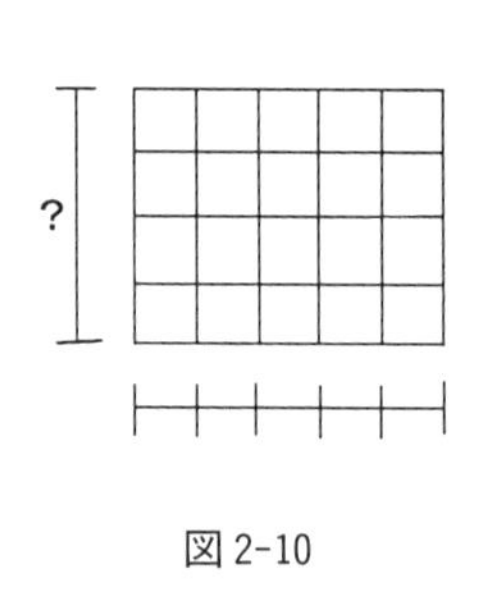

図 2-10

これは全体の量を同じ量ずつ分けたときの1あたり量を求めるもので，この考え方を**等分除**という．これはわり算の基本的な考え方であり，式にすると，

□×5 ＝ 20

の □ を求める計算になる．

【例 2-11】 包含除（ほうがんじょ）

A君がチョコレートを20個持っています．1人4個ずつ分けると何人に分けられますか．

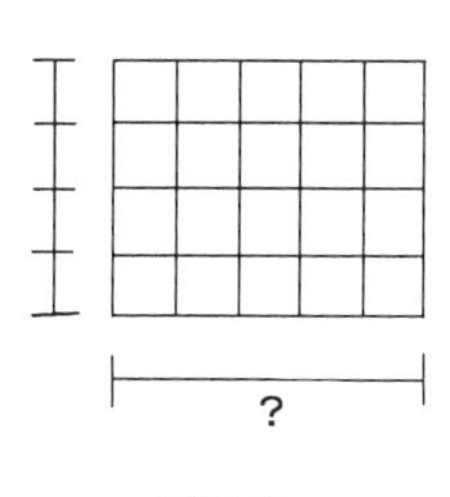

図 2-11

これは全体の量を1あたり量ずつ分けたとき，いくつ分できるかを求める考え方で，**包含除**という．式にすると，

4×□ ＝ 20

の □ を求める計算である．

日常生活で考えると，「分ける」という作業の場合，いくつ分という包含除の問題はあまり考えず，1人あたりいくつという等分除の問題がほとんどである．自分の手にいくつか残っている場合，等分除の問題では1つずつ配っていくので操作しやすく考えやすい．しかし，包含除の問題では，まだ何人の人に配ることができるのかという見通しが立てづらく，実際操作しにくい．イメージしにくい問題であるため，包含除の問題では，かけ算の逆の演算であるということから上のファイバー構造を示し，その問題では何を求めるのかを明らかにしていくことで考えやすくなる．

わり算の意味をまとめると次のようになる．

わり算の意味

等分除：全体の量を同じ量ずつ分けたときの1あたり量を求めるもの．

包含除：全体の量を1あたり量ずつわけたときいくつ分できるかを求めるもの．

倍のわり算：倍のかけ算の逆算．

わり算は，初めかけ算の逆の演算として定義され，その具体的な場面として等分除や包含除について学習する．その後，わり算の意味を拡張し，倍を求める場面でもわり算を用いることを学習する（**倍のわり算**）．例えば「45 m のひもは，5 m のひもの長さの何倍ですか」という問題の場合には，わり算を用いて倍を求める．このとき，「何倍」を「いくつ分」に置き換えて 5×□ ＝ 45 なので 45÷5 ＝ □として，45÷5 ＝ 9 で 9 つ分だから，9 倍ととらえる．これは将来，割合の第 1 用法へと発展する，倍（割合）を求める場合にあたる（割合の 3 用法については§ 6.5 で紹介）．また，「同じ大きさの机を 6 台並べたら，12 m になりました．この机 1 台の長さは何 m ですか」という問題では，□ m の 6 倍が 12 m になることより，□×6 ＝ 12 なので 12÷6 ＝ □として求めることになる．これは，割合の第 3 用法へ発展するわり算を用いて，もとにする量を求める場合に当たる．

この倍とわり算の関係は，高学年で倍が小数や分数で表わされる場合に生かされることになるので，整数倍の段階で十分に理解させておくことが必要である．

●あまりのあるわり算

あまりのある計算で注意しなければならないことがいくつかあるので，詳しく見ていこう．例えば，

8÷6 ＝ 1 あまり 2　である．

4÷3 ＝ 1 あまり 1　である．

ここで，8÷6 ＝ 4÷3 なので，

1 あまり 2 ＝ 1 あまり 1　になる．

これを見て不思議に思うだろう．なぜ，このようなことが起きるのだろうか．それは，あまりが伴う場合，この等式で使っている「＝」はいままでのものと性格が違うためである．別の考え方をすれば，

5÷4 ＝ 1 あまり 1

3÷2 ＝ 1 あまり 1

だからといって，

5÷4 ＝ 3÷2 とはならない．

すなわち，わり算であまりを伴う等式はあくまで便宜的なものであり，本来の意味の「＝」ではない．

●0で割ること

注意するべき点の2つ目として，わり算では，$5 \div 0$ のように，なぜ「0」で割ってはいけないのか考えてみよう．

例えば，ここで $4 \div 2 = 2$ という等式で考えてみる．これをかけ算で考えると，

$$4 = 2 \times 2$$

である．同様にして $4 \div 0$ を考えてみよう．その答えを仮に x とすると，

$$4 \div 0 = x$$

になる．先ほどのようにかけ算で考えると，

$$4 = 0 \times x$$

となる．しかし，0に何を掛けても，答えは必ず0になる．そのため，前式は $4 = 0$ となり，おかしなことになる．

それは，このような x が存在すると仮定したから起きたことで，本来はこのような x は存在しない．つまり，計算できないということである．

ここで，別の考え方から，なぜ「0」で割ってはいけないのか考えてみよう．

$$5x+5 = 3x+3 \qquad \text{（分配法則の逆を使う）}$$

$$5(x+1) = 3(x+1) \qquad \text{（両辺を } x+1 \text{ で割る）}$$

$$5 = 3$$

ということになってしまう．普通にこの方程式を解くと，$x = -1$ となる．答えの $x = -1$ を $x+1 = 0$ とすると，2番目から3番目のところで両辺を0で割っていることになる．それが誤りである．

このように0で割ることを認めると，いままでの計算法則が崩壊するので，0で割る計算はできないようにしている．よって答えは「不能（ふのう）」ということになる．

これに似た $0 \div 0$ は何になるのだろうか．

$$0 \div 0 = x$$

とすると，

$$0 = x \times 0$$

となる．ここにあてはまる x は何であってもこの等式は成立する．今度は答えが何でもよいことになり，1つに定まらない．よって答えは「不定（ふてい）」ということになる．したがって，0で0を割ることもできないようにしている．

以上のことから，0で割ることを禁止しているのである．

●わり算の難しさ

わり算の難しい点をもう1つ挙げてみよう．次の2つには大きな違いがある．

① $32\overline{)99}$　　　② $35\overline{)99}$

①と②の大きな違いは，商を立てるときである．両方とも，**除数**(じょすう)(割る数)がだいたい30で，**被除数**(ひじょすう)(割られる数)がだいたい90であると見当をつけ，筆算をする．①の場合は商が3であると簡単に見つけられる．しかし，②の場合では，商は3になりそうだが，商を3としたときの数より被除数のほうが小さくなり，計算できない．そのため商は2となる．

例えば，中国の教科書では次のように書かれている．これを参考にするのも1つの方法である．

> $99 \div 35 = \square$
>
> 　$2 \times 35 < 99$
>
> 　$3 \times 35 > 99$
>
> 99の中に2つの35がある．
>
> よって $99 \div 35$ の商は2
>
> $99 \div 35 = 2$　あまり29

このようにわり算の筆算では，見当をつけて商を立てることが意外に難しい．そのためにも，かけ算がしっかりとでき，いろいろな商を立てて考えることができるようにしておく必要がある．

わり算は非常に難しい演算であり，しっかりとした練習も必要となる．

§2.6　四則演算の性質

四則演算をすべて学んだ上で，それらを使った性質を見てみよう．

四則演算の性質

$a+b=b+a$	**交換法則**(こうかんほうそく)
$(a+b)+c=a+(b+c)$	**結合法則**(けつごうほうそく)
$a\times b=b\times a$	**交換法則**
$(a\times b)\times c=a\times(b\times c)$	**結合法則**
$a\times(b+c)=a\times b+a\times c$	**分配法則**(ぶんぱいほうそく)

これらの法則は数の計算をスムーズに行うためにも必要なものである．例えば，結合法則を見ていこう．

数の演算は，基本的には2つの数の計算であり，それを3つ以上の数を計算しようとすると結合法則が避けて通れない．例えば3つの数のたし算7+2+3を，どこから計算してよいのかと立ち止まっている子どももいる．まさかと思うかも知れないが，子どもたちは習っていないことはできない場合が多いのである．2つの数の計算であればできることを利用し，結合法則を用いればどこからたし算をやっても問題がないことがわかる．

実際，

$$(7+2)+3 = 7+(2+3)$$

で，前2つを先に計算してから3を加えても，7に後2つを計算して加えても同じになることを保障している．さらに交換法則を使えば，

$$(7+2)+3 = 3+(7+2) = (3+7)+2$$

となり，3と7を先に計算してそれに2を加えてよいこともわかる．つまり，結合法則によって，どんな順序で計算しても同じ答えになることが保障されているのである．

また，かけ算で3×5の答えを忘れても，5×3の答えを知っていれば，交換法則を用いて求めることができる．

しかし，ここで注意しなければならないのは，これらの法則はあくまでも数という抽象的なことに対して成り立つということである．数の計算としては

$$3\times 5 = 5\times 3$$

が成り立ったとしても，

$$3(\text{個}/\text{人})\times 5(\text{人}) \qquad \text{と} \qquad 5(\text{個}/\text{人})\times 3(\text{人})$$

では意味が違ってくるのである．

あめを1人に3個ずつ5人に配ったときのあめの個数を「5×3」とテストで書いたら不正解になった．かけ算は乗数と被乗数を入れ替えても成立するので，これも正解ではないか，ということがテレビで話題になった．

大人からすれば，確かに3×5と5×3の答えが15で同じことはわかっている．しかし，子どもは単なる計算の技術を学んでいるわけではなく，文章から意味を理解して，計算に持ち込むという算数的なプロセスを学習しているところである．この場合は，問題文からどれが「1あたり量」になるかが大切なことである．このことは単位を書かずに計算式だけを書くということから起きてくることである．計算式を書く前に，単位をつけた言葉の式を書くように指導すれば，3×5と5×

3を子どもたちがどのように理解して書いたのかがわかり，先ほどの疑問は起きてこないのではないか．

以上のように，四則演算の法則は数の上では成立するが，もっと広い数学の世界で考えた場合には，いつも成立するとは限らない．例えば，a, b が2つのベクトルだと考えると，ベクトル積(せき)（外積(がいせき)）に関しては

$$a \times b = -(b \times a)$$

となり交換法則は成立しない．当たり前の性質ではないのである．

さて，四則演算を終えた後に問題になってくるのが，四則が混じった計算である．

四則演算の規則

① （　）の中を先に計算する．

② ＋，－ よりも，×，÷ を優先させて計算する．

なぜこのような規則があるのかは，実際の問題に置き換えて考えていけばわかる．演算では，たし算・ひき算よりもかけ算・わり算を優先するのはなぜか考えてみよう．

例えば「250円のケーキ3個と300円のケーキを4個買いました．いくらになるでしょう」という問題を考えるとき，式に表すと

$$250 \times 3 + 300 \times 4$$

である．これに単位をつけると

（円/個）×（個）＋（円/個）×（個）

になる．先ほども述べたように，たし算はかけ算とは違い同じ単位同士でしかできない．例えば式で真ん中の3＋300をするというのは，3個と300円を合わせるということになる．しかし，この2つのものを足し合わせることには，全く意味がない．よって，かけ算を先にすることで，

（円）＋（円）

となり，初めてたし算ができるようになるのである．

一方，このように考えれば，単位が異なるとたし算は考えられないが，かけ算は単位が異なってもできる場合が多く，さらに新しい単位をつくることができる．このようなことからも，かけ算とたし算とは異なる演算であることがわかる．

演算は最初に式があって規則が存在していたのではなく，日常生活でもともと

の意味(必要)があって成立したものである．日常生活で矛盾を起こさないために，数が体系化され，その数の体系を壊さないようにするために，規則が生まれていったのである．

●0や1の役割

0や1という数は，数の中でも特別な役割を持っている．

$$0+0=0$$
$$a+0=a$$
$$a-a=0$$
$$a\times 0=0$$
$$a\times 1=a$$

このように，0や1を含む演算は答えを0にしたり，答えがそれ自身になったりする性質があり，演算で考えると数の中でも特別であることがわかる．

また，0や1がないと負の数や逆数といった数を考えることができない．実際，ある数 $a\ (\neq 0)$ の逆数とは

$$a\times x=1$$

となる数 x のことであり，正の数 a に対して負の数 $-a$ とは，

$$x+a=0$$

となる数 x のことである．

また，0のかけ算は大人から見て簡単だということから適当に指導してしまうことがあるが，数学ができない高校生のほとんどが「$2\times 0=2$」と答えてしまう．かけ算の1と0の計算を混同してしまっているのだが，この間違いは方程式の間違いのもとにもなるので，このときにしっかりできるような手立てを講じておく必要がある．

演習問題2

① 数えたしの方法(7+4を考えるときに指で考える方法)がなぜまずいのか，についてまとめなさい．

② たし算，ひき算，かけ算，わり算の問題を，それぞれの意味の違いに応じて，それぞれつくりなさい．

③ ＋, －, ×, ÷ の記号の由来について調べなさい．

④　四則計算で，かけ算・わり算を先にする理由を，具体的な例題をつくって説明しなさい．

⑤　四則演算の性質が成立しないような例があるかを調べてみなさい．

●第 3 章

量について

§3.1　量とは

いままでは，数についていろいろと考えてきた．この章では，長さ，かさ，重さに代表されるような量について考える．

まず，量は次の 2 つに分類される．

量の種類

離散量(りさんりょう)(**分離量**(ぶんりりょう))：ものの個数のように整数値で表される量
(数えることができるもの)

連続量(れんぞくりょう)：長さ，かさ，重さのように整数値だけでは表せない量
(測ることができるもの)

実際の例で考えてみよう．

【例 3-1】　離散量

たかし君がボールペンを 3 本持っています．4 人で分けると，1 人分はどれだけでしょうか．

この問題の答えを考えると，1 人分のボールペンは $3 \div 4$ で $\frac{3}{4}$ 本となるが，これはどこか変である．それは，ボールペン $\frac{3}{4}$ 本というのが存在しないからである．つまり，ボールペンは 1 より小さいものに分割できないということである．

この場合は，答えは「ボールペンがもらえない人が1人います」ということになるのだが，「ボールペン4本を4人に分けると……」という問題にすれば，1人分は1本となり，答えは存在する．

このように1より小さく分けられない量，整数値だけでしか表されない量を**離散量**(**分離量**)という．この離散量は，第1章で扱ったように，ものの個数に代表される量である．

それに対して，次のような例はいまの場合と異なる．

> **【例3-2】 連続量**
>
> オレンジ・ジュースが3リットルあります．4人兄弟で等しく分けるとき，1人分はどれだけでしょうか．

オレンジ・ジュースは，ボールペンの例とは違い，3÷4で$\frac{3}{4}$リットルを考えることができる．ものの個数とは異なり，オレンジ・ジュースは液体であるため，$\frac{3}{4}$という半端（はんぱ）な量を考えることができる．ある基準1(単位)を決めたとき，半端な量が出た場合には，その基準の1より小さい量も表す必要がある．この考え方は，長さ，重さについても同様である．液体は別々の容器に入ったものを1つに合わせると境目がなくなる．また，1と2のように整数値だけでは表すことができない切れ目のない量である．このような量を**連続量**という．

離散量を指導するには，●やタイル□を使って抽象化（ちゅうしょうか）させ，わかりやすくしてきたが，連続量を指導する場合は数直線（すうちょくせん）などを用いて考えることが多い．

日本語では離散量と連続量に対して「どれくらい」という問い方に大きな区別

はないが，英語でははっきりとした区別がある．離散量がどれだけかを聞くのに「How many」を使い，連続量がどれだけか聞くときには「How much」を使う．英語の方は日常からはっきりと区別しているのでわかりやすいが，日本語では，はっきりとした区別がないためわかりにくい．

ここでは，連続量というものについてさらに考えてみる．連続量を数として表すときに大切なことは，半端(はんぱ)な量をどのように処理するかという問題である．半端な量の処理の仕方によって**小数**(しょうすう)と**分数**(ぶんすう)が生じる．小数と分数とは似ているように感じるが，実際は考え方が全く異なるものである．国によっても主にどちらを使うかが異なる．

日本や中国は小数文化圏であり，たいていの場合，小数で表示している．大きな量を表すときに使っていた千，万というのと同じように，

$$1\text{分}(ぶ) = 0.1, \qquad 1\text{厘}(りん) = 0.01$$

という考え方が存在していた．このことから考えても，日本では小数のほうがなじみ深い．

ヨーロッパは，分数文化圏であり，例えば自転車のタイヤのサイズはインチ(″)という単位で表され，$26'' \times 1\frac{3}{8}''$ のように表示してある．そのように分数文化圏では，たいていのものは分数で表してある．それは，ヨーロッパで使われている単位，例えば1ヤード＝3フィートのように，マイル，インチなどが十進法に準じておらず，ものをいくつかに分けるときには分数のほうが便利であったからだと考えられる．

分数の起源は古代エジプトやバビロニアだといわれている．現在のような分数の表し方を用いたのは，13世紀頃のフィボナッチ(ピサのレオナルドともいう)という人である．しかし，古代では分数の考え方を使って，比(ひ)(:)で表したり，わり算の形で表したりしていた．

一方，小数は13世紀頃に始まり，現在のような形になったのは，15世紀のス

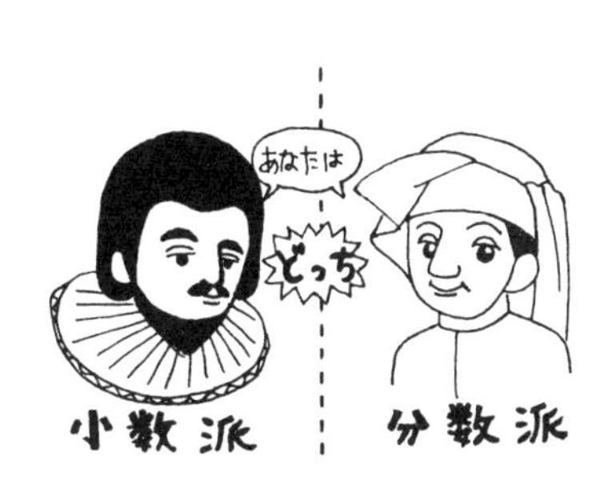

テヴィンという人によるものである．小数点は「．」で表すことになっているが，小数点の表し方は国によって違う．日本やアメリカは同じ表し方であるが，ヨーロッパでは「，」を使って表している国もある．

このように，半端の表し方には小数と分数という 2 つの方法がある．発展した地域も異なるので，現在でも 2 つの表し方がそのまま使用されている．

§3.2 小数と分数

小数と分数は表し方が違うだけで全く同じようなものであると考えている人が多い．そこで小数と分数の違いを考えてみよう．まず，小数について考えてみる．下図のように適当な長さのテープを 2 本用意する．短いほうのテープを基準として，長いほうのテープの長さを測ってみる．

短いほうで測量すると，1 回測れて次のような半端な部分ができたとする．半端な長さが出たとき，短いほうを十等分してつくった新しい基準で，半端な部分の長さを測ってできる表示を小数という．簡単に小数を説明すると下の図 3-1 のようになる．

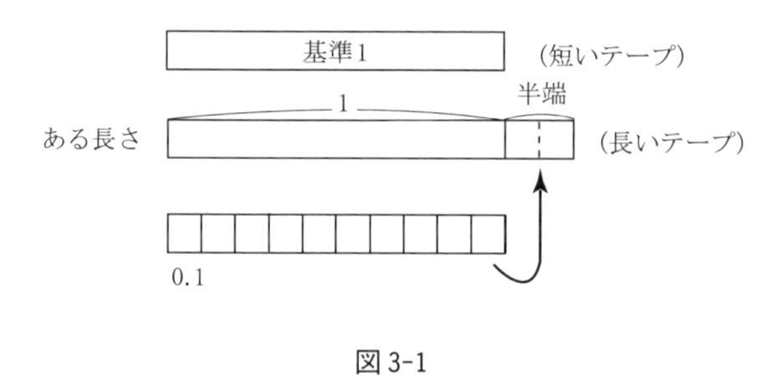

図 3-1

この図の場合，短いテープを基準にしたので，それを 1 とすると，1 を十等分したものが 0.1 である．これを**十進小数**(じっしん)という．半端の長さを測ったところ 0.1 が 2 つ分あったので，これを 0.2 と表す．長いテープの長さは 1 と 0.2 となるが，これを 1.2 と表すのである．

十進小数では 1 を十等分した長さを新しい基準とする．それで測りきれないときは，さらに十等分したもっと小さな基準で測る．したがって，十進小数は十進数位取り記数法の原理に基づく数の表し方であるといえる．そのため，いままでの整数の指導と同じように計算の仕方も説明できる．整数と同様に考えられることから，分数よりも先に導入して，十進数の四則演算を完成させてから，違う考え方の分数に取り組む方が混乱はないと考えられる．しかし，小数に初めて出会う子どもたちにはていねいな指導が必要であることはいうまでもない．特に小数の表記は右のほうに延びていくので注意しなければならない点がある．例えば，

$$1.25+0.9$$

の計算のように，末尾の位がバラバラなものは，末尾をそろえるのではなくて，それぞれの位をそろえて計算する必要がある．また，整数の計算と違って，小数点以下がどこまでも続く可能性がある．よって小数第何位まで求めていくか考えることも必要となる．

また，小数のわり算では商を概数(がいすう)で求めてしまうことが多いので，あまりを出すことは少ないが，あまりを出す場合も考えられる．このあまりの出し方は間違いやすいので，ここで少し述べておく．単純に割る数を整数にするために，割られる数も同じようにすると思っていると，あまりを出すときにつまづく．例えば $8\div2.3$ では，

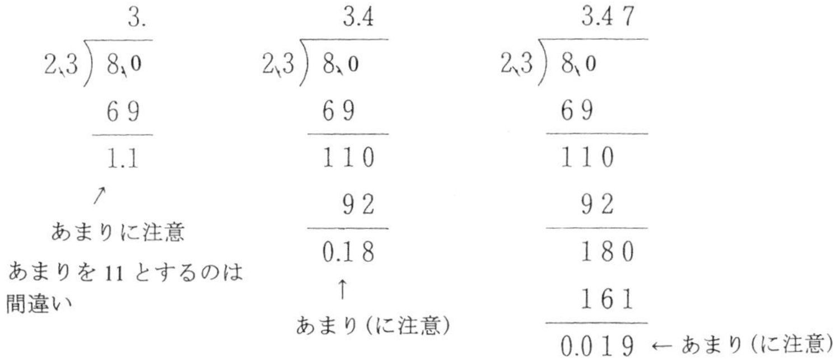

```
        3.                3.4                  3.4 7
2.3 ) 8.0         2.3 ) 8.0           2.3 ) 8.0
      6 9               6 9                 6 9
      ---               -----               -----
      1.1               1 1 0               1 1 0
     ↗                    9 2                 9 2
あまりに注意            -----               -----
あまりを 11 とするのは   0.1 8                 1 8 0
間違い                   ↑                    1 6 1
                     あまり(に注意)          -----
                                            0.0 1 9 ← あまり(に注意)
```

ここで，あまりは，被除数(割られる数)の小数点をそのまま降ろすということに注意しなければならない．

次に，分数というものがどのように生まれてきたか考えてみる．分数の導入時に，

「もとの大きさを同じように 4 つに分けた 1 つ分を，

もとの大きさの $\frac{1}{4}$ という」

と指導する場合が多い．なぜ $\frac{1}{4}$ というものを考えるのか．別に小数だけでよいように思える．子どもは分数の必要性を全く感じないまま，「小数は分母が 10 である特別な分数である」と誤解していることもしばしば見受けられる．しかし，分数は小数とは全く異なった考え方に基づくものである．

分数も小数のときと同じように，2 つのテープを用いて，紙の短いほうを基準として，長いほうの長さを考えてみる．この半端の処理の仕方は，小数のときと大きく異なるのである．出てきた半端な部分で 1 という長さを測ってみる．図で表すと下のようになったとしよう．(図 3-2)

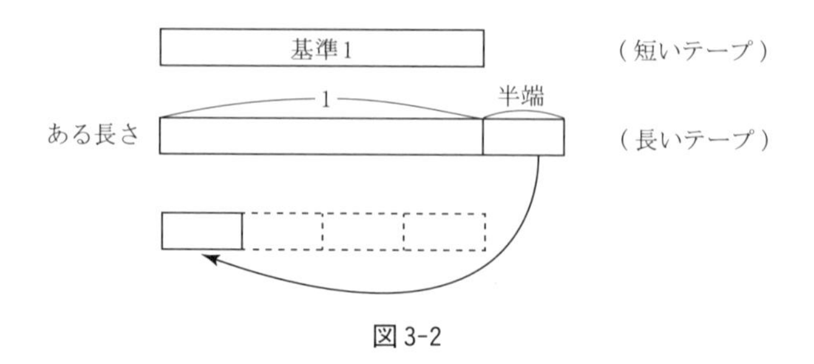

図 3-2

ある長さ(長いほうのテープ)を 1 という長さ(短いほうのテープを基準とした長さ)で測ったら 1 と半端な長さが出た．その 1 という長さを半端の長さで測ったらちょうど 4 つ分になった．このようなとき，その半端の長さを $\frac{1}{4}$ と表す．そして，最初の「ある長さ」は $\frac{1}{4}$ が 5 つ分なので

$$\frac{1}{4}\times 5=\frac{5}{4}$$

と表すのである．

もっと違った例で考えてみよう．先ほどの例で，半端な長さで 1 を測ったらちょうど測り切れたが，いつもそうなるとは限らない．図 3-3 のように，半端な長さで 1 を測ったら 2 つ分とさらに新しい半端が現れた．新しい半端で，もともとの半端を測ったら 2 つ分になった．よって 1 が新しい半端 5 つ分で測り切れることから 1 つ分は $\frac{1}{5}$ になり，半端な数はそれが 2 つ分なので $\frac{2}{5}$，よってもともとの長さは

$$\frac{1}{5}\times 7=\frac{7}{5}$$

という大きさになる．

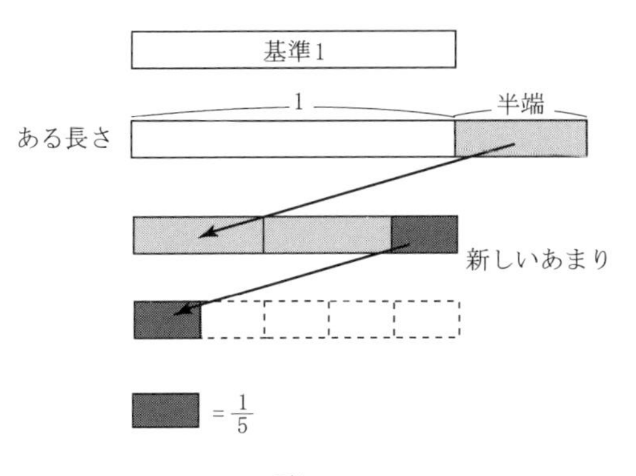

図 3-3

このように，半端(あまり)で基準を測り，さらに新しいあまりが出たら，新しいあまりで前のあまりを測るという考え方から分数が生まれたのである．これは**ユークリッド互除法**(ごじょほう)と呼ばれ，ユークリッドの『原論』(げんろん)(§4.3参照)の中に述べられている．この方法は，2つの整数の最大公約数(さいだいこうやくすう)を求めることにも応用できる．

ところで，分数には使い方によって注意をしなければならないことがある．ここで分数の2つの意味について考えてみよう．

分数の意味

量分数(りょうぶんすう)：連続しているものの量を表す．
割合分数(わりあいぶんすう)：2つの整数の比．(例：2÷3)

量分数は「$\frac{1}{2}$メートル」というときの$\frac{1}{2}$であり，テープの長さや液量のように，連続しているものの量を表すときに用いられ，$\frac{1}{2}$メートル，$\frac{1}{3}$リットルのように単位をつけて使われる．それに対し，割合分数は，「1メートルの$\frac{1}{2}$」というときの$\frac{1}{2}$であり，全体を2つに分けたうちの1つという意味の分数である．分数の2つの意味を混同しないように注意しなければならない．

【問 3-3】 下の図のような，2 メートルの長さのテープがある．このテープの左から $\frac{1}{2}$ メートル分を黒く塗りなさい．

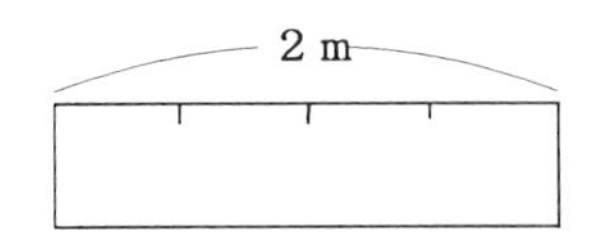

正しく塗れただろうか．問題は「$\frac{1}{2}$ メートル」で，テープの長さは 2 メートルあるので，全体の $\frac{1}{4}$ のところまで黒く塗りつぶしたものが答えになる．これを「全体の $\frac{1}{2}$」と誤解すると，半分を黒く塗りつぶしており，間違いである．

これと似たことはよく起きる．ある学校の先生が子どもに，「プールに行って水 $\frac{1}{2}$ リットルをくんできて」と頼んだところ，子どもは「そんなたくさんの水はバケツに入らない」といったという話がある．

また，「ここに $\frac{1}{3}$ 杯の水がある」といったら，あなたは同じ量の水が用意できるだろうか．これはできない相談である．バケツ $\frac{1}{3}$ 杯なのか，洗面器 $\frac{1}{3}$ 杯なのか．同じ $\frac{1}{3}$ でも基準の量の違いによって表している量は大きく異なる．分数では，もとの基準が何なのか，いいかえれば，何の $\frac{1}{3}$ かが重要になってくる．このように分数では基準の量がその都度変わることがあるので，何が基準なのかを明らかにする必要がある．

このように半端な数の表し方には，小数と分数という 2 つの方法がある．どちらか 1 つに統一した方が便利な気がするが，そうならないのには訳がある．それは小数と分数の両方にメリット，デメリットがあり，用途に応じて使い分けるほうが便利だからである．

例えば，$\frac{5}{8}$ と $\frac{18}{29}$ はどちらが大きいかは，簡単には見分けがつかない．しかし，分数 $\frac{a}{b}$ は，$a \div b$ で小数に変換することができる．このようにすると，2 つの分数は，0.625 と 0.621……となり，パッと見てどちらが大きいかがわかる．また，小数は分数よりも，計算がやりやすい．小数は十進数位取り記数法の原理に基づいているため，整数と同じように計算ができるからである．

しかし，小数の計算がこれまでのようにはいかない例もある．あまりを基準1で測ったら3回測って測り切れるという量を考えてみる．これを分数で表すと，$\frac{1}{3}$である．これを小数で表すと，0.33333……と永遠に3が続く．これは，$\frac{1}{10}$ずつの新しい基準ではどこまでやっても測り切れないことを意味する．このようなものを**無限小数**（むげんしょうすう）とよぶ．

無限小数が出現することで困るのは，演算ができないことである．例えば

$$1.3333\cdots\cdots+0.6666\cdots\cdots$$

を考えてみよう．この場合は，1.9999……になるだろうと予想はできるが，もっと不規則な場合はどうだろうか．最後の位がわからず，どんな大きさになるのか

予想できない．その一方で，分数で表現できる量は，通分という方法で共通の単位を見つけ計算することができる．例えば，

$$\frac{1}{3}+\frac{1}{5}=\frac{5}{15}+\frac{3}{15}=\frac{5+3}{15}=\frac{8}{15}$$

となり，$\frac{1}{3}$と$\frac{1}{5}$に共通の$\frac{1}{15}$という単位で考えれば簡単に計算できる．

先ほどの例も分数で考えれば$\frac{4}{3}+\frac{2}{3}$となり，簡単に計算ができる．無限小数の計算より分数の計算の方が簡単だといえる．

また，小数表現を数の表現として認めようとすれば，無限小数の存在を認める必要がある．例えば，

$$1.3333\cdots\cdots=\frac{4}{3}$$

$$0.6666\cdots\cdots=\frac{2}{3}$$

であり，

$$1.3333\cdots\cdots+0.6666\cdots\cdots=1.9999\cdots\cdots$$

と考えられるが，その一方では，

$$\frac{4}{3}+\frac{2}{3}=\frac{6}{3}=2$$

であるから，

$$1.9999\cdots\cdots=2$$

となり，両辺から1を引けば，

$$0.9999\cdots\cdots=1$$

ということになる．これは1という数は無限小数で表現すると，0.9999……であることを表している．つまり，同じ数について2通りの表記ができるのである．

この等式は次のようにして実際に成り立つ．

$x=0.9999\cdots\cdots$ とすると，
$10x=9.9999\cdots\cdots$ となる．
$10x=9+0.9999\cdots\cdots$ なので，
$10x=9+x$ となる．
よって $9x=9$ となり，
$x=1$ となり，
$0.9999\cdots\cdots=1$ が成立する．

このことを実例で表すと，電卓で1÷3をして，その答えに3を掛けると0.9999……となってしまう．しかし，本当は1のはずである．それは，無限小数の表示を許すことで，数は2通りの表現を持ってしまうのである．小数の表示では，0.9999……としか書きようがないのである．

それを回避するには，無限小数を分数にする方法が考えられる．もちろん分数も

$$\frac{1}{2}=\frac{2}{4}=\frac{4}{8}=\cdots\cdots$$

のように同じ大きさで2通り以上の表現を持つ．しかし，小数のように無限小数というややこしいものが出てくるわけではない．例えば $\frac{4}{6}$ を，分子と分母に共

通の約数がないもの(**既約分数**) $\frac{2}{3}$ になおすとただ1つに決まる．

　このことは図3-4のように考えるとわかりやすい．ここに $\frac{2}{3}$ があるとする．これを縦に二等分すると，6つのうちの4つ分ということで $\frac{4}{6}$ になる．この $\frac{4}{6}$ という量は最初の $\frac{2}{3}$ と同じ量だから，

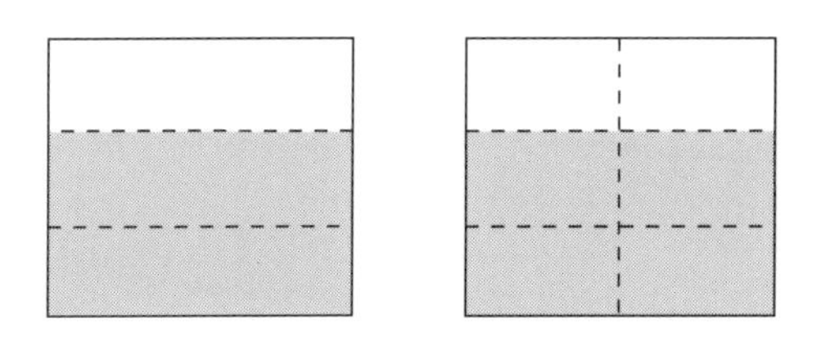

図3-4

$$\frac{4}{6}=\frac{2}{3}$$

になる．分子，分母に共通の約数を持つ分数は，このように縦に約数の数だけ，等分する線を入れるのと同じことであり，このような分数は結局1つの既約分数として表現できる．

　$\frac{2}{3}$ を $\frac{4}{6}$ にするように分子・分母両方に同じ数を掛けることを**倍分**という．また，この倍分の考え方は分母同士が違う大小比較のときにも非常に有効である．倍分によって分母を同じにすれば簡単に大小比較ができるようになる．

　では，無限小数をどのように処理すればよいかという問題になるが，一般的に無限小数の数が循環しているもの(**循環小数**)は必ず分数として表記できる．例えば，0.3232……を考えてみる．この小数は32が続く循環小数である．まず0.3232……を x とおく．そしてこの場合は，100倍すれば小数点以下がそろって，

$$\begin{array}{rl} x = & 0.3232\cdots\cdots \\ -)\ 100x = & 32.3232\cdots\cdots \\ \hline -99x = & -32 \end{array}$$

よって $x=\frac{32}{99}$

というふうに，x が分数として表されることになる．

　また，この逆で分数も循環小数になおすこともできる．例えば $\frac{1}{6}$ を考えよう．

これは 1÷6 である．これを筆算にすれば下のようになる．同じあまり 4 が出現するので，その後は同じ商の繰り返しになり，循環小数になるのは明らかである．

```
    0.1 6
  ┌─────
6 ) 1
    6
  ─────
    4 0
    3 6
  ─────
      4
```

（この段階で前と同じあまりが 4 になった．よってあとはこの繰り返しになるので答えは 0.1666…… となる．）

しかし，このような方法を用いても，分数では表示できない連続量(長さ，重さ，……)というものが存在する．つまり，測りたいものと基準になる量に共通するような量(単位)が存在しないということである．その量は実は身近なところに存在する．

§3.3　無理数

無理数は生活とは無縁のような気がするが，最も身近なものではコピー用紙などの紙の長さに現れる．図 3-5 のように，短いほうを 1 として $\sqrt{2}$ という長さをつくり，その長さと，紙の長いほうがぴったり合うように重ねる．すると，その $\sqrt{2}$ の長さとぴったり合うことから，短いほうの長さを 1 とすると，長いほうの長さは $\sqrt{2}$ になることがわかる．この $\sqrt{2}$ という長さは，循環しない無限小数であり，**無理数**（むりすう）である．

この $\sqrt{2}$ という値を習うとき，このような身近なところに使われている値であったことを知っている人は少ないと思う．この紙の比率は A3，A4，A5 や，B4，

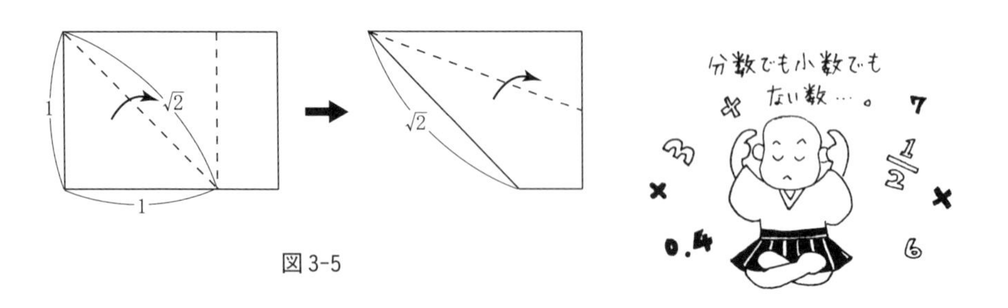

図 3-5

B5など，多くの紙に採用されている．

なぜこのような比率になったか考えてみよう．用紙の縦と横の基準を決めるのにはどうしたらよいだろう．あるサイズより，1つ下のサイズの用紙を作り出すのに最も簡単な方法は，その用紙を半分に折ることである．このときに，小さくなったほうの用紙の形がその都度変わってしまうのでは，さらにもう1つ下のサイズの用紙を作るのに不便である．つまり，小さくしていっても，もとの用紙の形と同じになってほしいわけである．例えば正方形の紙を考えると，それを半分に折ると，長方形になってしまい，紙の長さの比率は保たれない．拡大・縮小を考えると，半分に折っても，長さの比率が変わらないものでなければならない．そのような比率を次のように考える．

まず，紙の比率(たて：よこ)を$1:x$とおく．半分の紙の比率は$\frac{x}{2}:1$となり，2つの比が等しくなければならない．

$$1:x=\frac{x}{2}:1$$

$$\frac{1}{2}x^2=1$$

$$x^2=2 \qquad (x>0\text{ より})$$

$$x=\sqrt{2}$$

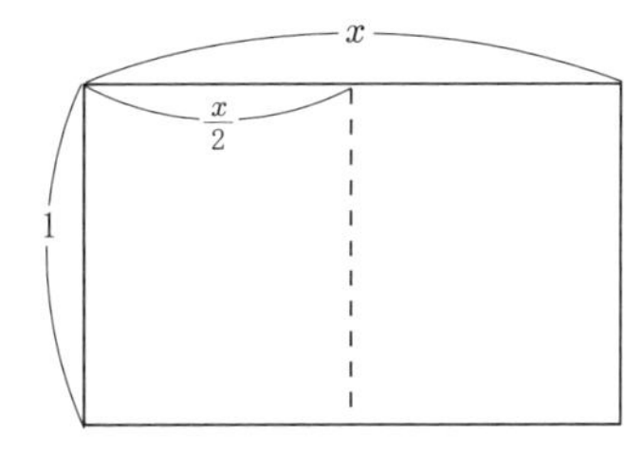

図3-6

よってこのような比率が出てくるのである．

コピーでB5からB4へ拡大するとき，倍率が2倍ではなく1.41倍なのは$\sqrt{2}$倍に拡大しているためである．間違えて2倍にしてしまい，とてつもなく大きな文字になって失敗してしまった人は多いと思う．

このように$\sqrt{2}$は身近であり，現実には存在しているにも関わらず，この値を小数で正確にいえる人はいない．また，$\sqrt{2}$の値は1.41421356……と続く無限小数であるが分数には表せない．

$\sqrt{2}$という表現は，2乗したら2になるという数を表すための特別な記号である．もちろん，これも数の仲間として認めるのだが，この数は図形から生まれたものであり，図形を操作しているときに発見された数である(第4章で述べるピタゴラスの定理から発見された)．

《参考》 ピタゴラスの定理

直角三角形において

$$a^2+b^2=c^2$$

が成立する.

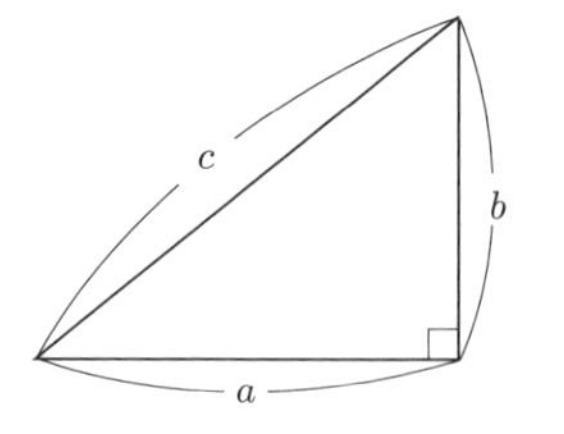

この定理により $c=\sqrt{a^2+b^2}$ である.

それでは $\sqrt{2}$ が分数，つまり循環小数にならないことを証明してみよう.

$\sqrt{2}$ を有理数(ゆうりすう)(分数の形に表せる)と仮定する.

$\sqrt{2}=\dfrac{n}{m}$ とおくと，(この分数は既約分数とする)

$$2m^2=n^2 \qquad \cdots\cdots①$$

よって n^2 は偶数となり，n も偶数となる.

なぜなら，もし n が奇数だったとすると，$n=2p+1$ と書ける.

$$n^2=4p^2+4p+1=2(2p^2+2p)+1$$

となるので，n^2 も奇数になるからである. よって

$$n=2s$$

と書ける. これを ① に代入すると，

$$m^2=2s^2$$

よって m^2 も偶数になる. 先ほどと同じ理由で，m も偶数になる.

m, n の両方とも偶数なので $\dfrac{n}{m}$ は約分できる.

これは，$\sqrt{2}=\dfrac{n}{m}$ は既約分数であるという仮定に反するので，$\sqrt{2}$ は分数(有理数)ではない. すなわち無理数になり，有限小数や循環小数で表すことが不可能であることがわかる.

この $\sqrt{}$ の大きさを実感するために，次のような定規をつくってみるのも1つの手である.

まず縦の長さを1として，横に1の長さをとる. すると対角線は $\sqrt{2}$ となる. 次に $\sqrt{2}$ を半径とする円を描き，下の直線との交点が $\sqrt{2}$ の長さになる. 次に縦の長さ1と横の長さ $\sqrt{2}$ の対角線は $\sqrt{3}$ となる. あとはこの作業の繰り返しで，図3-7のような無理数の定規が完成する. これもピタゴラスの定理を使っている.

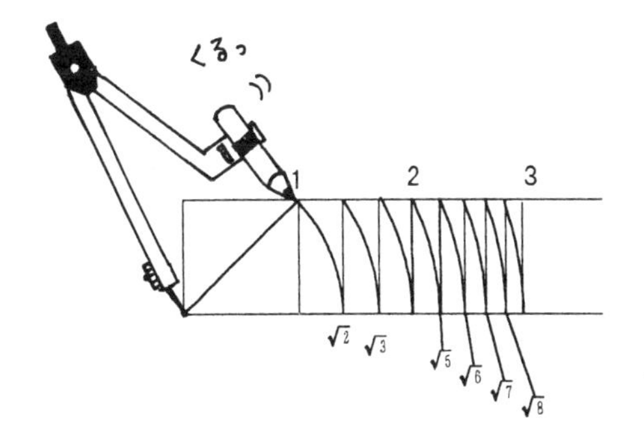

図3-7

無限小数の四則演算は説明がつきにくいが，$\sqrt{2}$ や $\sqrt{3}$ の長さはこの方法で作図できる．この長さを用いれば，後で示す§4.4の方法で四則演算した長さを描き表すことは可能である．こうして演算の結果もきちんとした長さとして定まるので説明ができる．古代のギリシャでは，このような方法で数を扱ったのである．作図問題というのもこのような背景から出てきたのである．

§3.4　数の構造

いろいろな数や量を学んできたので，ここでまとめておこう．

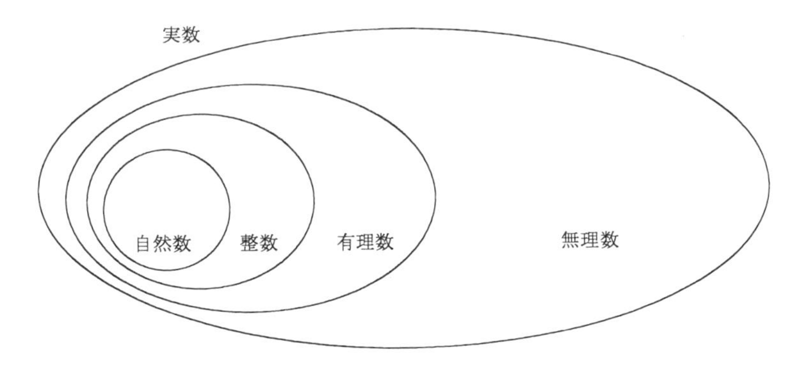

図3-8

数の構造

- 実数
  - 有理数
    - 整数
      - 自然数：1, 2, 3, 4, ……(ものの個数)
      - 0
      - 負の整数：-1, -2, -3, ……
    - 分数
      - 有限小数：1.25, 0.1
      - 循環小数：0.333……
  - 無理数(循環しない無限小数)：$\sqrt{2}$, π, e(自然対数)など
- 虚数：i(2 乗すると -1 になる数)

ここに書いてある数は，第 1 章，第 3 章で説明してきたが，この中でまだ説明していないものとして，負の数がある．負の数は§3.5 で述べるのでここでは省略する．

実数ではない**虚数**(2 乗すると -1 になる数のこと，i と表わす)もある．虚数こそ必要がないような気がするが，そうではない．2 次方程式や 3 次方程式の解がどんな形でも求められるのはこの虚数のおかげである(詳しいことは§6.2 で示す)．また，例えば平面上の点(2, 3)を $2+3i$ と 1 つの形式として表せ，普通の数と同じように扱うことができるようになった(図 3-9)．これを**複素数**とよんでいる．

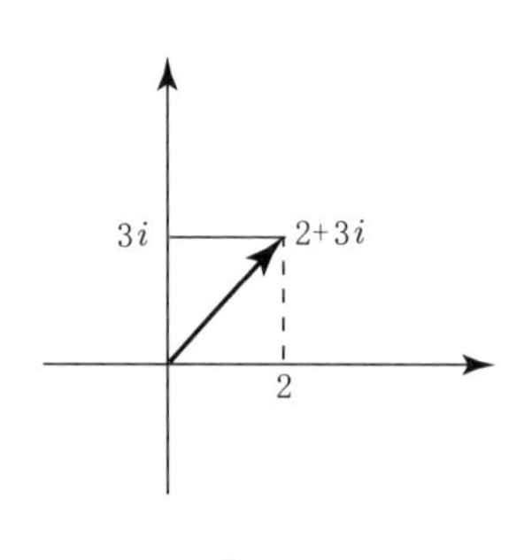

図 3-9

実数のうち小学校，中学校で扱うのは上の表のようなものである．また，小学校で学ぶ無理数も π だけであるが，π そのものではなく近似値の 3.14 が使われている．

ところで，整数や分数などの有理数と無理数とではどちらが多いかというと，無理数のほうがはるかに多いのであるが，その無理数のどんな近くにも有理数が

ある．非常に扱いやすい数である整数はその中のほんの一部分にすぎないのである．そのため，教師が問題などをつくるとき，きれいな形をしているからといって，正三角形の面積を求めさせようとすると，すぐに無理数が出現することになってしまう．そのような点に注意をしないと，習っていない数や計算を扱うことになってしまう．

自然数をさらに細かく見ていくと，次のような種類がある．**奇数**は2で割り切れない数であり，**偶数**は2で割り切れる数であり，この2つは日常生活でもよく使う．奇数を一般の式で表すと$2m-1$となり，偶数は$2m$となる(ただし$m=1,2,3,\cdots\cdots$)．「0」は偶数なのか，奇数なのかという議論があるが，$0=0\times2$なので2で割り切れると考えることができるので，偶数として考える．

次に倍数と約数について考えてみる．**倍数**とは，ある数を何倍かして得られる数である．つまりかけ算に通じる数である．ある数の倍数は無限に存在する．したがって，ある数の倍数の集合は無限集合である．また，2つの自然数a,bがあって，aがbの倍数になるとき，bをaの**約数**という．例えば24は8の倍数なので，8は24の約数になる．約数はわり算に通じる数で，倍数とは違い無限にはなく有限集合になる．2つ以上の自然数に共通な倍数を**公倍数**といい，共通な約数を**公約数**という．公倍数は倍数なので，その集合は無限集合である．公倍数は無限にたくさんあって考えにくいので，その中でも最も小さなものを考え，これを**最小公倍数**という．一方，公約数は約数なので，その集合は有限集合である．一番小さな約数はどんな数でも1であるから，普通，公約数の中でも一番大きな**最大公約数**を考えることが多い．

例えば24と36という数のとき最小が出現する倍数は72であり，最大公約数は12になる．ここで注意しなければならないのは，最大公約数の方が小さく，最小公倍数の方が大きいことである．「最小」と「最大」という言葉のために子どもは混乱してしまうことが多いので注意しなければならない．

最小公倍数L (Least common multiple)と最大公約数G (Greatest common measure)の求め方には，下のように

① 素因数分解(素数の積に分解)

② 公約数で割る方法

③ ユークリッド互除法

がある．

① 素因数分解による方法

$12 = 2\times2\times3$
$18 = 2\quad\times3\times3$
$L = 2\times2\times3\times3$
$G = 2\quad\times3$

② 公約数で割る方法

$$
\begin{array}{r|rrr}
2 & 18 & 16 & 12 \\ \hline
2 & 9 & 8 & 6 \\ \hline
3 & 9 & 4 & 3 \\ \hline
 & 3 & 4 & 1
\end{array}
$$

$L = 2\times2\times3\times3\times4\times1$
$G = 2$

③ ユークリッド互除法

$1274 = 1\times871 + 403$
$871 = 2\times403 + 65$
$403 = 6\times65 + 13$
$65 = 5\times13$

①の方法は，最大公約数は2つの数に共通する素因数を掛けたものである．最小公倍数はすべての素因数から，重複している共通な素因数を除いたものを掛けたものである(素因数の説明は後述)．

②の方法は，すべての数を公約数で割り，下に書く．すべての数の公約数が書けなくなったとき，それまでの割った数を掛けたものが，最大公約数．続いて2つ以上の公約数で割り，その商を下に書き，割り切れないものはそのまま下に下ろす．2つ以上の数に公約数(1を除く)がなくなったとき，割る数 $(2,2,3)$ と最後に出た数 $(3,4,1)$ を掛けたものが，最小公倍数になる．

③は最大公約数のみの求め方であるが，あまりで割る方法である．例えば1274と871では小さい数で大きい数を割り，割った数をあまりで割る．これを繰り返し，あまりがなくなったときの除数(割る数)が最大公約数になる．つまり，13が1274と871の最大公約数になる．この方法は2つの数が大きくて公約数が見つけにくいときに大変有効である．

どんな自然数であっても1とその数自身を約数に持つ．それ以外の約数を持たない数のことを**素数**(そすう)という．1は基本的に素数と考えないので，

$2, 3, 5, 7, 11, \cdots\cdots$

というふうに続く．素数は無限に存在する．素数に関する規則性について研究した数学者は多いが，素数になる数を求める公式は発見されていない．素数以外の数のことを**合成数**(ごうせいすう)という．合成数は $18 = 2\times9$ のようにいくつかのかけ算の形に

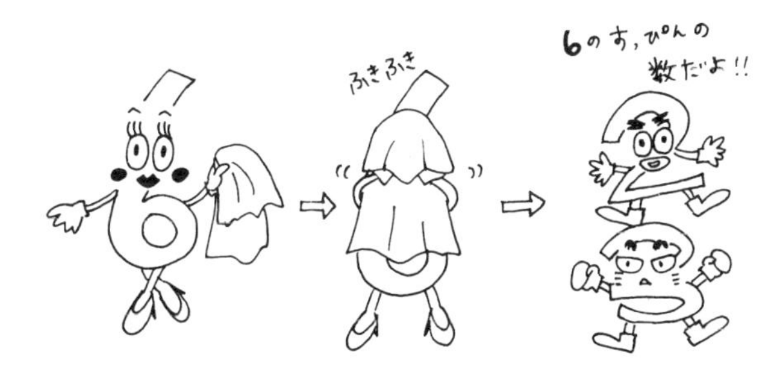

置くことができる数のことである．このとき，2や9をもとの数18の**因数**(いんすう)という．ある数をその因数がすべて素数であるようなかけ算の形にすることを**素因数分解**(そいんすうぶんかい)という．どんな数もただ一通りの素因数分解で表される(素因数分解の一意(いちい)性)．つまり，素数は数を分解したときの「素(もと)」になる数なのである．

§3.5　負の数

ひき算を考えるとき，答えが常に正の数で求められるとは限らない．もとの数が引く数より小さい場合，答えは**負(ふ)の数**になってしまう．

この負の数というのは実に考えにくい数である．例えば，チョコレート3個から4個取り除くと -1 個になるが，-1 個のチョコレートはこの世に存在しない．0は何もない数であるが，それより小さい負の数はどういうものか，考えにくく，見えない数である．そのため負の数は長い間「不条理な数」「仮想的な数」として考えられ，17世紀まで認められることはなかった．しかしそれは，「ゼロ」という数を「何もないもの」としてとらえることから生まれた誤りである．

> **ゼロの意味**
>
> ①　無，つまり何もない，からっぽとしての「0」
>
> ②　十進法などの位取り記数法と結びついた「0」
>
> ③　基準としての「0」

「ゼロ」の意味には上の3つがある．例えば，2000円の貯金と2000円の借金を表すのに，＋を貯金，－を借金とすれば，$+2000$, -2000 と表示することでわかりやすくなり，それを計算すると

$$2000+(-2000)=0$$

となる．この場合は「0」を借金も貯金もないという基準(③の用法)で使っている．

この考えでいけば，負の数は基準をもとに正の数と対称的に考えることで扱いやすくなり，数として表示しやすいことがわかる．また，負の数を認めることでひき算の計算の制限がなくなり，6−9 などのようにどんなひき算でも考えることができるようになる．気温や山・海などの高度のように，人間の生活や活動の中で負の数を用いることは，記述を便利にし，負の数は次第に市民権を獲得していった．しかし最初は，この考え方は人々になかなか取り入れられなかったので，負の数がよく使われるようになるには時間がかかり，19 世紀の頃からである．

負の数はこのように非常に便利なものであるが，子どもにとっては理解しがたいものである．そのため，最初に導入するときは，具体的に身の周りで使われているもの(温度計や金額の不足分など)をもとにして，数直線などを用いればわかりやすい．

子どもは −1 と −100 を比べると，−100 のほうが大きいと答える場合がある．それは，数字の部分だけに注目しているために起こる誤りである．ここでも数直線を利用して，0 からの距離に着目して，どちらが大きくて，どちらが小さいかを考えさせればわかるようになる．

負の数の計算では，特に

(負の数)×(負の数) ＝ (正の数)

は難しいので，③の基準ということをもとにして方向を考えた数(ベクトルの考え方にも通じるが)として考えてみるのも 1 つの方法である．また，実際の事例などと対応させてその意味を考えてみることが大切である．

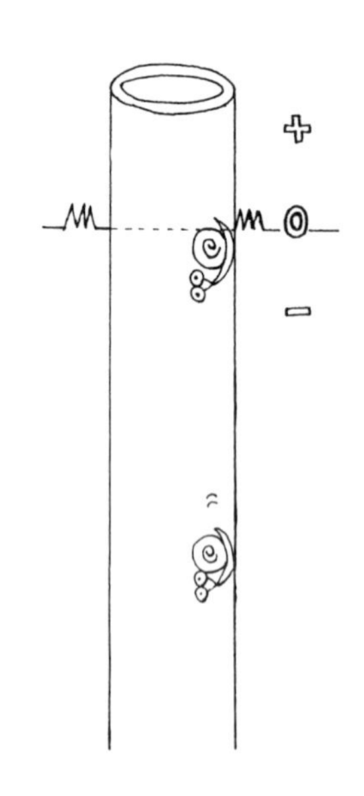

例えば井戸の中を上下に歩くかたつむりで考える．地面を 0 として，地面より上の部分を ＋，地面より下の部分を − とする．

① いま地面にいて，1 分間に 2 cm 上に向かって歩くかたつむりの 3 分後の位置．

$$(+2)\times(+3) = +6$$

地面から 6 cm 上の位置

② いま地面にいて，1 分間に 2 cm 下に向かって歩くかたつむりの 3 分後の位置．

$(-2)\times(+3) = -6$　　地面から6cm下の位置

③ いま地面にいて，1分間に2cm上に向かって歩くかたつむりの3分前の位置．

$(+2)\times(-3) = -6$　　地面から6cm下の位置

④ いま地面にいて，1分間に2cm下に向かって歩くかたつむりの3分前の位置．下に向かって動くかたつむりが，基準より前の位置にいることになるので，地面より上にいる．

$(-2)\times(-3) = +6$　　地面から6cm上の位置

もう1つの考え方は，順番に減らして類推するやり方である．

$(+2)\times(+3) = +6$

$(+2)\times(+2) = +4$

$(+2)\times(+1) = +2$

乗数が1減ると答えが2ずつ減っているので，

$(+2)\times 0 = 0$

$(+2)\times(-1) = -2$

よって

(正の数)×(負の数) = (負の数)

と推測できる．同様にして考えていくと，

(負の数)×(負の数) = (正の数)

になることを推測できる．

他にも，不等式で負の数を掛けると符号の向きが変わるが，この理解がなかなか簡単にはいかない．

§3.6　量の大小比較

数では，小さいほうから数字に順番がつけられ大小を構成していった．そのため，離散量の場合は，数字の順番で簡単に大小比較ができたが，水の量とか広さの場合はどうだろうか．数と同じように2つの連続量があった場合，大小比較をする必要性が出てくる．ところが，水の量などのような連続量は，目に見える形や大きさといったものだけではわかりにくいため，離散量のように簡単にはできない．例えば図3-10のように底の大きさの違う2つのコップに入った水の量の大小は，高さ(水の深さ)だけで判断することはできない．

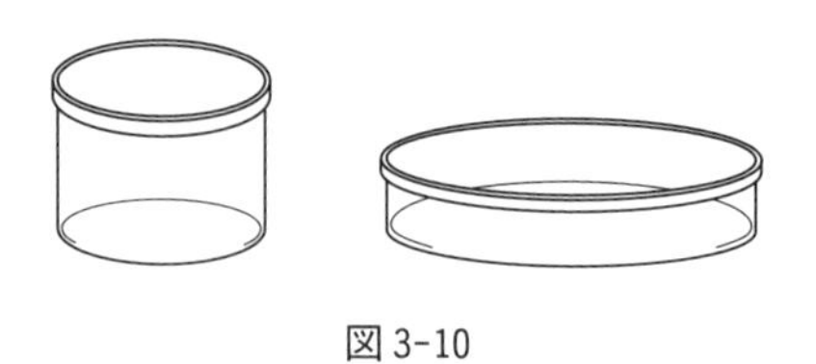

図 3-10

連続量とは前にも述べたように，重さ，長さ，かさ，広さなどに代表される量である．ここでは長さの比較について考えてみよう．

まず，ボールペンと鉛筆，どちらが長いか考えてみる．この比較をするとき，たいていの人は直接ボールペンと鉛筆の片方の端をそろえ，並べて比べる．それは，両方とも手元にあり，動かすことができ，見た目で長いほうを選ぶことができるからである．

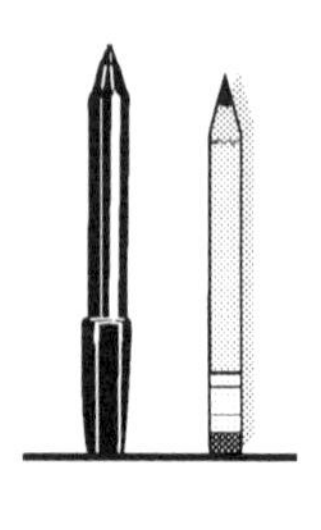

図 3-11

ケーキが 2 つあったとき，子どもが大きいほうのケーキを取ろうとするのは，直接大きさを比べて判断しているためである．

このような比較の方法を**直接比較**(ちょくせつひかく)という．

この比較方法は，離散量のとき 1 対 1 対応で数の比較をしたのと同じ考え方である．しかし，机の縦と横の長さを比べるにはどうしたらよいだろう．縦の長さと横の長さを直接比べることはできない．それは，机が木でできていて，机を切り取ったりして比べることができないためである．そこで，ひもを持ってきて縦の長さに印をつけ，その長さと横の長さを比べる．ひもという媒介物を使って間接的に大きさを比べるので，このような比較方法を**間接比較**(かんせつひかく)という．

また，机の縦と横の長さの比較では，鉛筆を使って，縦が鉛筆何本分，横が鉛筆何本分か数えて比べる方法もある．校庭の縦と横の長さを比較するとき，先ほどの机の比較方法のように長いひもを用意することは大変である．そのようなとき，自分の歩幅を利用して長さを比べることもある．この方法ではある鉛筆の長さや歩幅という適当に持ってきたものを任意の**単位**(大きさ)として用いて比べるので，このような方法を**任意単位による比較**という．

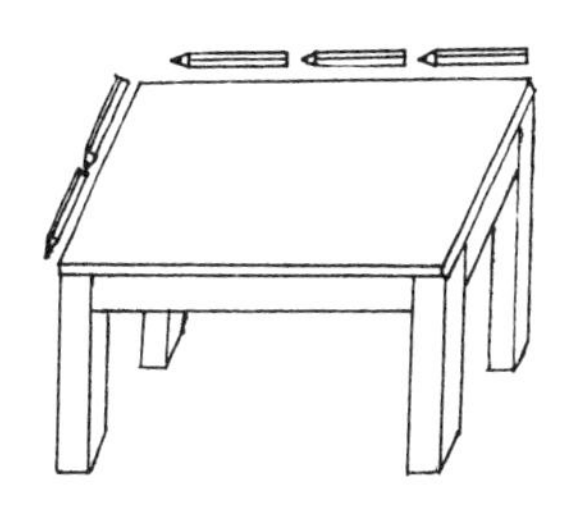

この方法では，測るために使う鉛筆の長さは同じものでなければならない．それは，短い鉛筆4本分と長い鉛筆3本分ではどちらが長いかわからないからである．歩幅を考えてみても，人によって歩幅は大きく違う．また，ある長さを東京と大阪といった遠い場所で比較しようとしたときに，全く同じ長さの基準がないと比べることができない．そのため，どこでも，いつでも，誰が測っても同じ長さの基準をつくる必要があり，m や cm，尺や ft(フィート)という単位が導入された．

フィートは人の足の長さが基準となってできた任意単位であるが，それを国王の足の長さといったように1つの決まった大きさにすることで，国の中ではどこでも通用する単位にした．もちろん国王が変わればこの単位も変わるので，クーデターの起こりやすい国ではよく変わってしまい，普遍的だとはいいにくい面もあるのだが，ともかく，より普遍的な単位をつくることが便利であることはいうまでもない．

このような比べ方を**普遍単位による比較**という．この普遍単位は言語のようなものであり，社会が発達するにつれ，1つのものに統一していく必要性から導入されたのである．

このような4つの比較方法は連続量の指導方法として定着しているようである．

ここで，よく使われる普遍単位について簡単に復習しておきたい．外国の単位についてもまとめておこう．これら多くの単位をすべて覚える必要はないが，お互いの関係がわかることで興味が広がることも考えられる．

① 長さ

m(メートル)

in(インチ)　$1\ \mathrm{in} = \frac{1}{12}\ \mathrm{ft}$　$1\ \mathrm{in} = 25.399\ \mathrm{mm}$

yd(ヤード)　$1\ \mathrm{yd} = 3\ \mathrm{ft}$　$1\ \mathrm{yd} = 91.439841\ \mathrm{cm}$

ft(フィート)　$1\ \mathrm{ft} = 30.479\ \mathrm{cm}$

mil(マイル)　$1\ \mathrm{mil} = 1760\ \mathrm{yd}$　$1\ \mathrm{mil} = 1609.344\ \mathrm{m}$

寸(すん)　1寸 $= \frac{1}{33}$ m

尺(しゃく)　1尺 = 10寸　1寸1尺 $= \frac{10}{33}$ m

間(けん)　1間 = 6尺　1間 = 1.81818 m

里(り)　1里 = 約4 km

② 面積

m^2(平方メートル)

a(アール)　$1\ \mathrm{a} = 100\ \mathrm{m}^2$

坪(つぼ)　1坪 = $3.30579\ \mathrm{m}^2$

反(たん)　1反 = 300坪　1反 = $991.736\ \mathrm{m}^2$

町(ちょう)　1町 = 3000坪　1町 = 99.1735 a　1町 = 10反

③ 体積

m^3(立方メートル)

L(リットル)　$1\ \mathrm{L} = 0.001\ \mathrm{m}^3$

合(ごう)　1合 = $0.00018\ \mathrm{m}^3$

升(しょう)　1升 = 1.803856 L

④ 質量

g(グラム)

t(トン)　1 t = 1000 kg

lb(ポンド)　1 lb = 453.592428 g

我々がよく耳にする単位は前述のようなものである．ほとんどの国では**メートル法**が基本となっている．このメートル法は1875年にフランスの提唱で世界的に統一されることになった．それは，世界的に統一した量の単位が欲しかったこともあったが，例えば同じ1フィートでも国によって実際の大きさが異なっていると貿易などで不便であったことから，この統一が実現された．また，1mという長さは，もとは「地球の子午線の4千万分の1」というのが定義であったが，現在では精度が上がって「光が真空中で299792458分の1秒間に進む距離」として定義されるようになった．

このような単位を考えるとき，避けて通れないのが

$$1\,\mathrm{m} = 100\,\mathrm{cm}$$

というような換算法であるが，m（メートル）をもとにして考えて導入したものであり，このc（センチ）というのは長さの単位ではなく，もとの$\frac{1}{100}$倍であることを意味している．k（キロ）はもとの1000倍であることを意味している．このc（センチ）やk（キロ）を**補助単位**（ほじょたんい）という．これらは下の表のようになっている．

10^{-6}（マイクロ）	μ
10^{-3}（ミリ）	m
10^{-2}（センチ）	c
10^{-1}（デシ）	d
10^{1}（デカ）	da
10^{2}（ヘクト）	h
10^{3}（キロ）	k
10^{6}（メガ）	M
10^{9}（ギガ）	G
10^{12}（テラ）	T

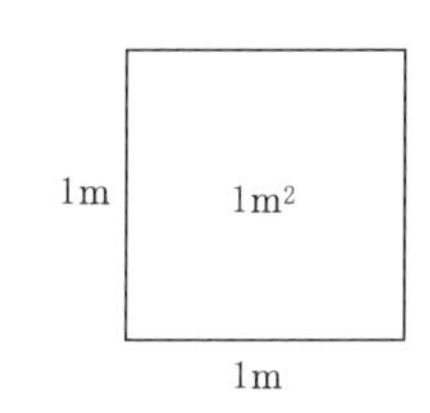

長さの単位であるmを**基本単位**（きほんたんい）と呼び，m^2，m^3は**組立単位**（くみたてたんい）とよばれる．例えば面積の単位である$1\,\mathrm{m}^2$は1辺が1mの正方形の面積で求められるものである．よって

$$1\,\mathrm{m} \times 1\,\mathrm{m} = 1\,\mathrm{m}^2$$

になる．このことから，$1\,\mathrm{m}^2$をcm^2に直すには，$1\,\mathrm{m} = 100\,\mathrm{cm}$より

$$100\,\mathrm{cm} \times 100\,\mathrm{cm} = 10000\,\mathrm{cm}^2$$

になる．また，体積の単位と重さの単位には，例えば，水 1 cm^3 = 1 g というような関係が定められている．この関係を使えば，体積がわかればそれと同量の水の重さがわかるのである．しかし，ここでの水の重さは温度などの条件に左右されるため，4℃ での蒸留水 1 cm^3 の真空中の質量を 1 g と定義している．

§3.7　外延量と内包量

いままで量とは何かということについて学んできた．量は大きく分けて離散量と連続量に分けられるが，ここでは連続量についてさらに詳しく見ていこう．

連続量のなかで体積，重さ，長さ，時間のように大きさもしくは広がりを表す外見的な量を**外延量**という．それに対して，速度，密度，濃度，温度といった外側からは捉えにくい質的な量を**内包量**という．外延量はものさしやはかりなどを使えば，視覚的に数量化しやすいため理解しやすいが，内包量は目に見えず，数量化もしにくいため理解しにくい．

連続量の種類

外延量：加法性の成り立つ量（大きさもしくは広がりを表す量）
内包量：加法性の成り立たない量（質的な量）

まず，外延量から見ていこう．外延量の特徴は**加法性**が成り立つことである．例えば，50 cm の長さと 20 cm の長さを足すと，50＋20 = 70 で 70 cm となるように，2 つのものを合併したときにたし算で求められる．

外延量は比較的考えやすいが，特に重さは注意しなければならない．重さは目に見えないのでわかりにくいが，はかりを使えば調べることができる．ところが，「40 kg の男の子が体重計の上でふんばったら体重計の針はどこをさすか」と問うと，ほとんどの子どもは「40 kg より重くなる」と答えるという．しかし，重

さは力の入れ方，はかりの乗り方には全く左右されず，物自体だけで決まる．力と重さを区別して理解させないと扱いにくい量である．また，「鉄1 kgと紙1 kgはどちらが重いか」と質問すると「鉄」という答えが返ってくる．同体積で測れば確かに鉄のほうが重いが，重量について聞いているので，当然のことだが，見た目に関係なく同じ重さである．見た目にだまされないように注意する必要がある．

次に内包量について考えてみる．内包量は通常の意味での加法性が成り立つとは限らない量である．例えば第2章で少しふれた温度で考えれば簡単である．30度のお湯と70度のお湯を混ぜ合わせると100度のお湯になるだろうか．実際は30度から70度の中間ぐらいの温度になっているはずである．30度のお湯と70度のお湯を混ぜると沸騰するなんてあり得ない．このように内包量は2つのものを合併してもたし算が成立しない．

内包量はかけ算やわり算を使ってつくられる新しい量でもある．速度は

（速度）＝（距離）÷（時間）

で求められるが，距離と時間とは性質の異なる外延量であって足し合わせることはできない．しかし，それらのわり算によって，速度という新しい量が生まれるのである．

内包量についてもう少し細かく見ていくと，異種の2つの外延量の商で求められる**度**（ど）と，同種の2つの外延量の商で求められる**率**（りつ）に分けられる．

内包量の種類

度：異種の2つの外延量の商で求められる量
（なにかの入れ物の中に中身があったときのその混み具合）

率：同種の2つの外延量の商で求められる量
（同じ種類の2つの量を比べるときのその割合）

度で表されるのは速度や密度である．だいたい「○度」とよばれるものがこれにあたるが，同じ「○度」を使っていても濃度は率に入る．例えば人口密度であれば $1\,\mathrm{km}^2$ あたり何人が住んでいるかを表したもので，「混み具合」という考え方が一番わかりやすい．

度で表される量はもともとの２つの量を組み合わせた単位で表すことが多い．例えば，

速度は　(距離)÷(時間)　なので　km/h

密度は　(重さ)÷(体積)　なので　$\mathrm{g/cm^3}$

などと表される．ところで，速度は距離と時間という別々の外延量の商で求められるが，この量は「単位量あたりの量」でもあり，変化する２つの量の比を示しており，一方の基本単位を１として，そのときの他の量の変化を表すものである．したがって，いずれは微分へとつながっていく大切な概念である．

それに対して率で表されるのは濃度や割合，利率である．例えば濃度は

(溶質 g)÷(溶液 g)

で表され，２つとも同種(この場合は重さ)である．子どもにとって，この濃度が難しく感じられるのは，溶液は，

(溶質 g)＋(溶媒 g) ＝ (溶液 g)

という，２つの量のたし算になっている点である．食塩水で考えれば，食塩は水に溶けて見えなくなっているのに，食塩と水を合わせたものが，食塩水の重さになっていることに注意しなければならない．

また，この率で扱う値はたいてい無名数のものが多く，100 倍してパーセントなどで表す．

外延量と内包量の関係は，内包量から見て，次の３つのあり方で示すことがで

きる．ここでは密度を例に示してある．

内包量の3用法

① 外延量 A ÷ 外延量 B ＝ 内包量 C
（中身の量）÷（入れ物の大きさ）＝（密度）

② 内包量 C × 外延量 B ＝ 外延量 A
（密度）×（入れ物の大きさ）＝（中身の量）

③ 外延量 A ÷ 内包量 C ＝ 外延量 B
（中身の量）÷（密度）＝（入れ物の大きさ）

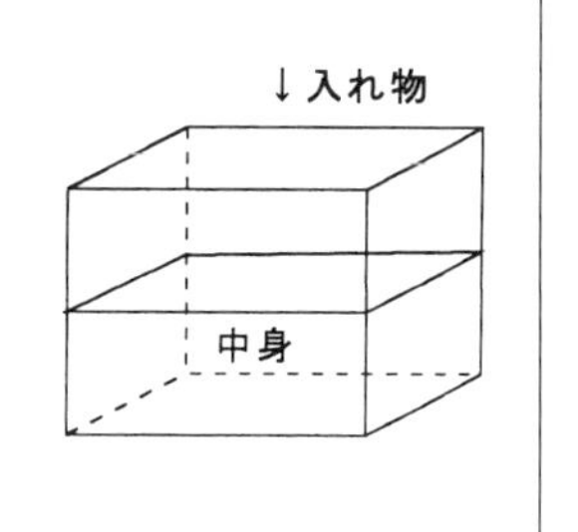

① はわり算の等分除の考え方に相当し，③は包含除の考え方に相当する．

量についていろいろと述べてきたが，まとめると下のような構造を持っている．

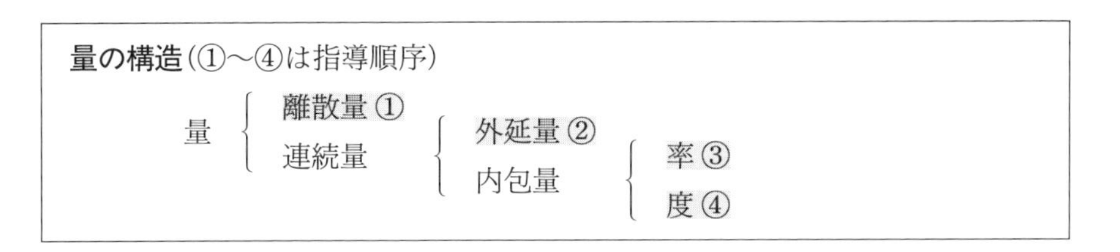

量の指導順序は，簡単な離散量から始め，外延量，率，度の順番になっている．この考え方を用いて指導の方法を整理しておくことは，意味をはっきりととらえることからも大切なことであろう．

とくに，内包量は子どもにとっては非常に理解しにくい概念であり，ていねいな指導が必要である．量の構造に従って，例えば中原忠男編『算数・数学科重要用語300の基礎知識』(明治図書刊)には，次の順序での指導が紹介されている．

① 一方の外延量が等しい場合
（人口密度　〈100 m^2，3人〉と〈100 m^2，4人〉）

② 他方の外延量が等しい場合
（人口密度　〈100 m^2，3人〉と〈200 m^2，3人〉）

③ 両方の外延量が異なる場合
（人口密度　〈100 m^2，5人〉と〈150 m^2，7人〉）

このように二者の比較から出発して，段階を経て具体的な内包量，「混み具合」を数値化する．それが，すでに前に述べた単位あたりの量を求める演算であると指導しておくと，感覚的に捉えやすくなり，無理なく導入できる．

§3.8　分数の演算

小数の計算は前に述べたように十進数位取り記数法に沿っているため，いままでの計算と同じようにすることができる．しかし，分数の計算は小数の計算のようには簡単にはできない．そのため，分数の計算を理解することは小学校の算数の中でも最大の難所といえる．

まず，分数のたし算から考えてみる．

【例 3-4】　異分母分数のたし算

$$\frac{1}{3}+\frac{1}{2}$$

この計算は，分母の共通な最小公倍数を求め，分母がその最小公倍数になるように，倍分(約分の反対の作業)する．

$$\frac{1}{3}=\frac{1\cdot 2}{3\cdot 2}=\frac{2}{6}$$

$$\frac{1}{2}=\frac{1\cdot 3}{2\cdot 3}=\frac{3}{6}$$

このように 2 つの分数が共通な分母になって初めてたし算ができるようになり，

$$\frac{1}{3}+\frac{1}{2}=\frac{2}{6}+\frac{3}{6}=\frac{5}{6}$$

となる．

分数のたし算では，なぜこのように，分母を同じにしてからたし算を行うのかを考えてみよう．

数のたし算の場合，例えば $2+3$ では，

(1 の 2 つ分)＋(1 の 3 つ分)

である．これは 1 という基準をもとにして，2 つ分，3 つ分という考え方であり，「2」と「3」の両方に共通の基準が存在しているから計算できるのである．$\frac{1}{3}+\frac{1}{2}$ を同様に考えると

$$(1\text{の}\frac{1}{3}\text{の}1\text{つ分})+(1\text{の}\frac{1}{2}\text{の}1\text{つ分})$$

ということになる．それぞれ$\frac{1}{3}, \frac{1}{2}$が基準であるが，この2つの基準の大きさは違うので，簡単には足せないのである．

図で考えると下のようになる．

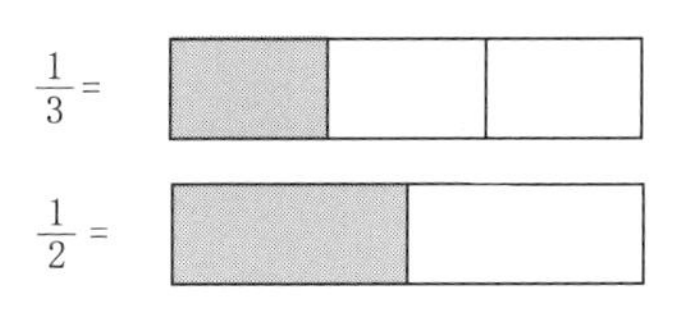

図3-12

図を見ればわかるが，もとの1を同じ大きさとしても，$\frac{1}{3}$という量と$\frac{1}{2}$という量を足してどれくらいの大きさになるのか，見当をつけるのは難しい．そこで，$\frac{1}{3}$と$\frac{1}{2}$という量の両方に共通している新しい基準の量を見つける必要がある．

その基準の量を求めるために分母の最小公倍数を見つけるのである．1を6等分することによって，図3-12は図3-13のように置き換えられる．

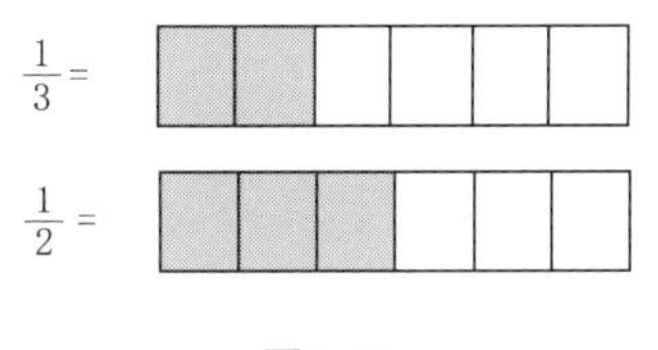

図3-13

したがって，基準の量を同じ$\frac{1}{6}$にして考えれば次のようになる．

$$\frac{1}{3}=\frac{1}{6}\times 2, \qquad \frac{1}{2}=\frac{1}{6}\times 3$$

分配法則により

$$\frac{1}{3}+\frac{1}{2}=\frac{1}{6}\times 2+\frac{1}{6}\times 3=\frac{1}{6}\times(2+3)=\frac{5}{6}$$

となる．通分すると

$$\left(1\text{の}\frac{1}{6}\text{の}2\text{つ分}\right)+\left(1\text{の}\frac{1}{6}\text{の}3\text{つ分}\right)$$

となり，基準がそろうので計算できる．

これからもわかるように，共通の基準の量を見つけるのが**通分**（つうぶん）という操作なのである．

子どもたちがよく考え違いをする次のような問題がある．

「あめ３個のうちの黒あめ１個と，あめ２個のうちの黒あめ１個を合わせると，あめ５個のうちの黒あめ２個になる．よって $\frac{1}{3}+\frac{1}{2}=\frac{2}{5}$ である」

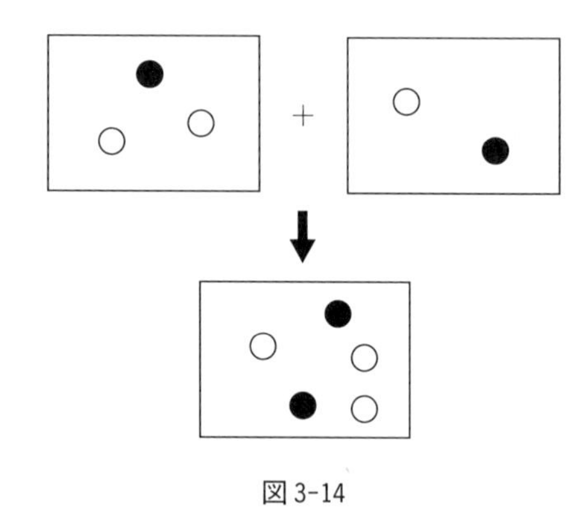

図 3-14

これは明らかにおかしな話であるが，どこがおかしいのだろうか．結局，あめ３個のうちの１個と２個のうちの１個というのは，同じ１個であっても，$\frac{1}{3}$, $\frac{1}{2}$ は割合を示しているのである．割合はたし算のできない内包量の１つである．要するにこの問題そのものが，分数の計算としては不適当なものである．

次は，かけ算，わり算について考えてみる．

【例 3-5】（分数）×（整数）

$$\frac{3}{5}\times 4$$

この場合，$\frac{3}{5}$ を $\frac{1}{5}$ が３つ分として考えることにしよう．そのように考えれば結合法則を使って簡単に求めることができる．

$$\frac{3}{5}\times 4=\left(\frac{1}{5}\times 3\right)\times 4=\frac{1}{5}\times(3\times 4)$$

$$=\frac{1}{5}\times 12=\frac{12}{5}$$

このように $\frac{3}{5}$ が $\frac{1}{5}$ の3個分であるということに気づけば，それを用いて，$\frac{1}{5}$ の 3×4 個分で $\frac{1}{5}$ の12個分であるということになる．

また，現実の問題に置き換えて考えてもよい．例えば

「同じ面積のりんご園がいくつかあります．りんご園のりんごに袋をかけるのに，1時間に1つのりんご園全体の $\frac{3}{5}$ ほどの袋をかけることができる人がいます．いまこの人が4時間働くと，どれくらいの広さの袋かけができるでしょうか」

これもファイバー構造を用いて描くと，図3-15のように，簡単にできる．

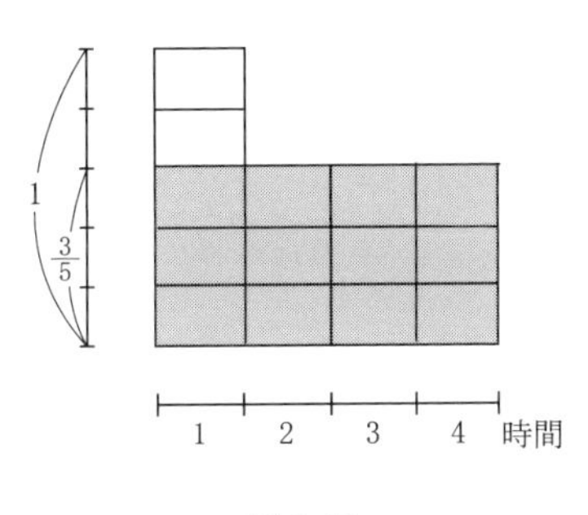

図3-15

【例3-6】（整数）×（分数）

$$2\times\frac{2}{3}$$

具体的な計算方法は例3-5と同様にすればよい．これも現実の問題として考えることができる．

「お父さんが庭にセメントを塗って舗装しています．1時間に2 m^2 舗装す

ることができます．もし$\frac{2}{3}$時間で作業を中止するとしたら，どれだけの広さが舗装できますか」

これを考えるときも先ほどと同様にして，図 3-16 のようにファイバー構造で考えることができる．

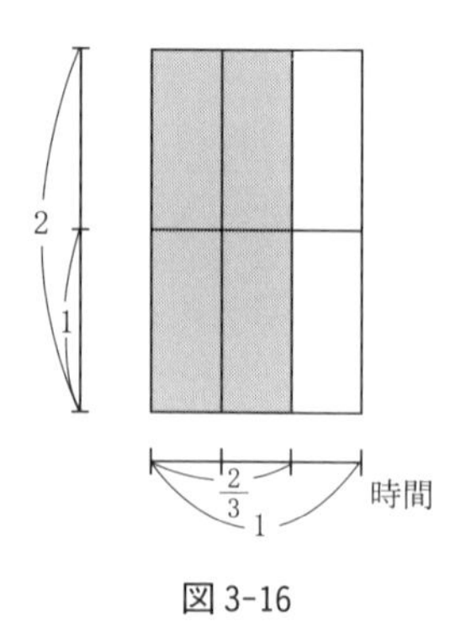

図 3-16

【例 3-7】（分数）×（分数），（分数）÷（整数）

① $\frac{3}{4}\times\frac{2}{5}$

② $\frac{3}{4}\div 5$

この 2 つの計算は，考え方が同じなので一緒に考えよう．まず，このような計算は，形式的に分子同士，分母同士かけ算をすればよいと考えている人も多いと思う．計算の方法としてはその通りであるが，なぜそうなるのかということを考えておく必要がある．そこをしっかりと押さえておかないと，分数のたし算まで同じように分子同士，分母同士を足してしまう恐れがある．例えば

$$\frac{3}{4}+\frac{2}{5}=\frac{5}{9}$$

とやってしまうのは，かけ算が機械的に計算できるために，たし算も同じような操作だと考えてしまう，つまり，たし算とかけ算の計算の意味の違いが理解できていないために起こると考えられる．

この計算も先ほどのように結合法則に交換法則を用いれば，次のように考えることができる．① を見てみると，

$$\frac{3}{4}\times\frac{2}{5}=\left(\frac{1}{4}\times 3\right)\times\frac{1}{5}\times 2$$

結合法則より

$$=\frac{1}{4}\times\left(3\times\frac{1}{5}\right)\times 2$$

交換法則より

$$=\frac{1}{4}\times\left(\frac{1}{5}\times 3\right)\times 2$$

結合法則より

$$=\left(\frac{1}{4}\times\frac{1}{5}\right)\times 3\times 2$$

※より

$$=\frac{1}{4\times 5}\times 3\times 2$$

$$=\frac{6}{20}$$

※の$\frac{1}{4}\times\frac{1}{5}$の考え方は次のようになる．$\frac{1}{4}$を基準として考えれば，その基準をさらに5等分したものということであり，それが$\frac{1}{4}\times\frac{1}{5}$の答えとなる．いいかえれば，4つに分けたものをさらに5つに分けて，そのうちの1つ分ということになる．したがって，$\frac{1}{4}$を5等分するということは，1を20等分すると考えて，その1つは

$$\frac{1}{20}=\frac{1}{4\times 5}$$

ということである．それは最初から$\frac{3}{4}$を基準として考えても同じである．

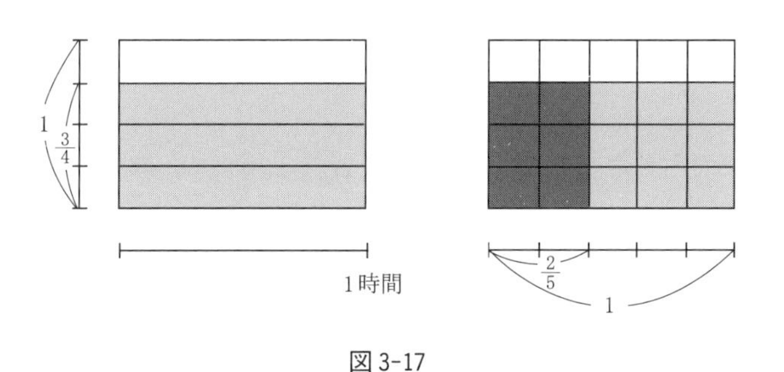

図3-17

以上のように，$\frac{1}{2}, \frac{1}{3}$, ……などのような分数を**単位分数**（たんいぶんすう）とよぶが，その単位分

数同士の演算に翻訳しなければならないということが，ポイントになる．

続いて，小学校算数の最大の難関である

(分数)÷(分数)

について考えてみよう．「÷(分数)」では分数の**逆数**(ぎゃくすう)(分子と分母を入れ替えたもの)を掛ければよいと暗記した人も多いと思う．しかし，なぜそうなるのかを聞かれると答えるのが大変である．そのことを考えてみよう．

【例 3-8】 (分数)÷(分数)

$$\frac{3}{4}\div\frac{2}{5}$$

3 つの方法で説明しよう．

① 単位の考え方より，$\frac{1}{4}$ と $\frac{1}{5}$ の共通単位に書きなおす．

$$\frac{3}{4}\div\frac{2}{5}=\frac{15}{20}\div\frac{8}{20}=15\div8=\frac{15}{8}=\frac{3\times5}{4\times2}\quad\left(=\frac{3}{4}\times\frac{5}{2}\right)$$

まず通分することで $\frac{1}{20}$ を基準と考えれば，$\frac{1}{20}$ の 15 個分と 8 個分のわり算として置き換えることができる．15÷8 というわり算を分数の形に書き表せることより，書き換えれば結果的に最後の式を計算したことになる．

② 1 の利用による．

$$\frac{3}{4}\div\frac{2}{5}=\frac{3}{4}\div\frac{2}{5}\times1=\frac{3}{4}\div\frac{2}{5}\times\left(\frac{2}{5}\times\frac{5}{2}\right)=\frac{3}{4}\left(\div\frac{2}{5}\times\frac{2}{5}\right)\times\frac{5}{2}$$

$$=\frac{3}{4}\times\frac{5}{2}$$

1 を掛けても大きさが変わらないという性質を用いて，除数とその逆数で 1 をつくる．すると，「$\div\frac{2}{5}\times\frac{2}{5}$」が現れ，同じ数を割って掛けるのだからこの部分は 1 になり，省略できる．よって上のようになる．

③ 式の操作による．(逆の演算であることを利用する)

$$\frac{3}{4}\div\frac{2}{5}=x \qquad x\times\frac{2}{5}=\frac{3}{4} \qquad \text{(わり算とかけ算の関係)}$$

$$\left(x\times\frac{2}{5}\right)\times\frac{5}{2}=\frac{3}{4}\times\frac{5}{2}\qquad x=\frac{3}{4}\times\frac{5}{2}$$

まず，答えを x として考え，与えられた式をかけ算の式になおす．そして左辺(= の左側にある式)にある $\frac{2}{5}$ を消去するために，両辺に $\frac{5}{2}$ を掛けると，左辺は x だけになる．そのとき，右辺は逆数を掛けたものになる．

上の3つの考え方は式を変形させる方法だが，小学校の教科書には，実際に起こりうる場面を想定し，図に描いて考えていくやり方が載っている．それは次のような方法である．

「おじいさんは庭の草刈りで，$\frac{3}{4}$ の広さの草を刈るのに，$\frac{2}{5}$ 時間かかりました．もしおじいさんが1時間草刈りをしたら，どれだけの広さの草を刈ることができるでしょうか」

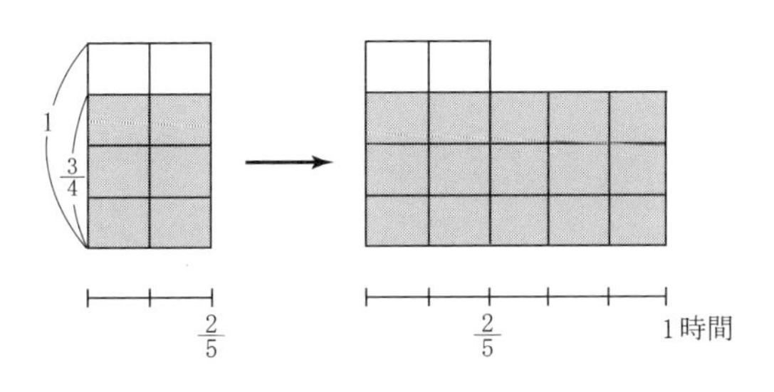

図 3-18

この問題は単位時間あたりの作業面積を求めるもので，

(草刈りした面積) ÷ (時間) = (単位時間あたりの草刈りの面積)

$$\frac{3}{4}\qquad\div\quad\frac{2}{5}\quad=\qquad ?$$

というように表せる．単位時間あたりということは，1時間ではどれだけ草刈りできたか考えればよいので，図3-18のように図で表せば，いまおじいさんが耕した面積の $\frac{1}{2}$ が $\frac{1}{5}$ 時間あたりの耕した量になることがわかる．よってそれを5倍すれば1時間あたりの耕した面積になる．つまり

$$\left(\frac{3}{4}\times\frac{1}{2}\right)\times 5=\frac{3}{4}\times\frac{5}{2}$$

このことからも分数同士のわり算は逆数を掛ければよいことがわかる．

この説明は，大人にとってもそうやさしいものではない．まして子どもが理解するのは難しいだろう．しかし，子どもに尋ねられたとき，または子どもに発展的なことを考えさせるためには，その理由を考えることは必要なことである．子どもはただ一通りの説明ではなく，いろいろな説明の中から，自分にとって一番都合のよいものを選んで理解を深めていく．そのためには，いろいろな説明を用意しておくことが重要なことである．

これら分数などの演算で特に注意すべき点を挙げる．分数の演算でも小数の演算でも同じことだが，2, 3, ……のように1より大きい数を掛ければもとの数より大きくなり，1より大きい数で割ればもとの数より小さくなる．この考え方はわかりやすい．かけ算は倍に増えていくもの，わり算は等しく分けるものだと考えやすいからである．しかし，問題は，1より小さい小数や分数で掛けたり割ったりするときである．これは，先ほどとは逆で，掛ければ小さくなり，割れば大きくなる．このことからも，かけ算を同数累加で定義したり，増える・分けるの考えだけで処理しようとすると，この部分が理解できなくなってしまう．よって，かけ算は新しい構造の演算で，わり算は1あたり量を求めるものであるという考え方が必要になってくるのである．

演習問題3

① 分数と小数の違いについてまとめなさい．

② 分数のわり算で逆数を掛けるのはなぜですか．具体的な例題をつくり，その例題を使って説明しなさい．

●第 4 章

図形について

§4.1　図形とは

この章では縦と横の 2 つの広がりを持つ 2 次元空間，つまり平面上にある図形を中心に扱っていく．

まず多角形とは，何本かの直線によって囲まれてできる閉じた凸な図形ということにする．また，この直線のことを**辺**といい，2 直線の交点を**頂点**とよぶ．図形を習い始めた子どもにとっては「三角形」や「四角形」といった概念は形成されていない．概念形成ができていない子どもは，図 4-1 のどれも「さんかく」と答えてしまう．

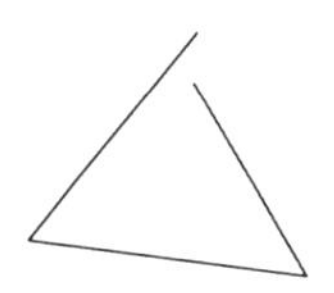
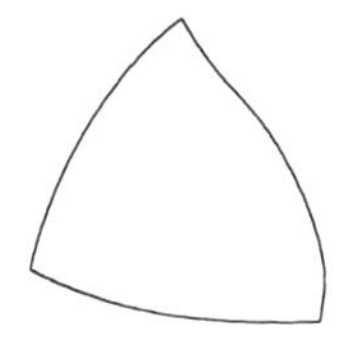

図 4-1

ところで，わたしたちは図形をどう見ているのだろうか．まず四角形について考えてみよう．

　「長方形，正方形，菱形，平行四辺形の 4 つの四角形を提示して，あなたの考える方法で順番をつけてみよう」

という問題を大学生に考えてもらったところ，だいたいの人は，面積，角度，辺の長さに着目して順番を決めていた．どれが正しいとか間違いというわけではないが，見た目の量的なものに着目して順番を決める傾向があることがわかる．これは，多分小学生，中学生でもあまり変わりがないかも知れない．図形の学習に系統性をつくりにくいのは，概念をどのように取り扱うかということがわかりにくいからである．

図形の学問である幾何学は，紀元前からすでに考えられていた．古代の有名な遺産であるピラミッドやパルテノン神殿にも，幾何学の中のいろいろな性質が使われている．これらの建造物を見れば，誰もが美しいと感じるだろう．それは，いろいろな性質の中でも最も重要な**対称性**（たいしょうせい）という性質を持っているからである．昔から人間は左右対称のものを美しいものと感じてきた．それは，人間そのものの外見が左右対称になっているため，そのような形への認知度が高いということでもある．左右対称のものは自然界にはたくさんある．木もほぼ対称である．そのような自然にあるものに美しさを感じ，それを人間が造りだす建物などに活かそうとしたことから発達していった学問がこの**幾何学**（きかがく）である．また，その一方で，もともと幾何学という英語の geometry がナイル川の氾濫（はんらん）からくる土地の測量などが発達したことに由来しているように，測量の学問であった．数や量の体系が整う以前からこの学問は研究され，古代文明であるピラミッドなどの建設にも活かされている．

このことからもわかるように，本来図形の学問の目的は，測量と美の追求にあ

るといってもよい．角度や辺の長さといったような量は，ある図形を追求していったときに必要になってくるものである．

ここで小学校での指導のことを考えてみよう．最初は角度や辺の長さから始まる．それは，子どもにいきなり対称性から学ばせても，何をしているのかさっぱりわからないからである．そのため，角度や辺の長さといった量を取り出してわかりやすくし，それらの性質から図形を学ぶのである．

§4.2　図形の対称性

それでは，図形の対称性について考えよう．最初に三角形から始める．

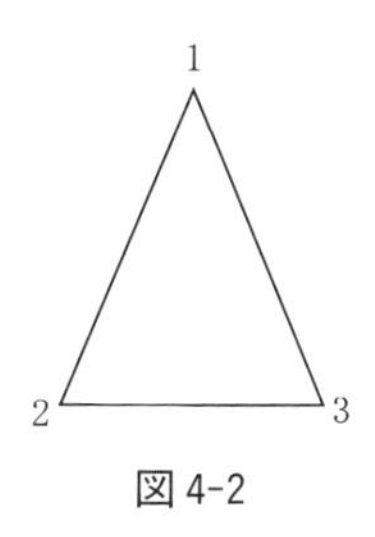

図 4-2

まず図 4-2 のような二等辺（にとうへん）三角形を考えてみよう．各頂点に番号 1, 2, 3 をつけてみる．すると，点 1 を通り線分 23 に垂直（すいちょく）な直線 g に関して対称である(図 4-3)．図 4-4 は図 4-3 を直線 g に対して裏返した図形である．このとき，図 4-4 は図 4-3 から見て，頂点の番号を $1 \to 1$，$2 \to 3$，$3 \to 2$ というように置き換えたものである．このような番号を置き換える操作を

$$\begin{pmatrix} 123 \\ 132 \end{pmatrix}$$

と表現する．これを α という記号を使って

$$\alpha = \begin{pmatrix} 123 \\ 132 \end{pmatrix}$$

のように表してみよう．

すると，

$$\alpha(\text{図 4-3}) = \text{図 4-4}$$

と表すことができる(α という操作を図 4-3 に行ったとき，図 4-4 になるという意味)．

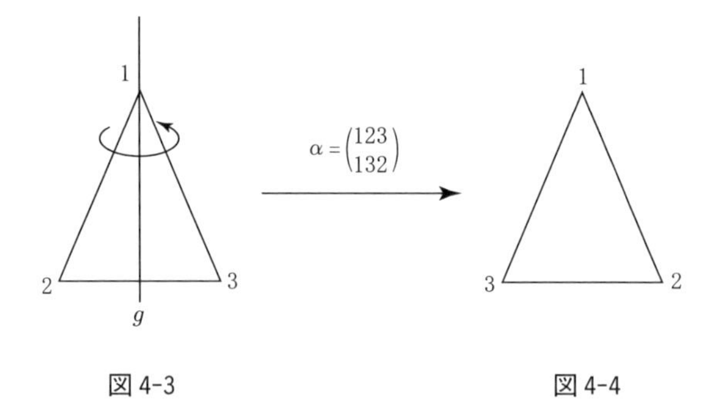

図 4-3　　　　図 4-4

一般に，3 文字 1, 2, 3 を同じく 1, 3, 2 のいずれかに置き換える操作を 3 文字 1, 2, 3 の**置換**という．つまり，先ほどのは $1 \to 1$，$2 \to 3$，$3 \to 2$ という 3 つの数字の置換の 1 つである．

先ほどの例から，二等辺三角形は置換 α を作用させたとき，もとの自分とぴったりと重なる(番号同士を重ね合わせると図形もぴたりと重なる)．このとき，二等辺三角形は置換 α で不変であるという．三角形が置換 α によって不変になる場合は，番号 1 を通る垂線 g に関して対称であることがわかる．これは**線対称**と呼ばれている．

次に

$$\beta = \begin{pmatrix} 123 \\ 213 \end{pmatrix}$$

を考えてみよう．この置き換えの操作を図 4-5 に行うと図 4-6 になるということである．

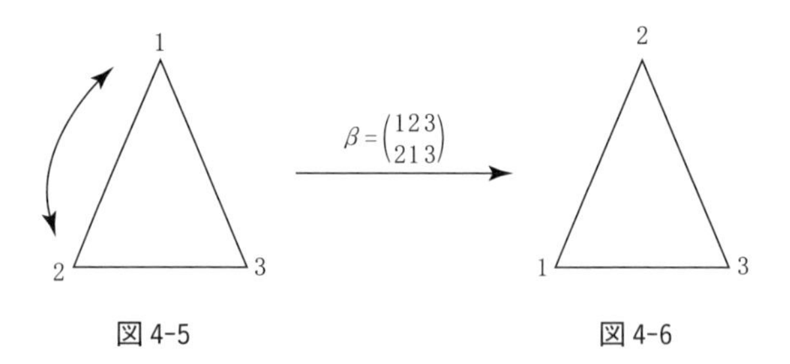

図 4-5　　　　図 4-6

これは，3 を固定して 1 は 2 に，2 は 1 にすることであるが，図 4-5 と図 4-6 で同じ番号同士を重ねようとすると，この 2 つの図形は重ならない．したがって β は二等辺三角形を不変にしているとはいえない．もし，β によってこの三角形が不変だったとすれば，それは3を通って線分12に垂直な軸で対称だったということになる．

このように考えていくと，3つの数字1,2,3の置換は次の6通りある．

$$\alpha=\begin{pmatrix}123\\132\end{pmatrix}\qquad \beta=\begin{pmatrix}123\\213\end{pmatrix}\qquad \gamma=\begin{pmatrix}123\\321\end{pmatrix}$$

$$\delta=\begin{pmatrix}123\\231\end{pmatrix}\qquad \varepsilon=\begin{pmatrix}123\\312\end{pmatrix}\qquad \iota=\begin{pmatrix}123\\123\end{pmatrix}$$

図4-2の辺12と辺13が等しい二等辺三角形を考えると，これらの置換の場合，元の図形と重なるのは，αとιの2つだけである．

ところが，正三角形ならば，δという置換に対しても不変になる．これは，三角形の重心(じゅうしん)を中心に回転させていることに対応している．

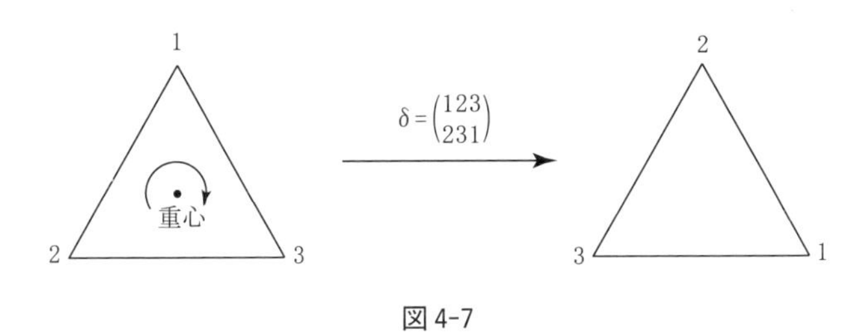

図4-7

図4-7のようなものを**回転対称**とよんでいる(重心を中心に右回りに120°回転しても不変である)．特に，180°回転して対称な図形は**点対称**という．

正三角形は線対称でもあり回転対称でもある図形だといえるが，点対称ではない．先ほどの図4-5から図4-6への置換も，辺の長さや角度が2つは同じであるが，残りの1つが違うため一致しないのであって，正三角形ならば長さも角度も同じなのでぴったりと一致することがわかる．また，正三角形ならばこの6つの置換すべてで不変である．逆に正三角形はどの置換でも不変になるので，一番条件の厳しい図形であるといえる．

三角形の中には直角三角形もあるが，角度について論じたときに現れる特殊な三角形にすぎないので，ここでは省略する．

ここでιの置換を考えてみよう．点1,2,3を点1,2,3に置換するということは，点を動かさない，つまり自分自身に置換するということである．このような置換を**恒等置換**(こうとうちかん)という．

いま，$G=\{\iota, \alpha, \beta, \gamma, \delta, \varepsilon\}$ を3文字の置換の集合であるとする．これらの置換のうち2つの置換の積，例えば $\alpha\cdot\beta$ を考える．これは β という置換を施(ほどこ)して，次に α の置換を施すという意味である．したがってこの $\alpha\cdot\beta$ は β という置換で $1\to2$ となり，次の α という置換で $2\to3$ となることから，$\alpha\cdot\beta$ で $1\to3$ となることを示している．つまり，

$$\alpha\cdot\beta=\begin{pmatrix}123\\132\end{pmatrix}\cdot\begin{pmatrix}123\\213\end{pmatrix}=\begin{pmatrix}123\\312\end{pmatrix}=\varepsilon$$

となる．すなわち，この積 $\alpha\cdot\beta$ は ε の置換と同じということになり，$\alpha\cdot\beta$ は，また G の要素(ようそ)になることを示している．

実は，$\alpha\cdot\beta$ だけでなく，G の中の2つのどの置換の積でも G の要素になるのである．次の表は置換の積がどうなるかを示したものである．

	ι	α	β	γ	δ	ε
ι	ι	α	β	γ	δ	ε
α	α	ι	ε	δ	γ	β
β	β	δ	ι	ε	α	γ
γ	γ	ε	δ	ι	β	α
δ	δ	β	γ	α	ε	ι
ε	ε	γ	α	β	ι	δ

表 4-8 2つの置換の積

一方，恒等置換 ι は特別なもので，

$$\alpha\cdot\iota=\iota\cdot\alpha=\alpha$$

となり，ちょうど数の1と同じような役割を演じている．また，

$$\alpha\cdot\alpha=\begin{pmatrix}123\\132\end{pmatrix}\cdot\begin{pmatrix}123\\132\end{pmatrix}=\begin{pmatrix}123\\123\end{pmatrix}=\iota$$

となる．つまり α と α の積は ι になるので，α の逆の置換は α ということになる．他に

$$\varepsilon\cdot\delta=\begin{pmatrix}123\\312\end{pmatrix}\cdot\begin{pmatrix}123\\231\end{pmatrix}=\begin{pmatrix}123\\123\end{pmatrix}=\iota$$

となる．このことから，δ の逆は ε であることがわかる．

このように G の中だけで積の計算が成り立ち，しかもその逆もあるような集合を**群**（ぐん）とよんでいる．したがって群という観点から図形を眺めれば，正三角形は群 G で不変な図形ということができる．二等辺三角形は群 $H = \{\alpha, \iota\}$ で不変な図形である．つまり，対称性が低いほど，群も小さくなるということを意味している．逆にいえば，大きい群を持つ図形は対称性が高いということである．

次に四角形について考える．

4 つの数字の置換を考えると，以下の表のように全部で 24 個ある．

ι	1234 1234	ζ ×	1234 3241	ν ×	1234 2134	τ	1234 3412
α ×	1234 1342	η ×	1234 4213	ξ ×	1234 3124	υ *	1234 3421
β ×	1234 1423	θ *	1234 4231	o ×	1234 2314	ϕ *	1234 3142
γ ×	1234 1243	κ	1234 3214	π	1234 2341	χ	1234 4123
δ	1234 1432	λ ×	1234 2431	ρ *	1234 2413	ψ	1234 4321
ε ×	1234 1324	μ ×	1234 4132	σ	1234 2143	ω *	1234 4312

表 4-9

ここで次のような四角形を考える．

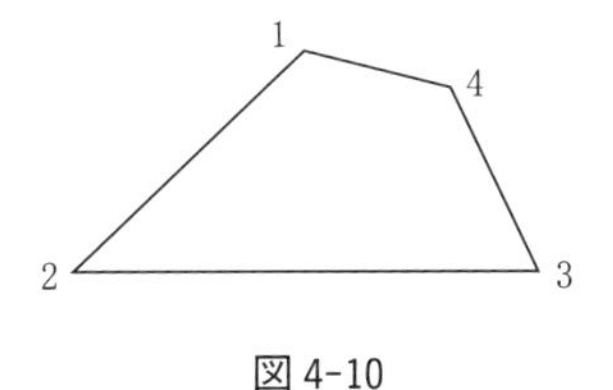

図 4-10

三角形の置換でわかるように，この四角形の場合でも，その場で自分自身に重ね合わせるためには，

ある線で折り返して重なる(線対称)

または

中心を探して，そこで回転して重なる(回転対称)

の2通りしか考えられない．したがってこの観点から表4-9を見るとき，

(1) 図形を動かすことが不可能なもの．(1点しか動かないもの)

例えば置換 α のように，1を固定して他の頂点を入れかえることは不可能である．

このようなものに × をつける．

(2) 線対称でも，回転対称でも，図形を動かすのが不可能なもの．

置換 ρ を考えると，$1 \to 2$ を動かす回転だとすると，$2 \to 3$ という回転になるため，$2 \to 4$ という置換は無理である．では，線対称を考えてみよう．

この場合，$1 \to 2$ ならば $3 \to 4$ でなければならない．

このように線対称でも回転対称でも図形を動かすことが不可能なものに，

* をつける．

以上のように考えると，四角形を動かして重ねることができる可能性があるものは

$$\{\iota, \delta, \varkappa, \pi, \sigma, \tau, \chi, \psi\}$$

の8つである．このような置換に対応して不変になる四角形を考えていくと，四角形は対称性によって図4-12の7種類に分類できる．逆に，この7種類以外の四角形は存在しないのである．

その7種類の四角形はどのような置換を持つのかを考えると，表4-11(次ページ)の通りである．

このような対称性が四角形に存在することがわかった．a の不規則四角形では不変にする置換と恒等置換しかなく，g の正方形ではそれを不変にする置換が多い．つまり，g の正方形ではそれだけ対称性が高いということである．一番最初に出した問題，「長方形，正方形，菱形，平行四辺形の4つの四角形に規則性を見つけ順番をつけてみよう」は，面積や角度のように何について考えるかによって答えが異なる．しかし，この対称性の高さ(多さ)について考えることで，四角形の順番を整理することができる．そのことによって四角形の指導の順序も考えることができる．

a　不規則四角形	単位元 ι
b　平行四辺形	単位元 ι，180 度回転対称 τ
c　三角形状四角形	単位元 ι，l による線対称 ψ
d　等脚台形	単位元 ι，l による線対称 ψ
e　長方形	単位元 ι，180 度回転対称 τ m と l による線対称 δ と ψ
f　菱形	単位元 ι，180 度回転対称 τ m と l による線対称 δ と ψ
g　正方形	単位元 ι，90 度と 180 度と 270 度回転対称 χ と τ と π， l_1，l_2，l_3，l_4 による線対称 $\varkappa$ と ψ と δ と σ

表 4-11

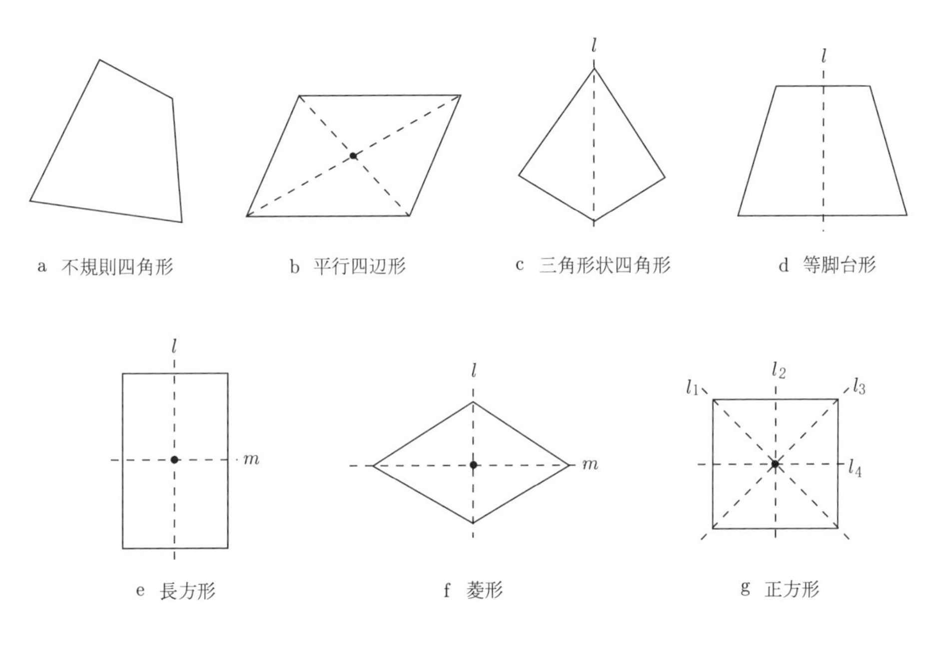

図 4-12

§4.3　三角形と四角形

前節では，対称性という観点から図形を考えてきたが，それ以外にも次のような2種類の観点で区別することができる．

> **図形の分類**
> ①　**構成要素**(頂点，辺，面など)
> ②　**量**　　　(長さ，角度，面積)

これら2つの観点は視覚的にとらえやすく，図形を学び始めた子どもにも理解しやすいものである．

また，図形にはある条件を定めた**定義**とそれから導かれた**性質**(**定理**)がある．定義はただ1つとは限らないが，どれを採用するかは，何を目的としてどのような論理構成にしたいかによって異なってくる．例えば二等辺三角形の定義は「2つの辺が等しい三角形」であるが，もし定義を「2つの底角が等しい三角形」とすると，定義に従った作図が急に難しくなるのがわかる．よって作図しやすいものや考えやすいものを定義としている．

小学校で学習する基本図形の定義と性質を考えると，次の表4-13のようになる．(◎が定義にあたり，残りは性質)

a　二等辺三角形	◎2つの辺が等しい三角形． 2つの底角が等しい． 1本の対称軸を持つ線対称な図形で，その軸で合同な直角三角形2つに分けられる．
b　正三角形	◎3つの辺が等しい三角形． 3つの角が等しい．(それぞれ60度) 3本の対称軸を持つ線対称な図形で，対称軸の交点を回転対称の中心とする図形．(点対称ではない)
c　平行四辺形	◎向かい合う2組の辺がそれぞれ平行な四角形． 向かい合う2組の辺の長さがそれぞれ等しい． 向かい合う2組の角の大きさがそれぞれ等しい． 対角線が互いに中点で交わる．

	2 つの対角線の交点を中心とする点対称な図形である.
d　台　形	◎ 1 組の向かい合う辺が平行な四角形.
e　長方形	◎角がすべて直角な四角形. 向かい合う 2 組の辺が平行でかつ長さが等しい. 対角線の長さは等しく，互いに中点で交わる. 1 本の対角線で合同な 2 つの直角三角形に分けることができる. 2 本の対称な軸を持つ線対称な図形であって，対称の軸はそれぞれ向かい合った辺を 2 等分する. 点対称な図形で，対称の中心は 2 本の対角線の交点である.
f　菱形	◎辺の長さがすべて等しい四角形. 向かい合う 2 組の辺がそれぞれ平行である. 向かい合う 2 組の角は等しい. 対角線は互いに中点で垂直に交わる. 2 つの対角線を対称の軸とする線対称な図形である. 2 つの対角線の交点を中心とする点対称な図形である.
g　正方形	◎辺の長さがすべて等しく，角がすべて直角な四角形. 対角線の長さは等しく，互いに中点で垂直に交わる. 向かい合う 2 組の辺がそれぞれ平行である. 1 本の対角線で合同な 2 つの直角二等辺三角形に分けられる. 対称軸を 4 つ持つ線対称な図形であり，また回転対称な図形でもある.

表 4-13

定義と性質を整理すると，三角形では，二等辺三角形の特殊型が正三角形である，といえる．要するに，

「二等辺三角形の集合」⊃「正三角形の集合」

である．これを四角形で考えると図 4-14 のようになる．

図で示してあるように，矢印の方向に従って条件が厳しくなっていることがわかる．

ここで，図形に関して，もう 1 つ注意が必要である．直角（ちょっかく）と垂直（すいちょく）は同じもの

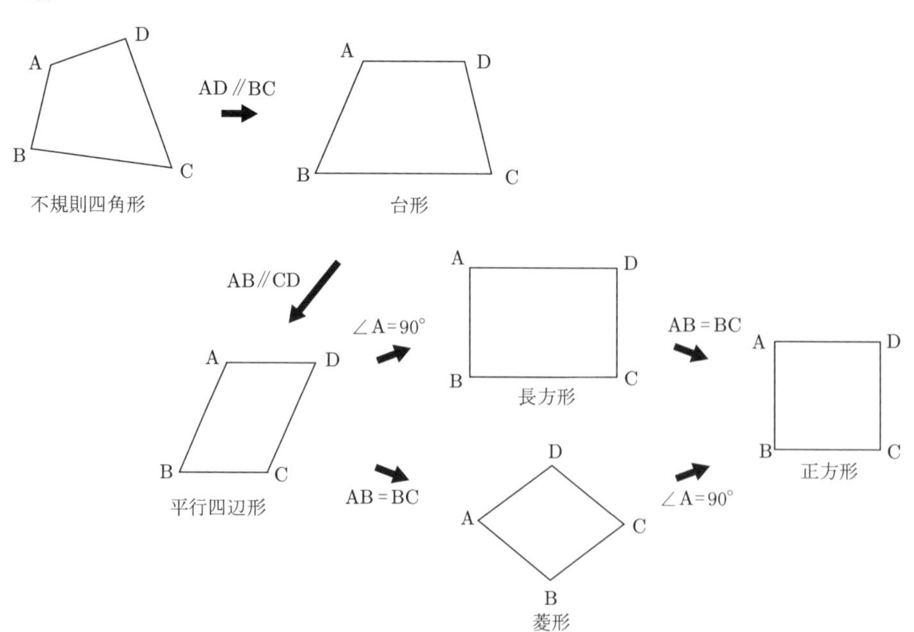

四角形の集合⊃台形の集合⊃平行四辺形の集合⊃長方形の集合⊃正方形の集合
⊃菱形の集合　⊃

図 4-14

だと思っている人が多いが，厳密には違うものである．要するに，**角**と**角度**の違いであるが，角とは 2 直線のなす形のことであり，角度とはその 2 直線がなす大きさ，つまり直線が回転する量のことである．2 直線が直角に交わること(形)を**垂直**といい，角度が 90 度の特殊な場合に，角の大きさ(量)を**直角**という．

また，中学で学ぶ鋭角や鈍角のように，角にはその大きさによって下のような名前がつけられている．

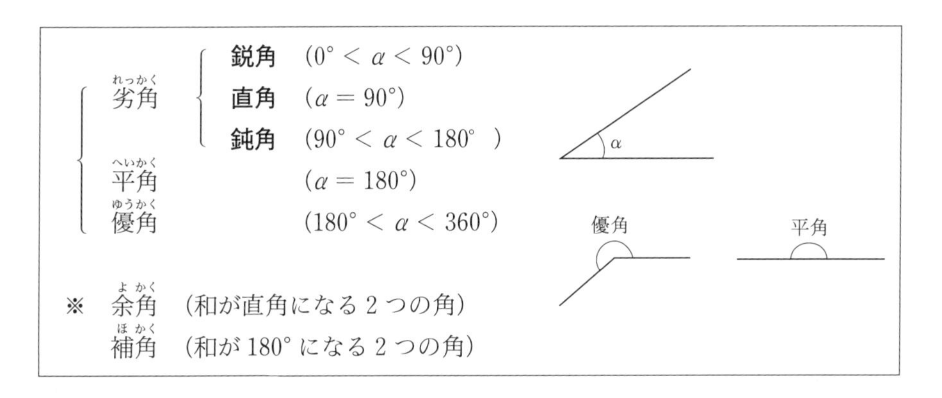

三角形のもっと細かい性質について見ていこう．

三角形をつくったときに，辺の内側にできる角のことを三角形の**内角**とよぶ．「三角形の内角の和は180度である」ということは誰でもよく知っているが，なぜそうなるのだろうか．実際に分度器で3つの角を測ってみると，確かに180度になりそうだ．しかし，子どもに測らせると180度にならない子も出てくる．それは，分度器というものがその角度を測定する非常に簡単な道具であり，常にいくらかの測定の誤差がつきものだからである．例えば31度と32度の間の角も存在するであろうし，分度器を頂点のどの部分に置くかによっても当然誤差は生じる．よって分度器で測って三角形の内角の和が180度であることを導く方法は，あくまで「見当をつける」という意味であるし，厳密性を要求しているわけではない．

実際に三角形の内角の和が180度になることを示すわかりやすい考え方としては，次のような方法が挙げられる．

1つの方法は，床に三角形を描き，線の上を人が歩く．角の部分はその大きさだけ回転し，最初のところに戻ってくる．最初の位置に戻ったとき人はどうなるかというと，最初のときの反対側を向いているはずである．辺の上では回転していないので，角の部分だけで考えると，ちょうど半回転，つまり1周360度の半分で180度回転したことになる．

これはアバウトな方法ではあるが，子どもにとっては体験できるので納得しやすい．

2つ目の方法として，図4-15のような三角形を考える．三角形ABCの内角の大きさを α, β, γ とおき

$$\alpha+\beta+\gamma=180^\circ$$

ということを示せばよい．図のように点線で折り返せば α と β と γ は1つの点

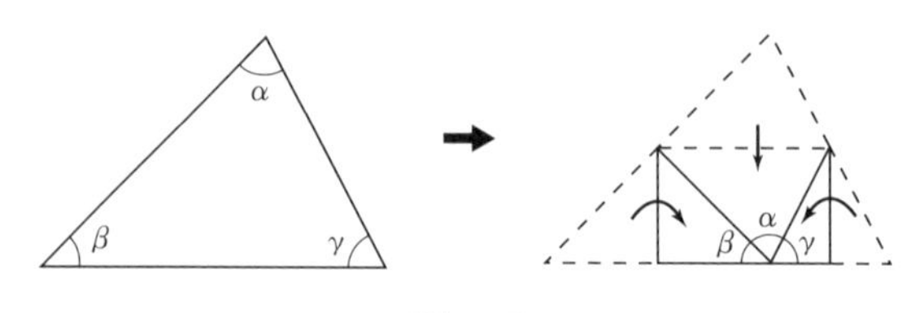

図4-15

に集まる．そのとき，$\alpha+\beta+\gamma$ は一直線になるので180度とわかる．また，この考え方は，別の三角形で調べても同じ結果が得られるので，どんな形の三角形でも180度であることを納得しやすい．

しかし，このやり方は直観的な方法であり，すべての三角形を調べたわけでもない．実際にすべての三角形について調べることなど不可能である．もしかすると成り立たない三角形が存在するかもしれない．180度になるであろうという予測はつくが，それが正しいかそうでないか判断がつかない．そこで中学校になると次のような考え方で証明するのである．

図4-16のように点Aを通り辺BCに平行な直線 l を引く．すると平行線の性

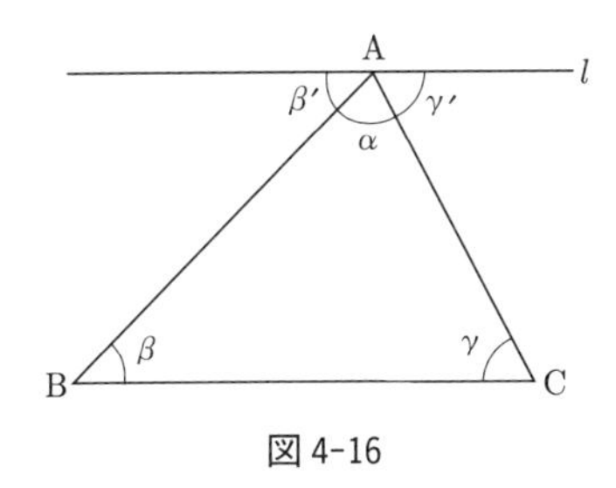

図 4-16

質が使え，$l \parallel \mathrm{BC}$ より

$$\angle\beta = \angle\beta', \qquad \angle\gamma = \angle\gamma'$$

となる．ここで

$$\angle\alpha + \angle\beta + \angle\gamma = \angle\alpha + \angle\beta' + \angle\gamma'$$

となり，これら3つの角の和は一直線となるので，180度だとわかる．これがいわゆる**証明**である．

平行線の性質

$$m_1 \parallel m_2 \iff \angle a = \angle b \quad (\text{錯角})$$
$$\angle b = \angle c \quad (\text{同位角})$$

小学校の場合は，このような演繹的な方法は難しいので，経験や体験をさせながら帰納的に指導するのがよいと思われる．また，そのことが中学生になったときに生きてくる．（演繹や帰納については第7章で解説）

次に四角形について考えてみる．まず，図 4-17 のような四角形を考え，それぞれの角を $\alpha, \beta, \gamma, \delta$ とする．

この四角形を平面にすき間なく敷き詰める（タイリング）ことができるだろうか．

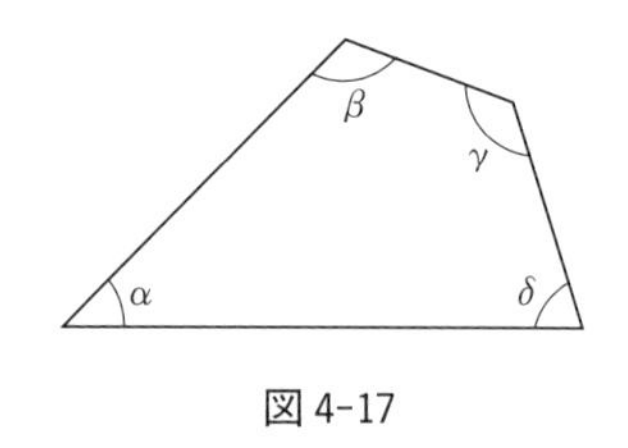

図 4-17

実際に敷き詰めてみると，図 4-18 のようになる.

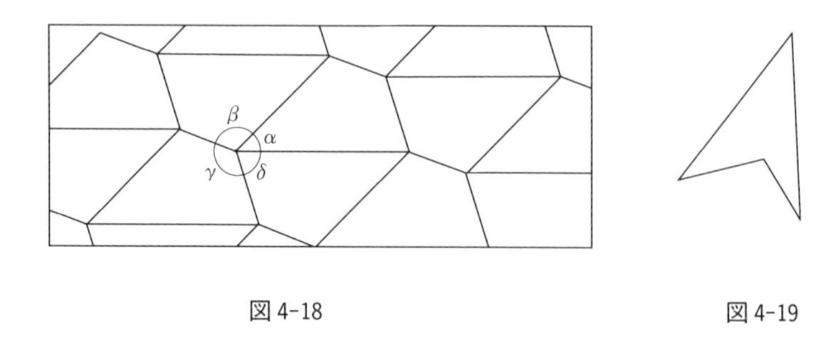

図 4-18　　図 4-19

この例では凸型四角形(内角がすべて 180 度未満のもの)について考えてきたが，凹型四角形(内角に 180 度以上のものを持つもの，たとえば図 4-19)でも同様にして敷き詰めることができる．つまり，四角形であればどのような形であっても，敷き詰めることができるのである.

敷き詰め方を考えていくと，1 つの頂点に 4 つの角が集まり，その 4 つの角は四角形のすべての角，図 4-18 でいうと，$\alpha, \beta, \gamma, \delta$ である．このことから四角形の内角の和は 360 度であることがわかる．逆にいえば，四角形の内角の和が 360 度であるため，すき間なく敷き詰めることができたといえる.

ところで，図 4-19 の凹型四角形を敷き詰めることができるかという問いに対して，できないと考えている大学生が多かったが，同様にして敷き詰めることができるので，考えてみてほしい.

このように考えていくと，すべての多角形は敷き詰められるように思えるが，そうではない．正五角形ではすき間ができてしまうが，図 4-20 のような五角形では可能である．この形は牛乳パックを横から見た形であり，敷き詰めることができるということは，牛乳パックを運ぶのに非常に都合がよいことを示している.

結局，ある図形が敷き詰められるためには，1 点にいくつかの多角形を集めるとそれが 360 度になる必要がある．このように 1 つの形のもので敷き詰めることができるのは，三角形，四角形は常に可能であるが，五角形以上になると可能である場合と，不可能な場合があるということである．

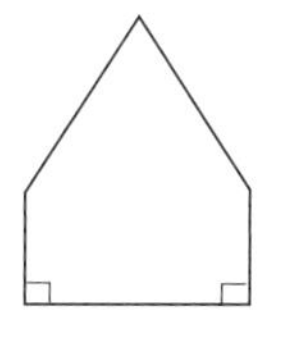

図 4-20

四角形の内角の和を考える他の考え方として，どんな四角形でも 2 つの三角形に分割できることを利用する方法がある．1 つの三角形の内角の和が 180 度であることから，四角形の内角の和は 360 度であると簡単に証明できる．

この考え方を応用していけば，どんな多角形であっても内角の和を求めることができる．すなわち，n 角形の内角の和は，$(n-2)\times 180°$ である．さらに多角形の外角の和は常に 360 度になる．このあたりは研究授業でよく見られるが，子どもに考えさせると，おもしろい．

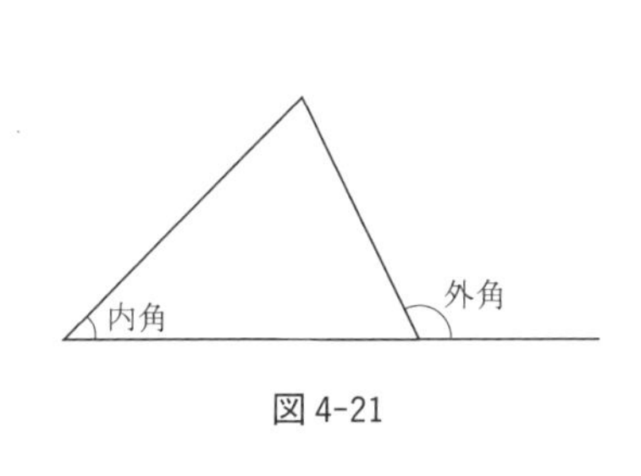

図 4-21

§4.4　幾何学の基本と作図

§4.3 で紹介した三角形の内角の和が 180 度になる証明では，平行線がただ 1 本だけ引けることが前提となっている．もし，平行線が引けなかったら錯角が等しいなどということは考えられず，その証明は成り立たない．平行線が引けない世界など存在しないと考えるかも知れないが，実は身近なところに存在するのである(後で述べる)．

まず，平行線が引ける世界について考えてみよう．学校で学ぶ幾何学はこの条件のもとで考えられている．この世界は，私たちの身の周りの形をもとに造り上げられたものであり，直観的に考えやすいため大昔から研究されてきた．このような幾何学のことを**ユークリッド幾何学**とよぶ．(コラム「ユークリッド幾何学」を参照)

図形を考えていくとき，他に必要なこととして作図がある．小学校の作図では，定規，コンパス，分度器を使って作図する．また，三角定規をずらすなどの動作も認められている．しかし，古くから作図といわれているのは，直線を引くための**定木**と等しい長さを写し取る**コンパス**だけを使って図形を描くことである．この「定木」という漢字は，長さを測る目盛りを使わず，直線だけを引く道具として使うことから，長さを測る「定規」と区別して使っている．

定木とコンパスを使って二等辺三角形などの基本的な図形が作図できることは簡単にわかると思うが，中学校では，垂直二等分線，角の二等分線，与えられた角と同じ大きさの角，垂線，平行線などの作図をする．

しかし，どのようなものでも作図できるわけではない．古代ギリシャの**三大作図不能問題**という問題がある．それは，

① 角の三等分問題(任意に与えられた角を三等分する)

② 立方体倍積問題(与えられた立方体の体積と 2 倍の体積をもつ立方体をつくる)

③ 円積問題(§4.5 で示す)

である．角の三等分は簡単にできそうだが，作図ができないことが，二千年にも及ぶ研究で明らかにされた．90 度の三等分は 30 度なので作図できるのではないかと考えるかもしれない．確かに 90 度はできる．しかし，角の三等分というのは，任意の角が与えられたときに三等分できるのかどうかということが問題なので，特定の角が三等分できるということではない．この問題は今日では代数学の問題として取り扱われている．

§4.5　円

円とは，ある点を中心に等距離にある点の集合のことである．中心と円周上の点を結ぶ線分を**半径**とよび，中心を通り円周上の 2 点を結ぶまっすぐな線分を**直径**とよぶ．

円は図形の中で最も多くの(無限の)対称軸をもつ図形である．中心を通るどの直線で折ってもぴったりと重ね合わせることができる．また，図 4-27 のように，

コラム

ユークリッド幾何学

これは紀元前 3 世紀ごろギリシャの数学者であるユークリッドが体系化したもので，現在でも数学の基礎として世界中の人に知られている．紀元前につくられたこの幾何学は，その後の科学的な考え方のモデルになった．このユークリッドの幾何学は『**原論**』と呼ばれる 13 巻の本にまとめられていて，2000 年以上もの間にわたって読まれ，聖書に次ぐベストセラーといわれている．ユークリッド幾何学の特徴は，直線を引くための定木と長さを写し取るためのコンパス(もちろん円を描くことにも用いられている)だけを使うため，具体的な長さや角度は扱わない．また，すべての多角形は三角形に分割できるために，三角形をもとにして細かく分析してある．

『原論』の第 1 巻は，直線や点などについて定めた 23 個の**定義**に始まる．それらは，例えば「点とは部分を持たないもの」であり，「直線とは幅がなく長さだけである」といったいわば言葉の約束のようなものである．証明をしなくても誰もが認める 5 個の**公準**とそれを運用するための規則である 9 個の**公理**，およびそれらを使って導き出した 48 個の**命題**から成り立つのが『原論』の第 1 巻である．

この公準と公理の中で最も有名なのが，後に不毛の論争を巻き起こすことになった第 5 公準，いわゆる**平行線の公準**である．これは，今日的にわかりやすくいえば，「一直線外の 1 点を通り，この直線に平行な直線は 1 本引けて，ただ 1 本に限る」といったものである．これは公準であるから，誰もが明らかに成立すると認めるという暗黙の了解の下で仮定されているが，他の 4 つの公準に比べ直観的に考えにくく，誰でも納得できるものではなかった．したがって，この平行線の公準は他の公準から証明することができるのではないか，つまり公準としては必要ないのではないかと思われていた．したがってその後 17 世紀～18 世紀頃まで，この平行線の公準を他の 4 つの公準から証明しようとした人々が後を絶たなかった．結果的には証明ができないことがわかったのだが，証明できないと考えた数人が新しい幾何学を誕生させる幸運に恵まれた．

19 世紀に入って，ロシアのロバチェフスキーやハンガリーのボリアイ，ドイツのガウスらが，平行線の公準を否定した公準を使っても，ユークリッド幾何学体系と同じように矛盾のない，全く別の幾何学が構築できることを発見したのである．つまり，**非ユークリッド幾何学**と呼ばれる新しい幾何学が誕生した．彼らが発見したものは三角形の内角の和が 180 度より小さくなるという幾何学で，平行線は 2 本以上引けるという公準の下で展開される．しかし，ここではこれ以上は触れないことにしよう．

ところで球面を考えてみよう．球面上の直線というと，大円の弧である．例えば運動場に引かれた直線の両端を地球上でどこまでもどこまでも伸ばしてみるとこの大円の弧になる．また，大円の弧は球の中心を通る平面で切ったときに現れる弧のことである．これが球面上の直線ということになる．

実は，球面には平行線が存在しない．それは大円の弧は必ず2点で交わるためである．地球の経線を考えればわかりやすい．世界地図のメルカトル図法では，経線同士は平行である．しかし，平行なはずの経線も球面上では南極と北極の2点で交わってしまう．また，図4-22のように点Cを北極とし，点A, Bを赤道上の点とする球面上の三角形を考えると，$\overset{\frown}{\mathrm{AC}}$と$\overset{\frown}{\mathrm{BC}}$は経線であり，赤道と垂直に交わるため1つの角は90度になる．つまり

図4-22

$$\angle\alpha = \angle\beta = 90^\circ$$

である．ということは，2つの角の和だけで180度を越えており，球面三角形ABCの内角の和は180度以上になることがわかる．これも非ユークリッド幾何学の1つであるが，これは球面上に展開されているので，**球面幾何学**ともいわれている．このように，平行線の公準が成立しない世界では，三角形の内角の和やその他の性質も，私たちがよく知っている幾何学とは異なっている．

すでに少し触れたように，一直線以外の1点を通って引ける平行線が2本以上ある場合は，三角形の内角の和は180度以下になる．

これらのことからわかるように，非ユークリッド幾何学はいままでのユークリッド幾何学と異なる全く新しい体系の幾何学であり，どれも正しいわけである．

このような考え方からすると，学校で考えるユークリッド幾何学は机のような限られた平面上でのみ成り立つものであり，地球的な大きな規模では成立しないことがわかる．実際，少し広い校庭や地球上で三角形をつくり内角の和を実測して求めようとする人がいたが，うまくいかなかった．実際に測って180度と確かめることは，机の上のような狭い範囲でも誤差があるので難しい．そのため，結局は論理的な枠組みをつくり，その中で証明をしてみせる必要がある．こうして真の納得が得られるのである．

コラム

数の演算を作図する

具体的な長さ a, b があったとき，これら2つの長さの加減乗除という演算も作図によって示すことができる．1は基準の長さとして最初に与えられているものとする．

最初に $a+b$ と $a-b$ について考えてみよう．

$a+b$ を作図するには，図4-23のように，直線を引いて，その上にコンパスで距離 $\mathrm{OA}=a$, $\mathrm{AB}=b$ を区切って示す．そうすれば，

$$\mathrm{OB}=a+b$$

となる．

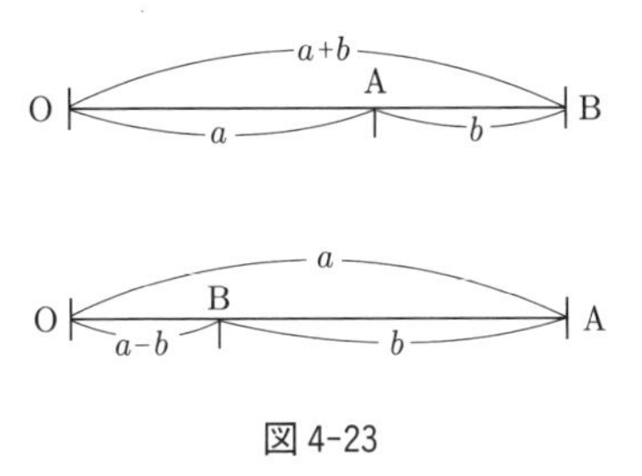

図4-23

次に $a-b$ を作図するには，直線を引いて，その上にコンパスで距離 $\mathrm{OA}=a$, $\mathrm{AB}=b$ を区切って示す．しかし，今度はABをOAと反対方向にとる．そうすれば，

$$\mathrm{OB}=a-b$$

となる．

ちなみに，$3a$ を作図するには，$3a=a+a+a$ だから，直線上に a をコンパスで3回とってやればよい．また，k が整数であれば，ka は a をコンパスで k 回とってやればよい．

次に $\dfrac{a}{3}$ の作図であるが，図4-24のように直線上に $\mathrm{OA}=a$ を区切り，Oを通ってもう1本適当に線を引き，適当な長さ $\mathrm{OC}=c$ で区切り，$\mathrm{OD}=3c$ の長さをとる．AとDを結び，点Cを通り，ADと平行な線BCを引く．△OBCと△OADは相似になるので，

$$c:3c=1:3=\mathrm{OB}:\mathrm{OA}=\mathrm{OB}:a$$

よって

$$\mathrm{OB} = \frac{a}{3}$$

になる．

同様にすれば，$\dfrac{a}{b}$ の作図もできる．図 4-25 のように $\mathrm{OA} = a$, $\mathrm{OB} = b$ を区切り，OB 上に $\mathrm{OC} = 1$ を区切る．C を通り AB に平行な直線 CD を引く．このようにすれば，相似の関係から

$$\mathrm{OD} = \frac{a}{b}$$

となる．

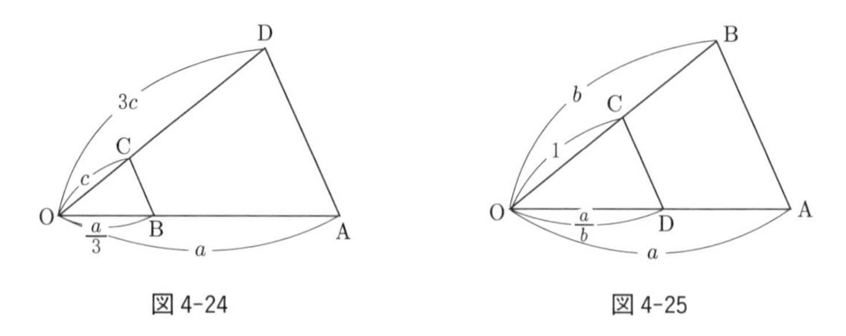

図 4-24　　図 4-25

ab の作図は上の作図と同様にしてできる．図 4-26 のように，$\mathrm{OA} = a$, $\mathrm{OC} = b$ を区切り，OA 上に $\mathrm{OB} = 1$ を区切る．A を通り BC に平行な直線 AD を引く．このようにすれば，相似の関係から

$$\mathrm{OD} = ab$$

となる．

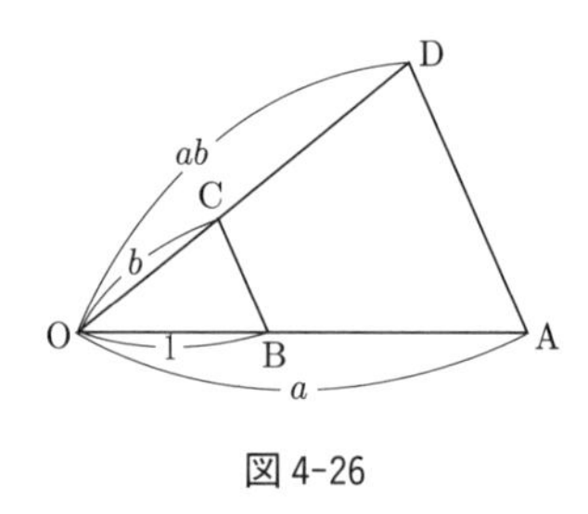

図 4-26

このように，2 つの数 a, b の加減乗除の演算は基本的な作図によっても表すことができる．この考え方を使えば，数直線上にコンパスと定木だけで，加減乗除の答えを作図によって求めることができるということになる．

どこであっても 2 回ほどぴったり折り重ねることで円の中心が出てくる．その点を中心にどのように回転させても一致することもわかる．

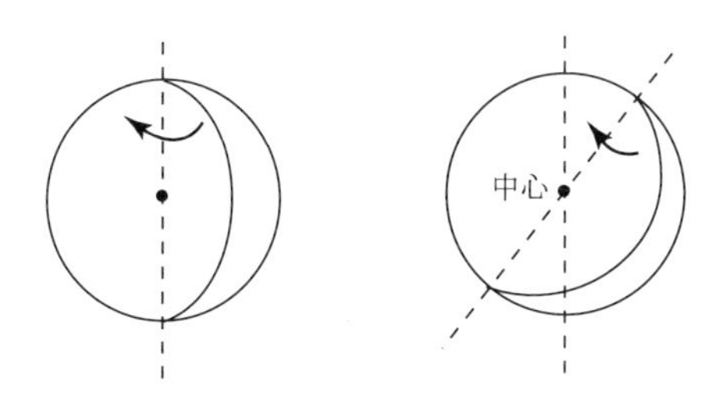

図 4-27

要するに，円は線対称の軸が無数にあり，回転対称になっている．正方形とは比べものにならないほど対称性が高い．

さて，ここでたくさんの円を描いてみよう．円の直径 d が大きくなるにつれ，円の周の長さ l も長くなることがわかる．

そこで直径 d と周の長さ l についてどのような関係があるか，周の長さを測って考えてみる．実際に厚紙で円を切り取って直線上を転がしてみることで周の長さを測定できる．それをいろいろな大きさで試してみて，横軸に直径を，縦軸

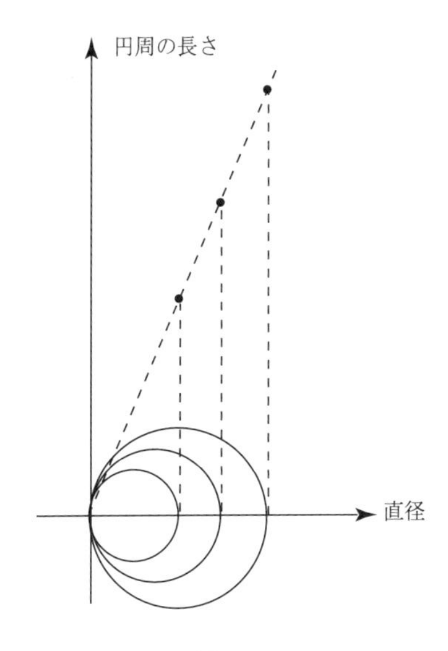

図 4-28

に周の長さをグラフにとっていくと，図 4-28 のように直線上に点が並ぶことが観察できる．つまり，直径 d と周の長さ l の間に正比例の関係がある．その比例定数がだいたい 3 であることもわかるだろう．その比例定数のことを**円周率**といい π で表す．直径を x として，円周を y とすれば，

$$y = \pi x$$

という関係になる．半径を r と書くことにすれば，$x = 2r$ なので，$y = 2\pi r$ となり，円周の式になる．また，どんな円であっても相似形であり，直径と円周の比は一定である．

円周率はたいていの人が知っているようにおよそ 3.14 である．しかしその値はあくまでも近似値(およその値)であって，正確な値ではない．この値は無理数であるために π という文字を使って正確な値と置き換えているのである．そのことからも，周の長さを測る場合，正確に測ることは不可能であることがわかる．また π は無理数なので分数の形に表すことができない特殊な値である．しかし，特殊な値だからといって近似値が全くわからないわけではなく，紀元前から

$$\text{およそ } \frac{22}{7} \quad (\fallingdotseq 3.1428)$$

を使っていた．

そこで円周率の近似値について考えてみよう．円周率の近似値がだいたい 3 になることは，実測でわかる．しかし，コンピュータが発達する前にこのような近似値がなぜわかったのか，そのアイデアを簡単に述べておこう．

図 4-29 のように円に内接する正六角形を作る．また，図 4-30 のように円に外接する正六角形を作る．すると，円の周の長さは内接する正多角形の周の長さよりも長く，外接する正多角形の周の長さより短いことがわかる．正多角形の辺の

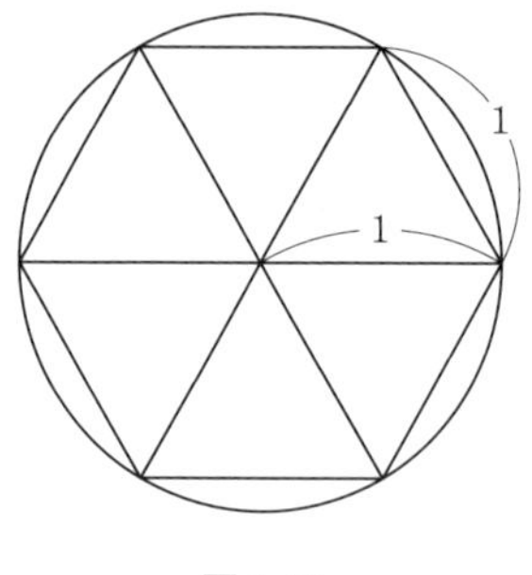

図 4-29

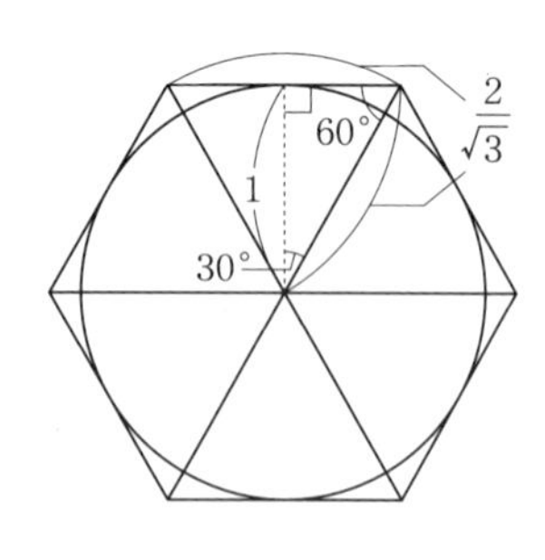

図 4-30

数を増やしていくと，次第に両方の値が円の周の長さに近づいていく．このように，ある値より小さいものと大きいものをその値に近づけていくことである値を求める方法を**はさみうちの方法**とよぶ．

この方法で π を求めてみる．1辺の長さは，図4-31のように，円の中心と円と内接(ないせつ)または外接(がいせつ)する辺でつくる三角形を取り出すことでわかる．

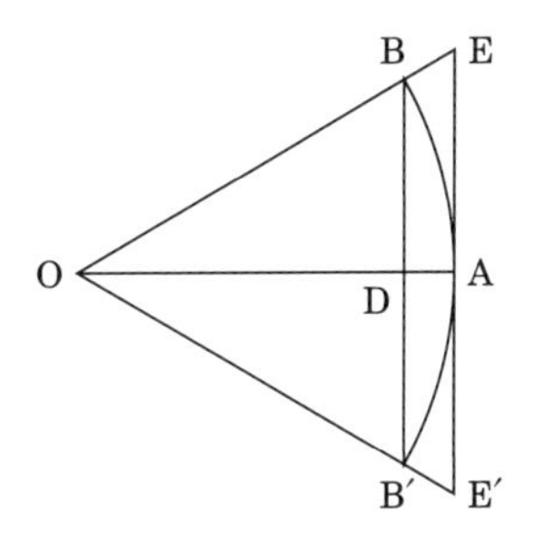

図4-31

OA，OB，OB′ は円の半径である．考えやすくするために半径を1としよう．BB′ と EE′ は角度とピタゴラスの定理から求めることができる．正六角形の場合，$\angle$BOB′ は60度，OB と OB′ は半径1なので，三角形 OBB′ は正三角形であることがわかる．よって BB′ は1になる．次に三角形 OEA で考えると，OA は1，$\angle$AOE は30度なので，三角関数より，$\mathrm{EA} = \dfrac{1}{\sqrt{3}}$ だから

$$\mathrm{EE}' = \frac{2}{\sqrt{3}}$$

となる．π は直径を1としたときの円周の長さなので，

$$6\,\mathrm{BB}' < 2\pi < 6\,\mathrm{EE}'$$

である．これを計算すると

$$3 < \pi < 3.4642\cdots\cdots$$

となる．まだ π の値に大きな幅があるので辺の数を増やしていく．古代数学者のアルキメデスはこの方法で正96角形まで考え，

$$3.1408\cdots\cdots < \pi < 3.1428\cdots\cdots$$

となることを求め，π の小数第2位までを確定させた．これが3.14である．

π の近似値を求める方法も，微分積分(びぶんせきぶん)法が生まれるとさまざまな方法が考え出された．また，コンピュータが発明されると近似値の計算が飛躍的に進み，π の近似値を何桁まで計算できたかがコンピュータの計算能力のバロメーターとなっていった．

π は無理数であるのでどこまでいっても書き切れない．子どもの中には，π の近似値を何十桁までも暗記する子がいるが，実用上は 4 桁ぐらいで十分であり，あまり意味がない．地球を完全な球だとして，大円の長さを 3.14 と 3.141 で計算してみると約 10 km の差しか生じない．地球の周の長さは約 40000 km であることから考えると，$\frac{1}{4000}$ であり，ごくわずかな誤差である．子どもには通常よく用いられる π の近似値 3.14 に慣れさせると同時に，π が円の半径と周の長さの関係から出てきたものであることを理解させることのほうが，多くの桁の近似値を暗記することよりも重要である．

ところで，古代ギリシャの三大作図不能問題の中に円積問題がある．これは，半径 1 の円と同じ面積を持つ正方形は作図できないというものである．半径 1 の円と同じ面積を持つ正方形は，1 辺の長さは $\sqrt{\pi}$ である．しかし，π はどんな代数方程式の解にもならない数(**超越数**)であることが知られており，定木とコンパスのみを用いるだけでは作図できない数であることが証明されている．したがって，π が作図できないので，$\sqrt{\pi}$ も作図できないのである．

§4.6　平方根

続いて $\sqrt{2}$ について考える．この $\sqrt{2}$ という数は面積が 2 である正方形の 1 辺の長さを表す数で，図形から求められる数である．

ある教科書では，円周率を求めるときに使ったはさみうちの方法を用いると，$(1.4)^2$ と $(1.5)^2$ を求めると 1.96 と 2.25 になるので，その間に $\sqrt{2}$ があることがわかり，次第に桁を下げていく中で 1.41421356…… と求めている．しかし，その方法はあまりおもしろくなく，電卓がないと大変である．よって，ここでは**ユークリッドの互除法**で求めることを考える．

まず，辺の長さを 1 とする直角二等辺三角形を考えると，その斜辺は $\sqrt{2}$ となる．それを 1 とあまり r に分け，そのあまり r で 1 を測る．実際に図 4-32 の三角形で考えてみると，まず辺 AC と辺 AB を合わせるために点線のところで折り曲げる．そのことによって余った部分を r とおくと $\mathrm{AB} = 1+r$ になり，あまり r で測ると $1 = 2r+s$ となる．次にあまり r を新しいあまり s で測ると 2 回測定できて，また新しいあまりが出るので，それを t とすると，$r = 2s+t$ と

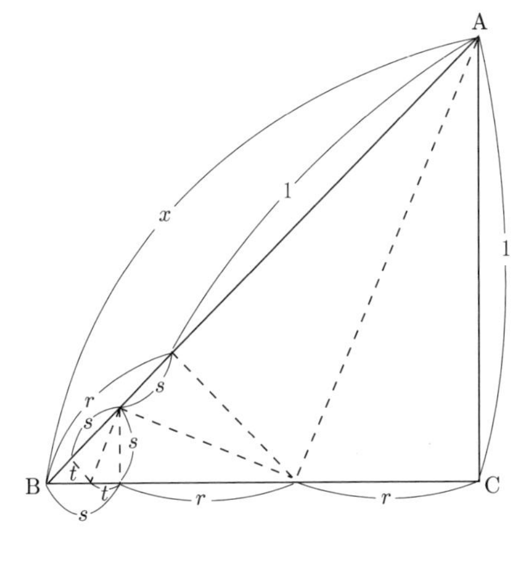

図 4-32

なる．

$$\mathrm{AB} = 1 + r = 1 + \cfrac{1}{\cfrac{1}{r}} \quad \cdots\cdots ①$$

$$1 = 2r + s \quad \cdots\cdots ② \qquad r \text{ で割る} \qquad \frac{1}{r} = 2 + \frac{s}{r} = 2 + \cfrac{1}{\cfrac{r}{s}} \quad \cdots\cdots ②'$$

$$r = 2s + t \quad \cdots\cdots ③ \qquad s \text{ で割る} \qquad \frac{r}{s} = 2 + \frac{t}{s} = 2 + \cfrac{1}{\cfrac{s}{t}} \quad \cdots\cdots ③'$$

②′ ③′ を ① に代入すると，

$$\mathrm{AB} = 1 + \cfrac{1}{\cfrac{1}{r}} = 1 + \cfrac{1}{2 + \cfrac{1}{\cfrac{r}{s}}} = 1 + \cfrac{1}{2 + \cfrac{1}{2 + \cfrac{t}{s}}}$$

この測定はどこまでも続くので，結局次のようになる．

$$\sqrt{2} = 1 + \cfrac{1}{2 + \cfrac{1}{2 + \cfrac{1}{2 + \cfrac{1}{2 + \cdots}}}}$$

① ② ③ ④

つまり，無限に続く分数になる．これを無限**連分数**(れんぶんすう)という．

連分数で考えてもわかりにくいので，点線のところで分けて考えていくことにしよう．そうすると，

①のところまでであとを無視すると，

$$\sqrt{2} \fallingdotseq 1+\frac{1}{2}=\frac{3}{2}=1.5$$

②のところまでであとを無視すると，

$$\sqrt{2} \fallingdotseq 1+\cfrac{1}{2+\cfrac{1}{2}}=\frac{7}{5}=1.4$$

③のところまでであとを無視すると，

$$\sqrt{2} \fallingdotseq 1+\cfrac{1}{2+\cfrac{1}{2+\cfrac{1}{2}}}=\frac{17}{12}=1.416\cdots\cdots$$

④のところまでであとを無視すると，

$$\sqrt{2} \fallingdotseq 1+\cfrac{1}{2+\cfrac{1}{2+\cfrac{1}{2+\cfrac{1}{2}}}}=\frac{41}{29}=1.4137\cdots\cdots$$

このように考えていくと，その規則性から，⑤は $\frac{99}{70}$ となり，これを繰り返し細かく計算していくことで，$\sqrt{2}$ の近似値が 1.41421356…… であることがわかる．また，このことから無理数 $\sqrt{2}$ は有理数の列

$$1,\ \frac{3}{2},\ \frac{7}{5},\ \frac{17}{12},\ \cdots\cdots$$

の極限(きょくげん)として得られることもわかる．一般に，無理数は有理数の極限として得られる数である．

§4.7　ピタゴラスの定理

中学校で習う幾何学の中でも難しいものとして**ピタゴラスの定理**(三平方(さんへいほう)の定理)が挙げられる．実はこれが中学校の図形の学習の中で1つの到達点である．図4-33のように，直角三角形の斜辺を c，他の辺をそれぞれ a, b とすると

$$c^2=a^2+b^2$$

となる．

この定理は非常に有名だが，エジプトでは大昔からこのピタゴラスの定理を使

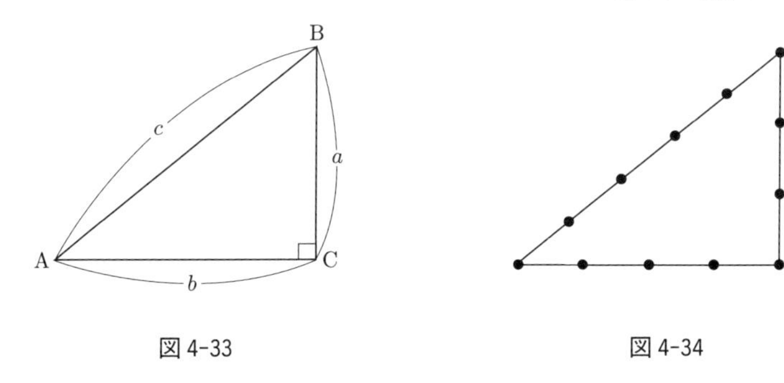

図 4-33　　図 4-34

っていた．といっても，この公式を直接使っていたわけではない．このピタゴラスの定理で直角三角形の各辺の比が 3 : 4 : 5 になる三角形は特別に有名だが，むしろこの定理の逆がよく使われていたのである．図 4-34 のように，大昔の人は紐の同じ間隔のところに結び目を作り，3 : 4 : 5 の比になるところで紐をピンと張って三角形をつくり，それでできる直角をピラミッド製作や，土地の区画整理に使っていたようだ．それを専門にする「縄張り師」という職業が存在していたことからも，エジプトではいかに幾何学が発達していたかがうかがえる．

エジプトでは毎年ナイル川の洪水があり，そのたびに土地の測量をしなければならなかった．このことが測量技術を発展させた．すでに述べたことだが，幾何学の英語である geometry の語源が，geo（土地の）metry（測量）であることからも，幾何学の原点がこのエジプトにあったといえよう．

例えば野球のホームベースをつくるときに，三角定規の直角では定規が小さすぎて正確な直角がつくれない．このときには 3 : 4 : 5 の比になるように紐を張ることで簡単に直角がつくれるのである．実際には，これと同じ比を使った 6 m，8 m，10 m の紐を使ったほうが操作しやすい．

また，インド人は 3 : 4 : 5 以外にも整数値だけの直角三角形を知っていた．誰がどこでこのような比を発見したのかはわからないが，古代の人は経験をもとにしてそれらの三角形を見つけたのであろう．

$a^2+b^2=c^2$ を満たす自然数 a, b, c は**ピタゴラス数**とよばれている．m, n を $m>n$ で，1 以外の約数を持たない自然数としたとき，

$$a=m^2-n^2, \qquad b=2mn, \qquad c=m^2+n^2$$

はピタゴラス数になることがギリシャ時代から知られていた．自然数以外の数でもこの定理が使えるようにしたのが，紀元前 5 世紀頃の数学者ピタゴラスであった．

ピタゴラスは図 4-35 のような建物の床の模様を見て，この定理が成立することのひらめきを得たといわれている．実際にこの床の模様の面積を考えてみれば，この定理が成立していることがよくわかる．

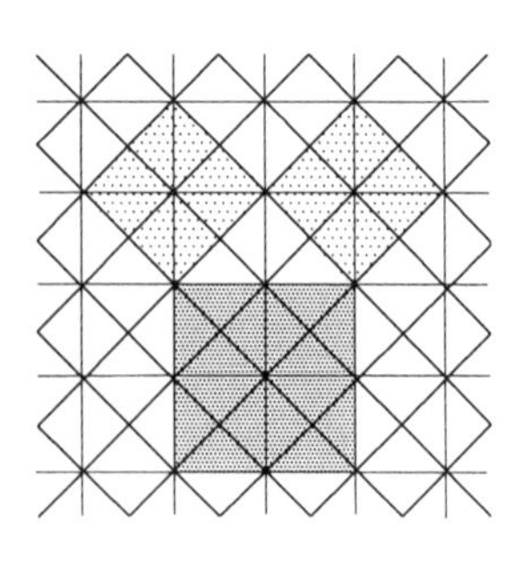

図 4-35

ところで，このピタゴラスの定理の証明方法は何通りもある．ほとんどの中学校の教科書でも何通りかの証明が載っている．

まず 1 辺の長さが $a+b$ である正方形をつくり，図 4-36 のように区切ると，1 辺の長さが a の正方形と b の正方形がそれぞれ 1 つずつ，斜辺以外の辺が a と b の長さの直角三角形が 4 つできる．一方，図 4-37 のような配置を考えると，斜辺 c を 1 辺の長さとする正方形が 1 つできる．図 4-36 と図 4-37 はもともと同じ大きさの正方形なので，4 つの直角三角形を引けばピタゴラスの定理が導かれる．

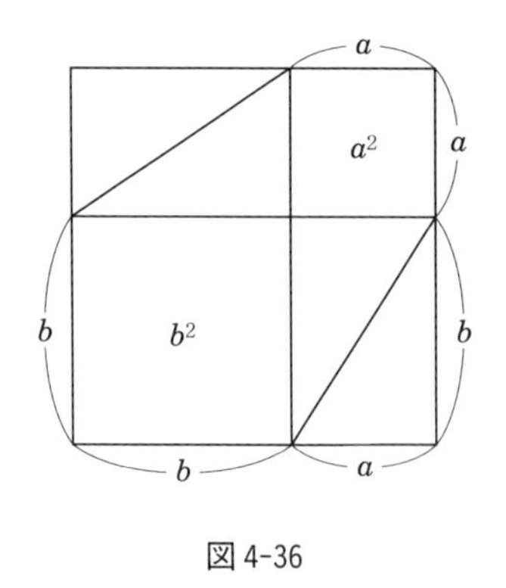

図 4-36

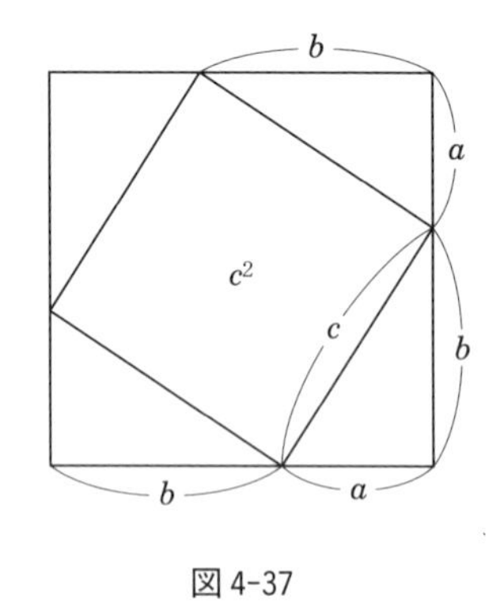

図 4-37

これ以外にも，例えば図 4-38 のように分割して並び替えるという方法は，お祭りの夜店で売っているパズルのようになっているので，子どもの興味関心を高めるものとしておもしろい．

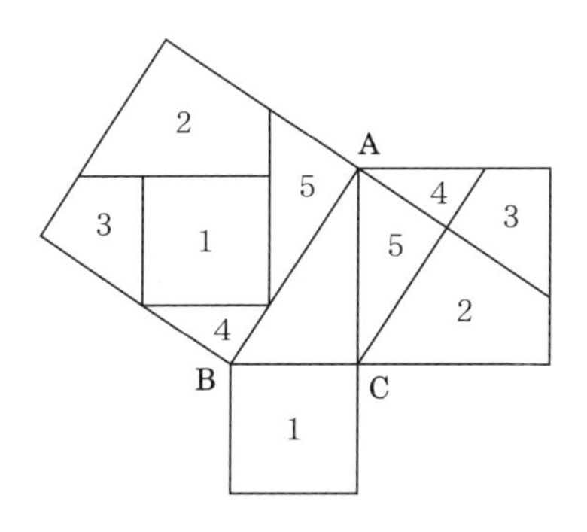

図 4-38 （大矢真一著『ピタゴラスの定理』(東海大学出版会) より）

もう 1 つ別の証明法を考えてみよう．これはユークリッドの『原論』にあるものである．

図 4-39 のように，三角形 ABC のそれぞれの辺を 1 辺とする正方形 ABJK, BCDE, ACFG をつくる．また点 C から辺 AB に垂線を下ろし，辺 AB，辺 KJ との交点を H，I とする．

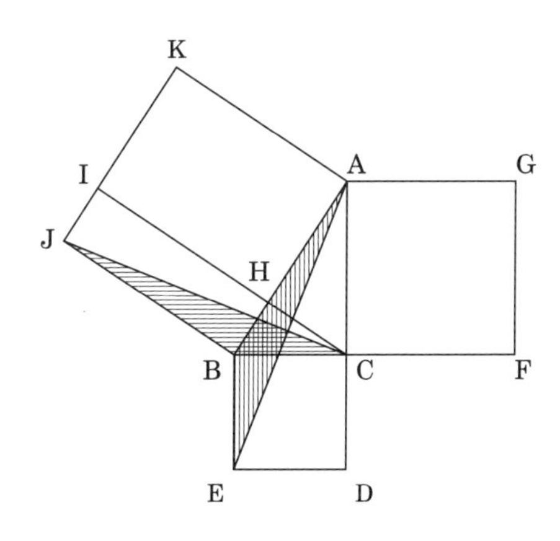

図 4-39

$\triangle BCE = \triangle EBA$　　（= は面積の相等．以下同様）

$\triangle EBA \equiv \triangle CBJ$　　（$\because$ $BE = BC$, $AB = JB$, $\angle EBA = \angle CBJ$）

$$\triangle \mathrm{BCE} = \frac{1}{2}\text{正方形 BCDE}$$

$$\triangle \mathrm{CBJ} = \triangle \mathrm{JBH}$$

$$\triangle \mathrm{JBH} = \frac{1}{2}\text{長方形 IHBJ}$$

よって

$$\text{正方形 BCDE} = \text{長方形 IHBJ}$$

同様にして，

$$\text{正方形 ACFG} = \text{長方形 AHIK}$$

この 2 つの式を合わせると

$$\text{正方形 BCDE} + \text{正方形 ACFG} = \text{正方形 ABJK}$$

この式よりピタゴラスの定理が得られる．

この定理は，簡潔で意味もわかりやすく，美しいので，多くの人が挑戦することになり，現在では 100 以上の証明方法を生む結果となった．

もっとも，次のようなトートロジーには注意する必要がある．これは実際に大学生の解答であるが，直角三角形の斜辺を c，残りの辺をそれぞれ a, b とする．三角関数の相互関係

$$\sin^2 \mathrm{A} + \cos^2 \mathrm{A} = 1$$

より

$$\left(\frac{a}{c}\right)^2 + \left(\frac{b}{c}\right)^2 = 1,$$

よって $c^2 = a^2 + b^2$ である．

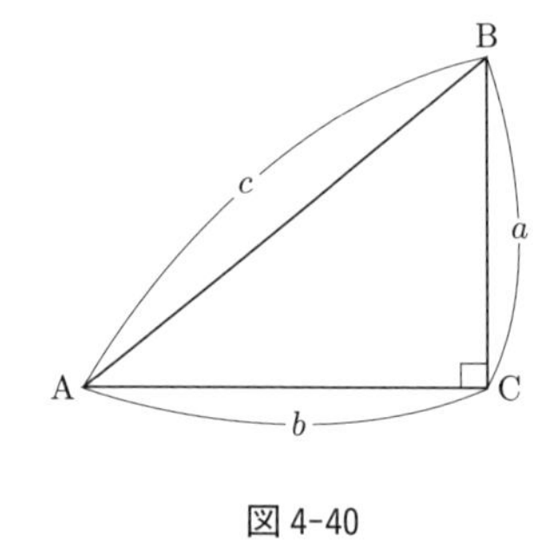

図 4-40

この解答はどこか変である．なぜならば，三角関数の相互関係 $\sin^2 \mathrm{A} + \cos^2 \mathrm{A} = 1$ は，ピタゴラスの定理が成立することから導かれるからである．実際，

$$\sin \mathrm{A} = \frac{a}{c}, \quad \cos \mathrm{A} = \frac{b}{c} \quad \text{より}$$

$$\sin^2 \mathrm{A} + \cos^2 \mathrm{A} = \left(\frac{a}{c}\right)^2 + \left(\frac{b}{c}\right)^2 = \frac{a^2 + b^2}{c^2}$$

ピタゴラスの定理により $a^2 + b^2 = c^2$ なので

$$\sin^2 \mathrm{A} + \cos^2 \mathrm{A} = 1$$

が導かれる．

§4.8　立体

いままでは縦と横の広がりからなる2次元の世界(平面)について考えてきた．ここでは，その2つの広がりに高さを加えた3次元の世界について考えていく．いま私たちが生活しているのはこの3次元空間である．要するに，あるところを基点として(この点を原点という)，縦と横と高さの3つの成分(x, y, z)がわかれば，あらゆるものの位置を表すことができるのである．立方体は正方形を，直方体は長方形を，球は円をそれぞれ3次元に拡張させたものである．

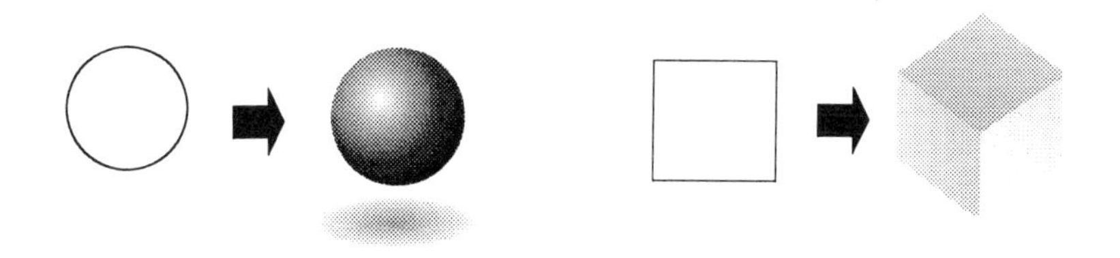

図 4-41

実際，正方形を集合を使って書けば，

$$\{(x, y) \mid 0 \leqq x \leqq 1,\ 0 \leqq y \leqq 1\}$$

であり，立方体は

$$\{(x, y, z) \mid 0 \leqq x \leqq 1,\ 0 \leqq y \leqq 1,\ 0 \leqq z \leqq 1\}$$

である．円は，

$$\{(x, y) \mid x^2 + y^2 = 1\}$$

であり，球は

$$\{(x, y, z) \mid x^2 + y^2 + z^2 = 1\}$$

である．

ここでは正多面体について考えてみる．正多面体とは，面がすべて合同な多角形で，各頂点に集まる面の数がどこでも同じである凸(とつ)な立体をいう．正多面体は図4-42のように正四面体，正六面体(立方体)，正八面体，正十二面体，正二十面体の5つしか存在しない．正多角形の場合は，任意のn $(n \geqq 3)$について正n多角形が存在するので無数にあるが，正多面体はこの5種類に限るのである．

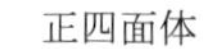

正六面体　正八面体　正十二面体　正二十面体

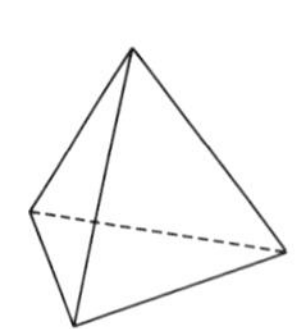
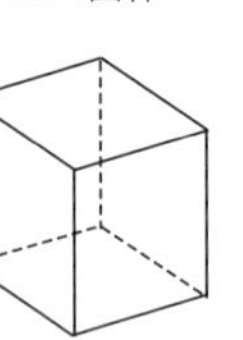
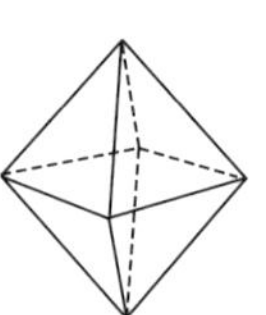
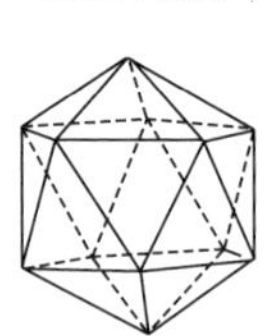

図 4-42

なぜ，この5つしか存在しないのだろうか．

正 n 角形の1つの内角は

$$\frac{n-2}{n}\cdot 180^\circ$$

と表せる．1つの頂点に m 個の正多角形が集まっているとしよう．しかし，m 個の正多角形を1つの頂点に集めた角の合計が360度になると平面になってしまうので，360度より小さくなければならないことがわかる．それを式に表すと，

$$m\cdot\frac{n-2}{n}\cdot 180^\circ < 360^\circ$$

$$(m-2)(n-2) < 4$$

この不等式を満たすのは

$$1\times 1 = 1$$

$$1\times 2 = 2, \qquad 2\times 1 = 2$$

$$1\times 3 = 3, \qquad 3\times 1 = 3$$

の5つの場合に限られる．これを自然数 (m, n) の組で考え，実際にこれに対応する5つの正多面体をつくることができる．

正 n 角形	1つの頂点に集まる個数 m	正多面体
正三角形	3個	正四面体
正方形	3個	正六面体
正三角形	4個	正八面体
正五角形	3個	正十二面体
正三角形	5個	正二十面体

以上のことより，正多面体は5つしか存在しないことがわかるのである．

コラム

オイラー標数

正多面体が5つしかないということは，オイラー標数という図形の組み合わせ的な量を用いても考えることができる．例えば，図4-43のような三角形を考えると，その面は1個，辺は3本，点は3個なので((点)＝点の個数，(辺)＝辺の個数，(面)＝面の個数)，

$$(点)-(辺)+(面)=3-3+1=1$$

となる．この数((点)－(辺)＋(面))をこの三角形の**オイラー標数**という．さらに三角形の外側の領域を1つの面と考えて，面の数を1つ付け加えると，

$$(点)-(辺)+(面)=3-3+2=2$$

となる．これは平面上に描かれた線系(線でできている図形＝模様，平面グラフともいう)なので，この数をこの線系のオイラー標数という．もちろん，図4-44のように三角形の辺が曲がっていてもこの数は同じである．

図4-43　図4-44

次に，図4-45のように，四角形を考えてみよう．面は1個，辺は4本，点は4個なので，

$$(点)-(辺)+(面)=4-4+1=1$$

となる．この場合も，外側を1つの面と考えれば2になる．

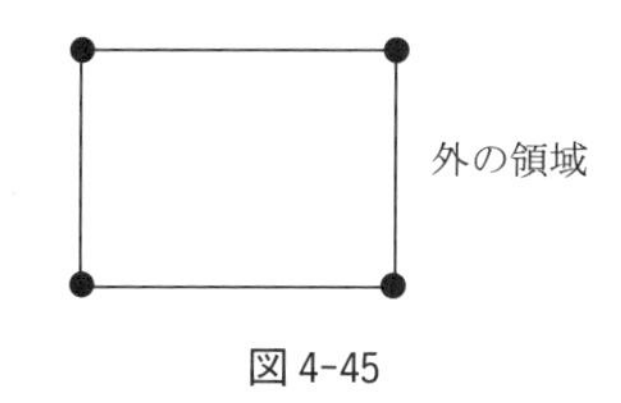

図4-45

これらの例からわかるように，平面上でひとつながりになっている線で描かれた線系を考えると，

(点)−(辺)+(面) = (オイラー標数)

は変わらない，というのがオイラーの定理である．つまり，外側の領域を除けばオイラー数は1であり，外側の領域を入れれば2なのである．

次に立方体を考えてみよう．

立方体には，点が8個，辺が12個，面が6個ある．したがって，

(点)−(辺)+(面) = 8−12+6 = 2

となる．つまり，この立方体のオイラー標数は2である．これは，平面上の線系のオイラー標数と同じであるが，それは次のような理由による．図4-46のように立方体の1つの面を取り外して，残りがゴムでできているとして，平面に押し広げてしまうと下図のような線系ができる．このとき，立方体と押し広げた線系では，点の数と辺の数と面の数(1枚外している)には変わりがないということが重要である．

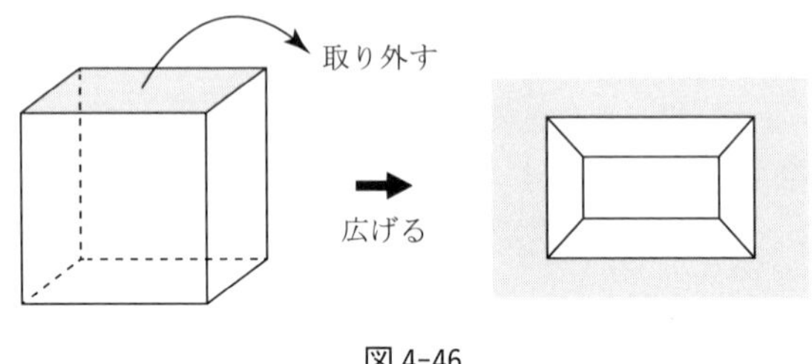

図4-46

そこで，この線系の外の領域を考えないオイラー標数は1である．しかし，立方体から外した1つの面が線系の外側の領域と対応していると考えれば，それはちょうど立方体のオイラー標数と同じく2になるということである．

ところで，閉じた立体(簡単にするために凸なものだけを考えておく)を考えると，上に述べたように，1つの面を外して平面上に広げると線系ができるので，その立体のオイラー標数は常に2ということになる．

そこで，正多面体がいくつあるかということは，次のようにしてわかる．

正多面体は次のような性質をもっている立体であった．

(1) すべての面が同じ正多角形からできている．

また，1つの頂点には同じ枚数の正多角形が集まっているはずなので，

(2) 1つの頂点での辺の個数は同じである．

いま，正多面体の頂点の個数を v，辺の個数を e，面の個数を f とする．オイラーの定理より，そのオイラー標数は2であるので，

$$v-e+f = 2$$

そこで，この正多面体の面を正 n 角形とし，1つの頂点に集まっている辺の個数を m とする．

いま，辺に着目して考えてみる．

1つの面には n 個の辺があるが，面の個数は f なので，辺の総数は $n \cdot f$ である．

しかし，これは同じ辺が2度数えられているので，辺の数 e は $\frac{n \cdot f}{2}$ である．

$$\frac{n \cdot f}{2} = e, \qquad f = \frac{2e}{n}$$

一方，頂点の個数は v で，そこには m 個の辺があるので，辺の総数は $v \cdot m$ である．しかし，辺は頂点と頂点を結んでいるので，同じ辺が2度数えられるので，辺の数は

$$e = \frac{v \cdot m}{2}$$

である．

$$\frac{v \cdot m}{2} = e, \qquad v = \frac{2e}{m}$$

これらを $v-e+f=2$ に代入すると，

$$\frac{2e}{m} - e + \frac{2e}{n} = 2, \qquad \frac{2}{m} - 1 + \frac{2}{n} = \frac{2}{e}$$

$\frac{2}{e} > 0$ なので，$2n - mn + 2m > 0$ より

$$(n-2)(m-2) < 4$$

この式は，先ほど別の方法で求めたのと同じになる．

よって，同様にして考えれば，正多面体は5つしかないことがわかる．

コラムで説明した「オイラー標数」のことも含めて，これまでのことを表4-47にまとめておこう．先ほどと違うのは，こちらのほうが面の個数などのよう

	多角形の形	面の個数	辺の個数	頂点の個数	オイラー数
正四面体	3	4	6	4	2
正六面体	4	6	12	8	2
正八面体	3	8	12	6	2
正十二面体	5	12	30	20	2
正二十面体	3	20	30	12	2

表4-47

な詳しい情報まで得られることである．

ここでなじみ深いサッカーボールについて考えてみよう．サッカーボールも球の形になっているが，実は正多面体を加工したものである．サッカーボールは正二十面体の各辺を 1/3 のところで角を切り落とした立体に空気を入れてふくらませたものである．切り落とした切り口の部分は正五角形になり，全体では三十二面体になっている．この図形を**切頭二十面体**(せっとう)(truncated icosahedron)とよぶ．この**見取り図**(みとりず)(見たままの状態を表した図)と**展開図**(てんかいず)(立体を切り開き平面に表した図)は次の図 4-48 ようになる．

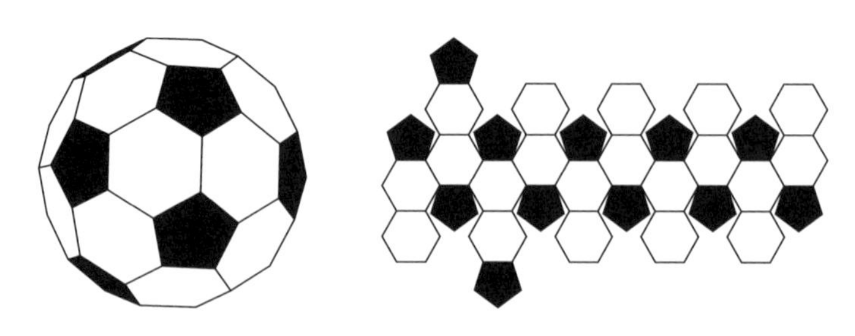

図 4-48

展開図の指導のとき，子どもが難しいと感じる原因の 1 つに，実物に触れたり自分でつくってみたりせずに，図だけを見て考えようとすることが挙げられる．やはり理解するためには，実物の模型(もけい)と対応させながら行うのが有効である．また，その模型もばらして展開図にできるものを使うと効果的である．

§4.9　合同と相似

合同(ごうどう)や**相似**(そうじ)は，中学に入って挫折する人が多い分野である．これらの考え方を見てみよう．

合同な三角形の条件は 3 つある．三角形は 3 つの角と 3 つの辺の計 6 つの要素で成り立っているが，合同条件とは，この中の 3 つの要素が決定すれば，6 つの要素がただ 1 つに決定し，三角形が 1 つに決定するということである．つまり三角形の合同条件とは三角形の決定条件でもある．6 つの要素がある中で，なぜ 3 つの要素が与えられるだけで三角形がただ 1 つに定まるのかを見ていくことにする．

まず，三角形がつくれるものとして，2 つの要素だけで三角形は決まるのかどうかを考えてみる．

①　2 辺のみが与えられたとき．

これは明らかに 1 つに定まらないことがわかる．図 4-49 のように，間の角の大きさで幾通りも三角形ができてしまうためである．

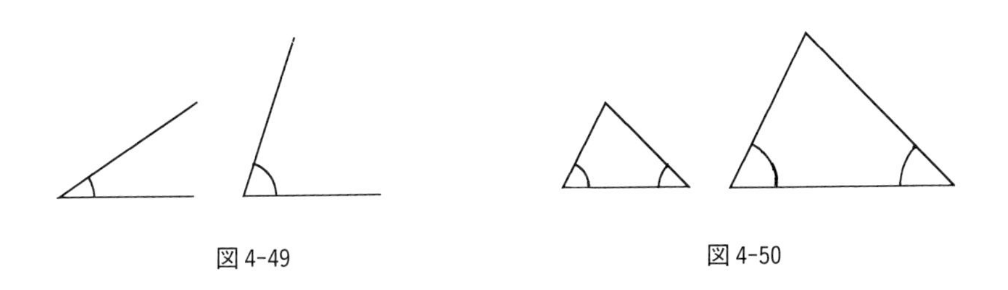

図 4-49　　図 4-50

②　2 つの角のみが与えられたとき．

これは 1 つに定まるような感じがするが，そうはならない．図 4-50 のように，後で説明する相似形(形は似ているが大きさが違うもの)の三角形が出現してしまうためである．

このように考えていくと，2 つの要素だけでは三角形は 1 つに定まらないことがわかる．

次に，3 つの要素で定まるかどうかを見ていくことにする．

③　2 辺とその間の角が与えられたとき．

2 辺の長さとその間の角がわかっていれば，1 辺を水平としたとき，他方の辺との傾きが図 4-51 のように一通りに決まるので，2 つの辺の終点をそれぞれ結べば，三角形はただ 1 つに決まることになる．

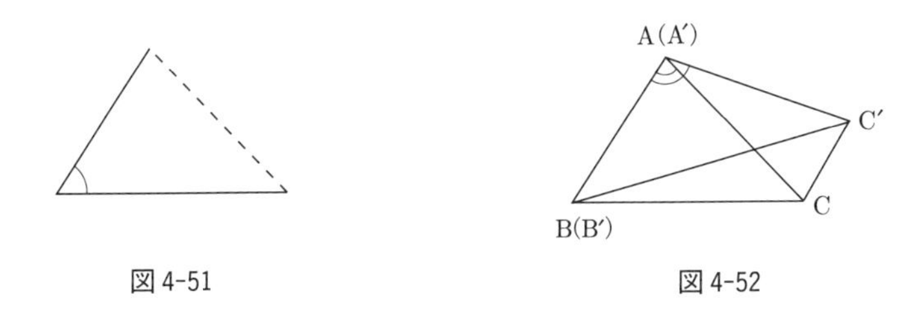

図 4-51　　図 4-52

④　3 辺が与えられたとき．

次の条件を持つ $\triangle ABC$ と別の $\triangle A'B'C'$ があったとする．(図 4-52)

$$AB = A'B'$$

$$BC = B'C'$$
$$AC = A'C'$$

そこで頂点 A と頂点 A′ を合わせ，辺 AB と辺 A′B′ を重ねる．もし，$\angle A < \angle A'$ であったとすれば，$BC = B'C'$ なので，三角形 BCC′ は二等辺三角形となり，

$$\angle BCC' = \angle BC'C$$

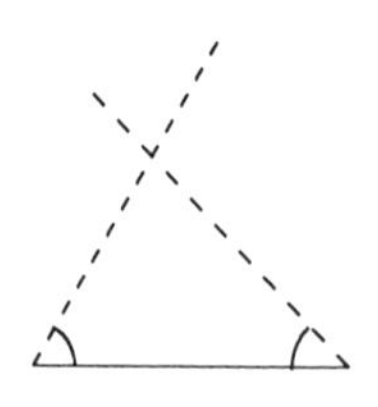

図 4-53

また，$AC = A'C'$ なので三角形 ACC′ は二等辺三角形となり，

$$\angle ACC' = \angle AC'C$$

ところが，明らかに

$$\angle BC'C < \angle AC'C$$
$$\angle BCC' > \angle ACC'$$

となり，矛盾する．よって $\angle A = \angle A'$ となる．

こうして $\triangle ABC$ と $\triangle A'B'C'$ は重なる(同じ)ことによりただ 1 つに決まる．

⑤ 1 辺とその両端（りょうたん）の角が与えられたとき．

1 つの辺とその両端の角が決まっていたとする．その 1 辺を水平（すいへい）な位置に置いて，その両端の角が定まっているということは，その点での水平な辺との傾きが一通りに決まっているということになる．その 2 つの角を加えても 180 度よりは小さい(三角形の内角の和は 180 度より)ので，その傾きは平行にならない．よってどこかで必ず交わる．こうしてただ 1 つの三角形が定まる．

⑥ 3 つの角が与えられたとき．

3 つの辺の長さが等しければ，三角形はただ 1 つに定まるのなら，これもそうなりそうである．しかし，これは ② の場合と同じになる．それは三角形の内角の和は 180 度と決まっているので，2 つの角がわかれば，当然残りの角の大きさも求まる．よって ⑥ は ② の言い換えになるので，これも三角形

が1つに定まるといえない.

以上のように考えていくと，3つの要素が決まれば，三角形は1つに定まるが，どの3つの要素を持ってきても成り立つわけではない．結局③④⑤の要素を選んだとき，三角形は1つに定まることがわかる．この三角形の決定条件を，2つの三角形があった場合の**合同**(同じ形であるか)の証明材料として使う．また，そのときできるだけその条件は少ないほうが合理的である．よって，この3つの要素で成り立つものを合同条件として考えることにしているのである．

三角形の合同条件(次のうちどれか1つが成立すれば三角形は合同である)

(1)　3組の辺がそれぞれ等しいとき．

(2)　2組の辺とその間の角がそれぞれ等しいとき．

(3)　1組の辺とその両端の角がそれぞれ等しいとき．

四角形で考えてみた場合，4つの辺の長さが決まっても四角形は1つには定まらない．4つの辺だけでは，さまざまな傾きの平行四辺形になってしまう．

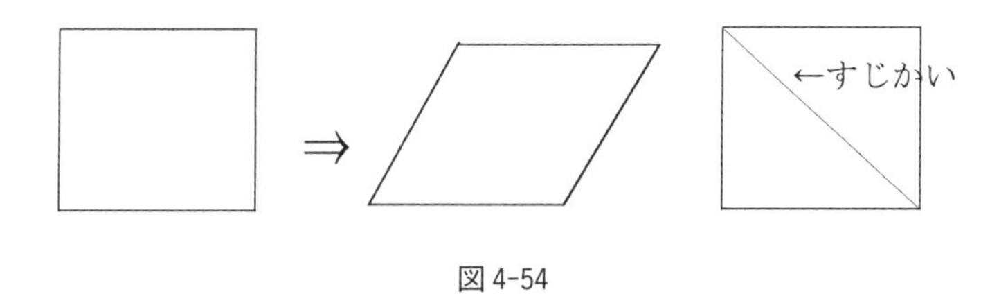

図4-54

しかし，1つの対角線の長さを決めて要素として加えることにすると，四角形もただ1つに決まる．図4-54のように建物に横の力を加えると平行四辺形に変形して壊れてしまう．そのため建物の柱と柱の間に「すじかい」を入れて補強している．すじかいを入れることで四角形は2つの三角形に分割される．三角形は3つの辺の長さが決まれば，ただ1つに決まるので，変形せず壊れないのである．また土地の登記簿では，どんな形の土地であってもそれを三角形に分割し，辺の長さを記してある．このように三角形の3つの辺の長さが決定すれば三角形がただ1つに決まることを利用しているものは，日常生活では多い．三角形が図形の基本と考えられる理由もここにある．

次に**相似**の考え方であるが，図4-55のように，1つの図形を拡大，縮小をしたときに現れる形を相似形とよぶ.

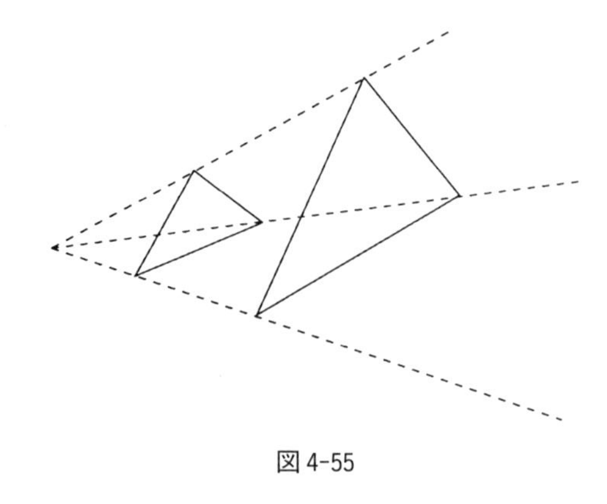

図 4-55

さらに，この相似な図形を分析すると次のことがわかる.

① 対応する辺の長さの比がすべて等しい.

② 対応する角の大きさがそれぞれ等しい.

この分析結果をもとにして，合同のときと同じように相似条件を考えると以下のようになる.

三角形の相似条件(次のうちどれか 1 つが成立すれば三角形は相似である)

(1) 3 組の辺の比がすべて等しいとき.

(2) 2 組の辺の比とその間の角がそれぞれ等しいとき.

(3) 2 組の角がそれぞれ等しいとき.

ただし，多角形の相似条件は三角形のものとは異なり，このように簡単にはならないので，注意が必要である. 2 つの n 角形が相似であるというのは，頂点の間に適当な対応づけがなされていて，対応する角がそれぞれ等しく，対応する辺の比がすべて一定であるとき，初めて相似であるという.

では，これら合同や相似の考え方はどのようなところから生まれてきたのだろう. 木の高さを測る場合，実際に木の上から巻き尺(まきじゃく)を下ろして測ることは困難である. また，2 点間の距離を測ろうとしても，海の上や途中に障害物が存在する場合には簡単にはできない. そのときに活躍するのが合同や相似の考え方である. すべての角や長さがわからなくても，三角形を決定する 3 つの要素がわかれば相似や合同を考えることができるからである．

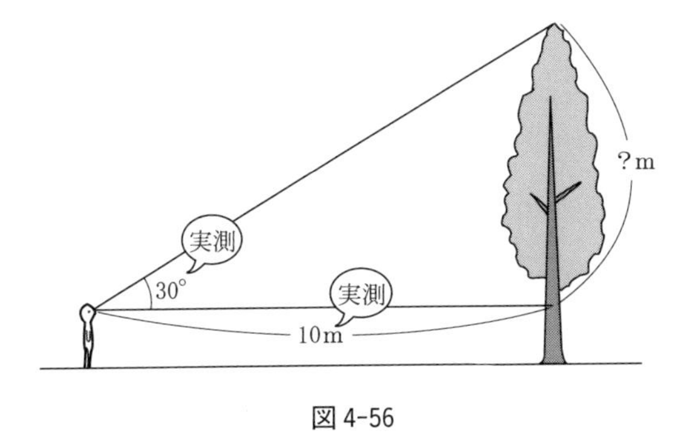

図 4-56

つまり，先に述べた3つの要素がわかれば，次のようにして，わからない辺の長さを知ることができる．例えば図4-56のような木の高さを考える場合，木までの距離と木の先端を見上げたときに地面となす角はわかるので，その縮図（しゅくず）を紙に描いて実際に定規で測り，図形の相似を利用して計算すれば，図4-57のように木の高さを簡単に求めることができる．

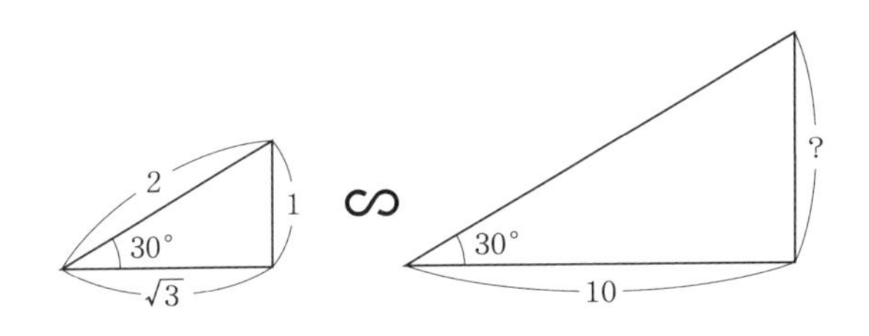

図 4-57　（∽ は相似という記号）

$$\sqrt{3} : 10 = 1 : ?$$

$$? = \frac{10}{\sqrt{3}}\,\mathrm{m}$$

昔の人がどのようにすれば簡単に計測できるか悩んだ結果，合同や相似の考え方が発達したといっても過言ではない．

ところで，任意（にんい）の3つの数 a, b, c を考えたとき，これらを辺の長さに持つ三角形は常に存在するとは限らない．三角形を扱うときに重要なのは，「1辺の長さは2辺の長さの和より短い」ということである．あたりまえのような気もするが，数と図形との関係を学んでいくときには重要になってくる事柄である．つま

り，3 辺 a, b, c の間には

$$b \sim c < a < b + c$$

（$b \sim c$ は大きいほうから小さいほうを引くという意味）

という条件が成立していなければならないということである．

演習問題 4

① 校庭に大きな三角形を描き，それぞれの内角を分度器で測り，内角の和を求めたところ 180 度にならなかった．どのようなことが原因として考えられるか述べなさい．

② 図 4-19 で示した凹（おう）型四角形について，適当なものをつくり，実際に敷き詰めてみなさい．

③ 多角形の外角の和はなぜ 360 度になるか，説明しなさい．

④ 本書で挙げた以外で，ピタゴラスの定理の証明法を調べてみなさい．

●第５章

図形と量について

§5.1　長方形の面積

この章では主に面積（めんせき）と体積（たいせき）について扱っていく．

面積（めんせき）とは何であろうか．

面積とは面の大きさ，つまり「広さ」のことである．第３章でも少し触れたが，「広さ」という量を調べるとき，ある普遍単位を定めて数値化することで，誰でもその広さがわかるようにする．長方形の面積は

(縦の長さ)×(横の長さ)

というおなじみの公式で求められるが，なぜそれで長方形の面積がわかるのだろう．また，長さと長さを掛けるということがそもそもできるのだろうか．

日本では，土地や建物の面積を表すのに「坪（つぼ）」という単位がある．これは１辺を６尺とする正方形の広さである．私たちが使っている面積の公式を使えば

6尺×6尺 ＝ 36尺^2

としたいところだが，これが１坪である．かけ算を用いずに

(6尺，6尺) ＝ 1坪

という表し方もある．このような表し方は日本だけでなく，メソポタミアでも同じようなことが見られた．これは２つの長さを掛けるのではなく，２つの長さを横に並べることで面積を表したのである．昔から長方形の面積を表すのは

(縦の長さ)×(横の長さ)

と決まっていたわけではないのだ．

では，どのようにして長方形の面積の単位が生まれたのか．実はメートル法を導入したときに，面積の普遍単位を１平方メートルにしたところにある．これは

1 辺が 1 m 四方の正方形の面積を「1 m^2」と決めたものである(小学校では 1 m^2 は大きくて扱いにくいので 1 cm^2 のほうを使うことが多い). こうすることで, この 1 m^2 がいくつあるかで面積を表せばよいことになる.

例えば縦が 2 m, 横が 3 m の土地について考える. 1 m^2 がいくつあるかを示すには, 実際に 1 m 四方のマスで分割し, そのマスを数えればよい.

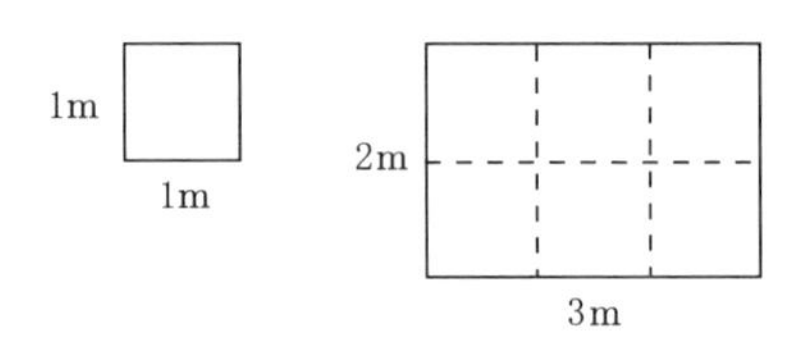

図 5-1

縦に 1 m^2 のマスが 2 つあり, 横に 1 m^2 のマスが 3 つあるときの全体のマスの数が面積になるので, かけ算でマスの個数を数えることになる.

(縦の個数)×(横の個数) = 2×3 = 6 個

ということから, 1 m^2 が 6 個分の面積であることがわかる. よって

$1\,m^2 \times 6 = 6\,m^2$

になる. 個数について考えれば, 1 m^2 が何個あるか, つまりその個数は単位の長さ(1 m)をもとにした正方形の個数で置き換えることで, 面積は

(縦の長さ)×(横の長さ) = 2 m×3 m = 6 m^2

としているわけである.

このように, 考え方に大きな飛躍がある. 面積の表し方は本来, 普遍単位の個数を数えるということであるが, それを省いて公式だけ暗記させると, 長さと長さを掛けるという計算技術だけになり, 面積がなぜこのような公式から求められるかわからないままになる. その点は注意しなければならない. 面積(広さ)は, ある広がりのある形から, 基準の量(1 m^2)をもとにして, 広さを数値化しているという観点が大切なのである.

では, 縦の長さ, 横の長さが自然数でない場合はどうなるのだろうか, 有理数(分数)の場合について考えてみる.

$2\times\frac{1}{3}$ について考えてみよう. これも図を描けば簡単に理解できる.

図 5-2 の色が塗ってある部分がそれにあたる. 横の長さを 3 倍すれば自然数に

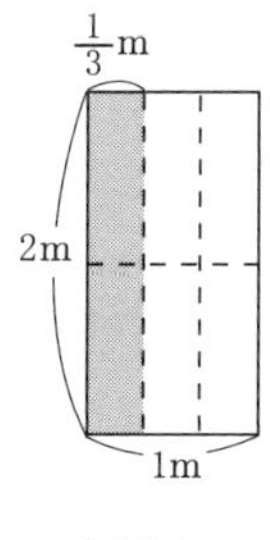

図5-2

なる．その場合の面積は，

$$(\text{縦の長さ})\times(\text{横の長さ}) = 2\,\text{m}\times 1\,\text{m} = 2\,\text{m}^2$$

である．ところが求める面積は全体の $\frac{1}{3}$ なので，

$$\frac{1}{3}\times 2\,\text{m}^2 = \frac{2}{3}\,\text{m}^2$$

となる．このことは $2\times\frac{1}{3}$ として求めても同じことなので，

$$(\text{縦の長さ})\times(\text{横の長さ})$$

をそのまま分数に拡張できるというわけである．

この公式は無理数にも拡張できる．無理数は正確な値は出てこないが，第4章で述べたように，無理数は有理数の極限の値として考えることができるので，そのことを利用すれば，有理数で成り立つことがわかっていることから無理数でも成り立つことがいえる．このようにして，面積の公式は「(縦の長さ)×(横の長さ)」ということがいえたのである．

縦の長さが無理数 p で，横の長さがやはり無理数 q であるとしよう．無理数ということは，ある分数の数列 a_n と b_n があって，$\lim a_n = p$ と $\lim b_n = q$ となっているということである．縦 a_n，横 b_n は分数なので，その長方形の面積は $a_n\times b_n$ である．この長方形は，n を大きくしていけば，縦の長さが無理数 p で横の長さが無理数 q である長方形にだんだん近づいていく．それを式で表せば，次のようになる．

$$\lim a_n\times b_n = \lim a_n\times\lim b_n = p\times q$$

こうして，やはりその面積は「(縦の長さ)×(横の長さ)」ということになる．

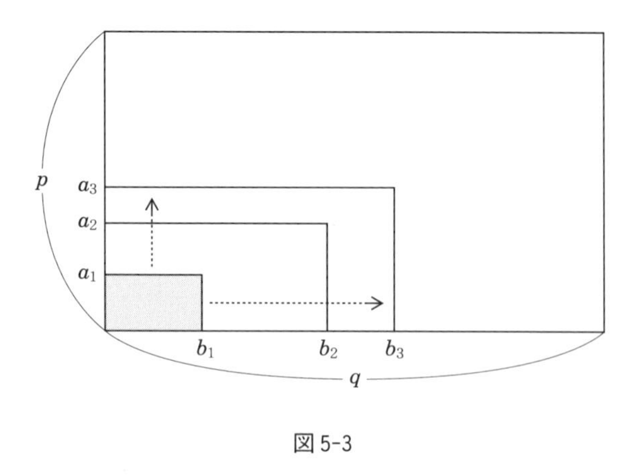

図 5-3

§5.2　多角形の面積

長方形の面積の求め方を使えば，三角形やその他の四角形，また，いろいろな多角形の面積も求めることができるようになる．そのために，多角形を長方形へ変形するという考え方が重要になってくる．例えば三角形で考えれば，図 5-4 のように三角形 ABC に外接する長方形 ABPQ をつくれば，同じ直角三角形が 2 個ずつ出現し，長方形の面積の半分であるので，

(三角形の面積) = (底辺) × (高さ) ÷ 2

となることがわかる．

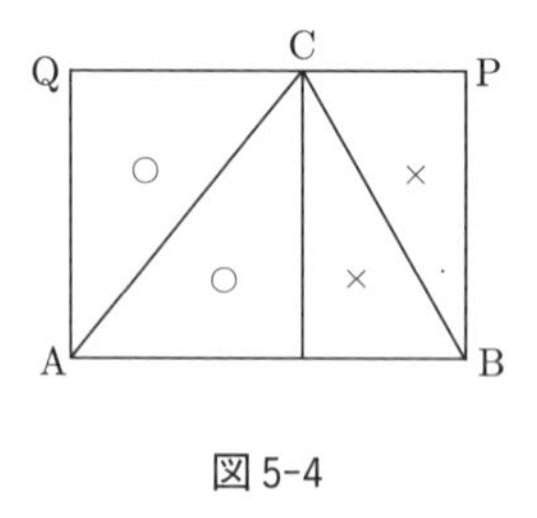

図 5-4

他の方法として，高さが半分のところで底辺に平行な線によって分割し，切った三角形のほうで上の頂点からの垂線で分割し，2 つの直角三角形に分ける．それを図 5-5 のように右端と左端にはめれば全体が長方形になる．高さはもともとの半分の長さになる．

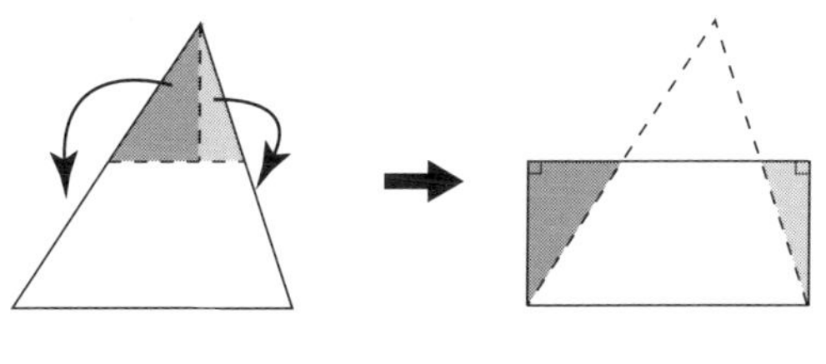

図 5-5

また，別の考え方で，三角形の内角の和を求めるときに使ったのと同じ方法も

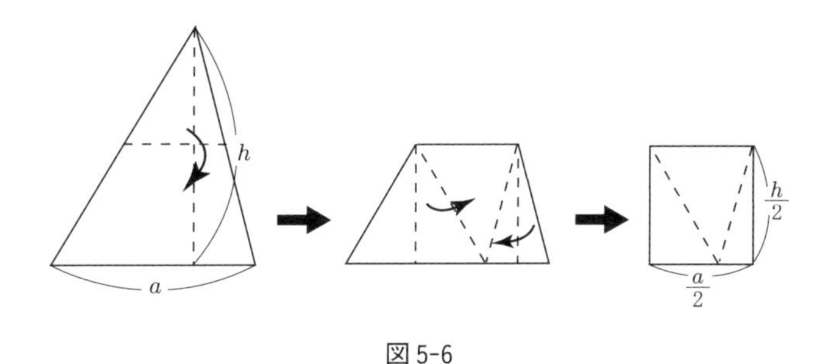

図 5-6

ある．図 5-6 のように折り返すことで，高さと底辺はもとの長さの半分になった長方形となり，その長方形が 2 つあることがいえる．よって式は

$$2\times\left(\frac{h}{2}\times\frac{a}{2}\right)=\frac{ah}{2}$$

となり，先ほどと同じ結果が得られる．

平行四辺形は考え方がもっと楽になる．図 5-7 のように頂点 A から辺 BC に垂線を下ろし，その線で直角三角形を切り落とす．それを逆のほうに持っていくと長方形になる．よって

(平行四辺形の面積) = (底辺)×(高さ)

となる．

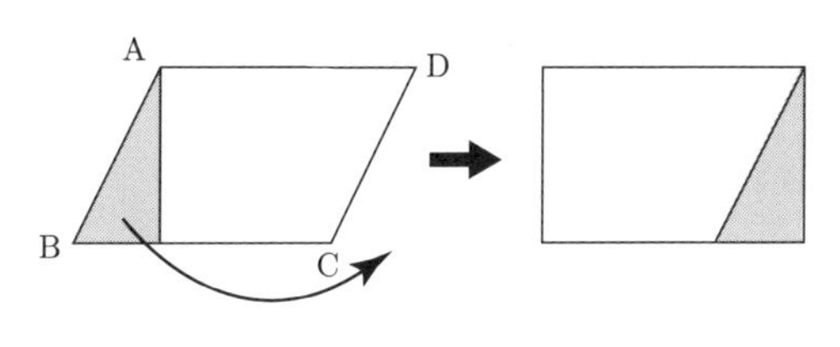

図 5-7

これと似た形で，台形に切り取り，長方形に変形しても求めることができる．

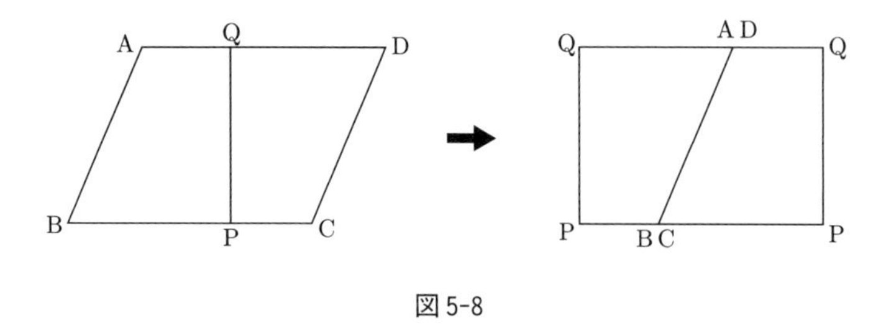

図 5-8

対角線を引くことで，平行四辺形は合同な 2 つの三角形に分割することができ，三角形の公式を使って求めることができる．

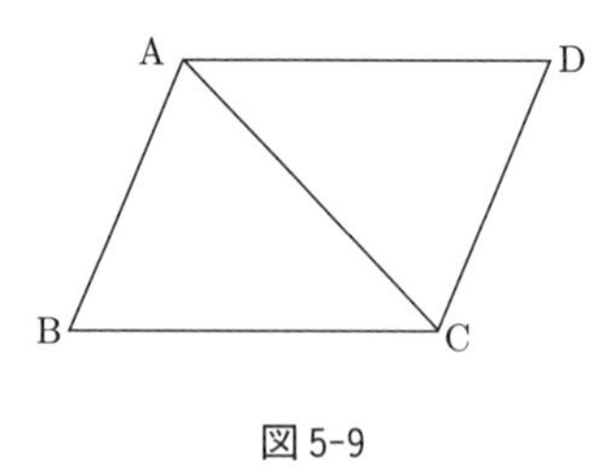

図 5-9

すべての多角形の面積は，対角線を引くことで，上と同じように三角形に分割することができ，面積を求めることができる．

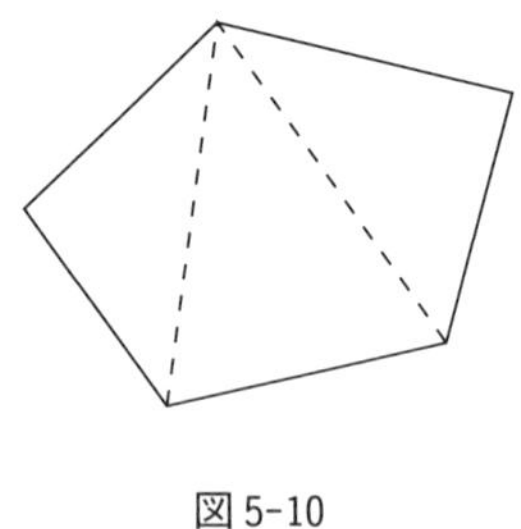

図 5-10

このことから，三角形の面積が求められればすべての多角形の面積がわかる．

この考え方を使えば，一時小学校の教科書から消えた台形の面積を求めることができる．

対角線を引けば△ABCと△BCDに分割できる．

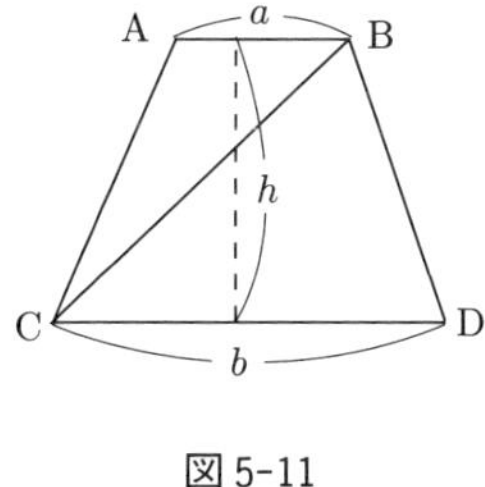

図5-11

そうすると，台形の面積は△ABCと△BCDの面積を合わせたものになる．すなわち，

$$\triangle\mathrm{ABC}+\triangle\mathrm{BCD}=\frac{1}{2}ah+\frac{1}{2}bh=\frac{1}{2}h(a+b)$$
$$=(\text{上底}+\text{下底})\times\text{高さ}\div 2$$

によって台形の面積の公式を求めることができる．

また，三角形や平行四辺形のように長方形に変形して求めることもできる．

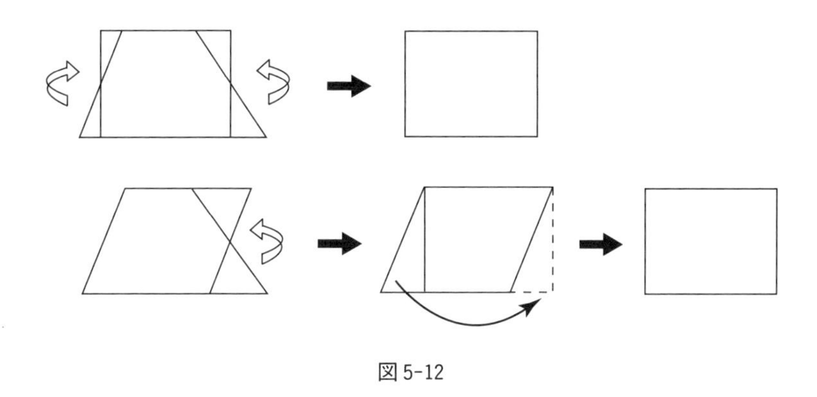

図5-12

単に図形の面積を計算させるだけでなく，このような操作を通して考えることは図形的な感覚を養うために大切なことである．長方形や平行四辺形への変形を考えさせてみるのは，それほど難しいことではないので，その操作から自分で面積の求め方を考えさせることで図形認識を育てることができる．

もとの三角形や台形をいくつかの有限個の部分に分解して，それらを再びつなぎ合わせて面積がもとと同じ他の図形が得られたとき，2つの図形は**分解合同**であるとよばれる．どんな多角形もある長方形と分解合同であることが知られている．これは，どんな多角形でも長方形に変形することができるということであり，面積に関しては長方形や正方形が基本的だということがわかる．

次の 2 つの図形は分解合同である．

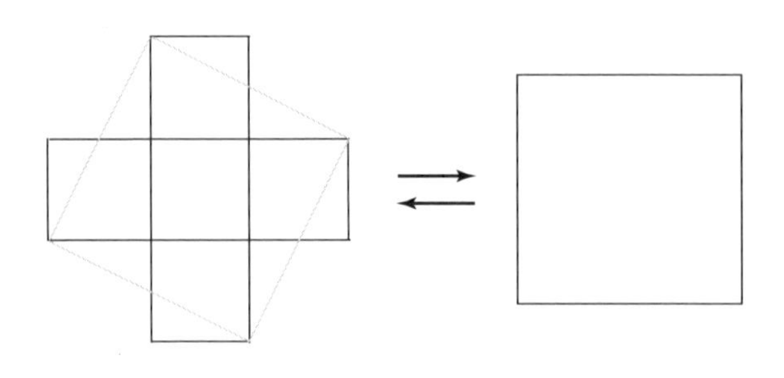

図 5-13

§5.3　円の面積

多角形の面積は求めることができたので，次に円の面積について考えてみる．円を半径で切り取ることでたくさんの扇形（おおぎがた）に分割できる．その扇形の半分を直線上に並べる．残りの半分の扇形を逆から組み合わせることで図 5-14 のような状態をつくる．このようにすることで，横の部分は直線とは多少異なるが，扇形の取り方をできるだけ細かくしていくことで直線で近似でき，全体が平行四辺形で近似できる．

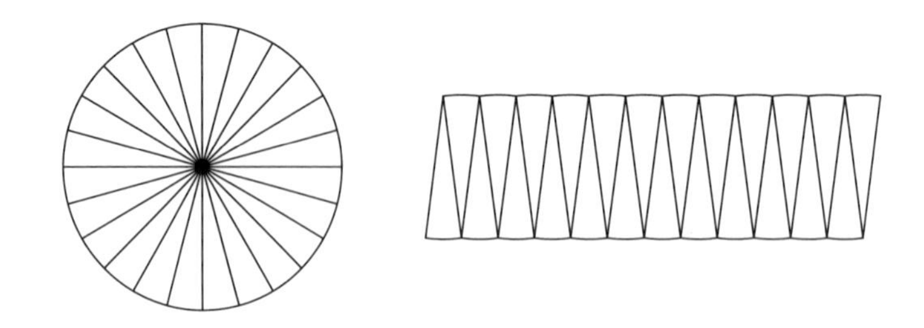

図 5-14

このように平行四辺形で近似できれば，円の面積を先ほどの公式

$$(\text{底辺})\times(\text{高さ})$$

で求めることができる．高さは，見てわかるように半径 r である．底辺は円の半分が1つの辺に出てきているので円周 l の半分の長さであることがわかる．円周の長さ l と直径 d の関係が円周率 π であったことより，

$$(\text{円周の長さ}) = (\text{直径 } d) \times \pi$$

で円周が求められることがわかる．よって

$$(\text{高さ}) \approx (\text{半径 } r) \qquad (\approx \text{ は近似的に等しいという記号})$$

$$(\text{底辺}) = \frac{1}{2} \times (\text{直径 } d) \times \pi = \frac{1}{2} \times 2 \times (\text{半径}) \times \pi = (\text{半径}) \times \pi$$

$$(\text{円の面積}) = (\text{底辺}) \times (\text{高さ}) \approx (\text{半径}) \times (\text{半径}) \times \pi$$

ということになる．

また，別の方法として，図5-14の扇形の1つ1つは三角形で近似できる(図5-15)．この場合の高さは半径 r に近く，一定である．これらの三角形を足し合

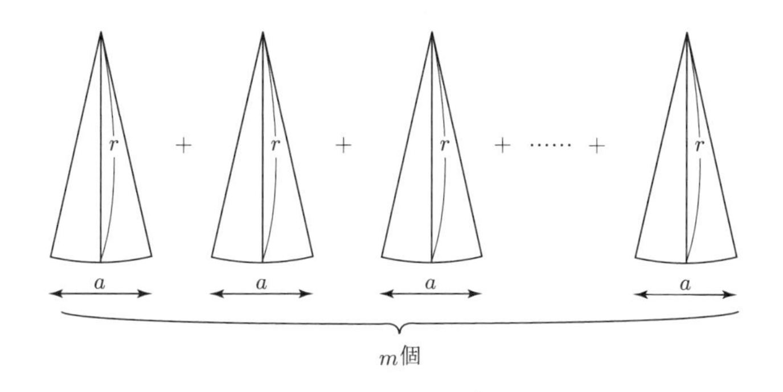

図5-15

わせるということは，底辺を足し合わせることになり，底辺は円周である $2\pi r$ になり，面積は上と同じになる．つまり，扇形の個数を m 個とすれば

$$\frac{1}{2}ar + \frac{1}{2}ar + \cdots\cdots + \frac{1}{2}ar = \frac{1}{2}(ma)r \approx \frac{1}{2}(2\pi r)r = \pi r^2$$

となる．

§5.4　立体の体積

次に，立体の**体積**(たいせき)について考えてみよう．立体は，前の章でも触れたように，縦と横という2次元の平面の世界に，高さというもう1つの要素が加わった3次

元の世界にある図形である．面積の場合は基本の普遍単位を $1\,\mathrm{m}^2$ と表した．立体の場合は 1 辺が 1 m の立方体 $1\,\mathrm{m}^3$ で考える．

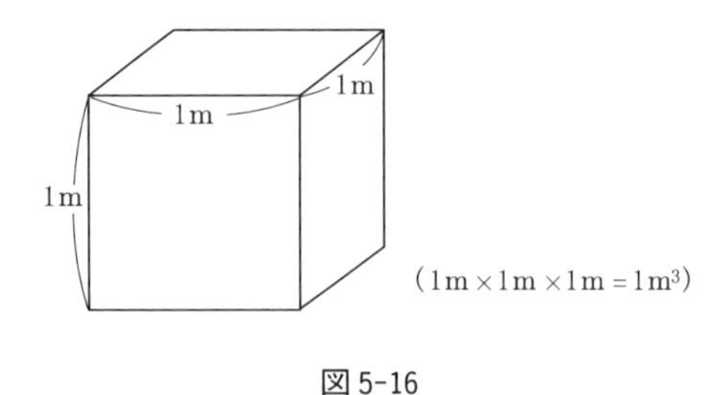

図 5-16

面積の考え方と同様にすれば，立体の体積は，この $1\,\mathrm{m}^3$ の立方体が何個あるかということを求めればよいので，面積($1\,\mathrm{m}^2$ の正方形の個数)に高さを掛ければよいことがわかる．こうして，立方体，直方体，角柱などの**柱体**(ちゅうたい)の体積は

(底面積)×(高さ)

で求められる．

しかし，先がとがった立体である**錐体**(すいたい)の場合は，底面と平行な平面で切っても底面と同じ図形は出現しない．そのため，この体積は柱体の体積を求めるようには簡単にはできない．

ある教科書では，図 5-17 のように立方体を同じ体積の 3 つの部分に分割できるから，錐体の体積は

$$\frac{1}{3}\times(\text{底面積})\times(\text{高さ})$$

であると説明している．

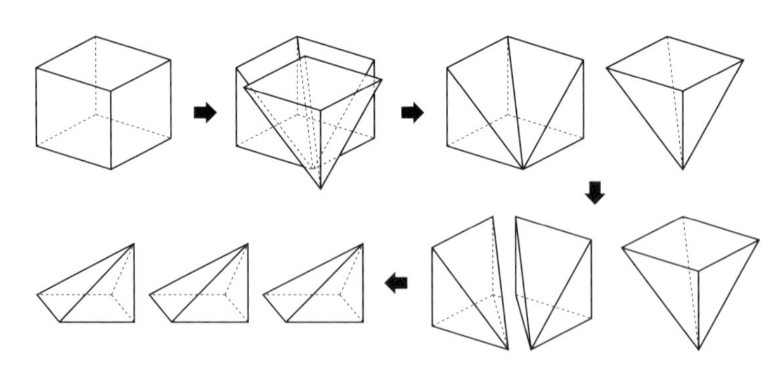

図 5-17

確かに立方体はどの辺の長さも同じ長さなので，図5-17のように3つに等しく分割できて，3つとも体積が同じことは簡単にわかる．しかし，立方体の場合は特殊である．どのような三角錐でもこの公式が成立する理由は，

「2つの立体を定まった方向に切ったとき，断面の面積が常に等しいなら，
2つの立体の体積は等しい」

という**カヴァリエリの原理**による．三角錐を図5-18のように厚紙をつみ重ねたものだと考えると，それをずらすことによって，体積はそのままで，いろいろな立体がつくれる．このことから結果的に底面積と高さだけで体積が決まることがわかる．

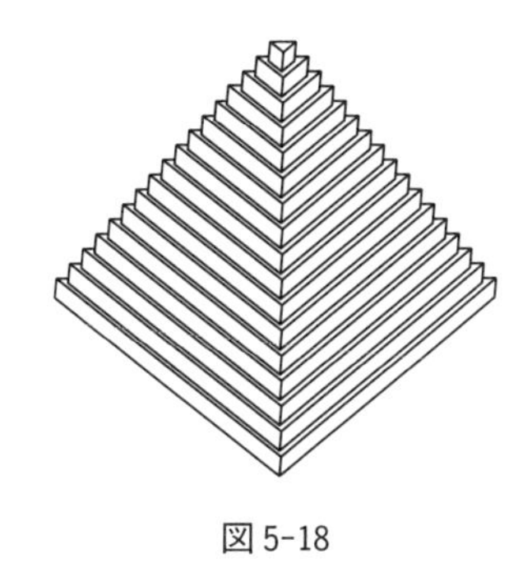

図5-18

底面積と高さだけで体積が決まることを前提とすれば，次のように三角柱の場合で考えることもできる．

三角錐AFDEと三角錐FACBについて△AFDと△FACを底面と考えると，この2つの三角形は合同であるので面積が等しい．

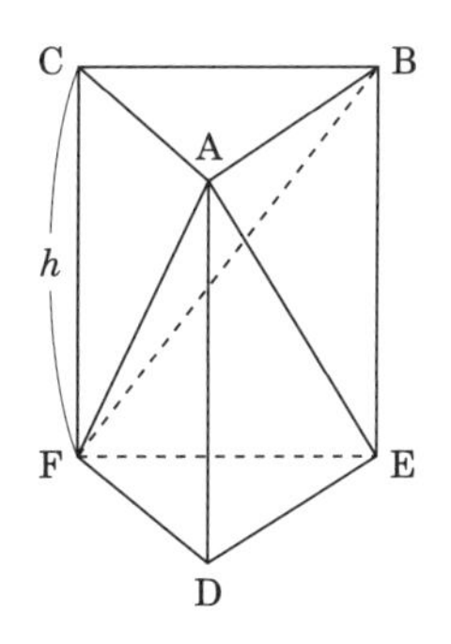

図5-19

$\triangle AFD = \triangle FAC$　　(= は面積の相等．以下同様)

高さは共通(同じ)

よって

三角錐 AFDE = 三角錐 FACB　　(= は体積の相等．以下同様)

三角錐 AFDE と三角錐 ABEF について

$\triangle AED = \triangle EAB$

高さは共通(同じ)

よって

三角錐 AFDE = 三角錐 ABEF

以上のことから

三角錐 AFDE = 三角錐 FACB = 三角錐 ABEF

となり，3 つの体積が等しいことから，錐体の体積は

$$\frac{1}{3} \times (\text{底面積}) \times (\text{高さ})$$

であることがわかる．

カヴァリエリの原理を用いることで，どのような三角錐においても，このように体積を求める公式が導かれるのである．また，三角錐以外の錐体においても同様である．

以上は，理論的な話であり，実際の算数の授業では，直観的手段に頼らざるを得ないであろう．したがって，水などを使って，実験的に確認して，納得をさせるなどの工夫が必要である．

球の表面積や体積の求め方は大変複雑である．そのため，ある教科書では，あまり深追いせずに，「このようなことが一般に知られている」という断り書きをつけてその公式を紹介している．しかし，

$$(\text{球の体積}) = \frac{4}{3}\pi r^3$$

$$(\text{球の表面積}) = 4\pi r^2$$

という公式がどこから生まれてきたか不思議になるのも無理はない．そこで，なぜこのような公式になるのか簡単に考えてみよう．

この公式の求め方は複雑なので，発見されたのも数百年前である．しかし，大昔から人々は，生活体験の中からこの公式の存在を感じ取っていた．例えば，籠(かご)などをつくるときの材料の量から，球の表面積は**大円**(だいえん)(球の中心を通る平面で切

ったときに現れる円)の面積の4倍であることを知っていた．また，球の表面積は，その球がちょうど入る円柱の側面積に等しい．

さて，具体的な求め方を考えてみる前に，まず，球の表面積と体積の関係を見ておく．図5-20のように半径rの球を，底面がこの球の表面にあり，頂点が球の中心である小さな錐体に細分する．このとき，底面は曲面になっているが，底面の大きさを小さくすることで，平面で近似できる．そのとき，高さが球の半径であるrの角錐と見ることができる．この角錐の底面をX_1とすると，体積は$\frac{1}{3}X_1 r$となる．これらの角錐をすべて合わせたものが球の体積になる．底面積の合計は球の表面積$4\pi r^2$になるので，

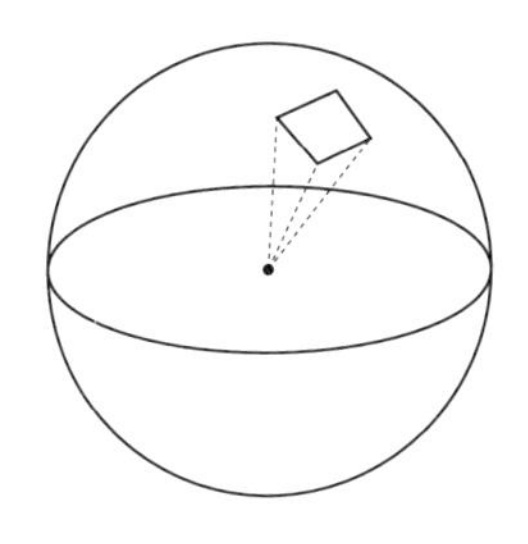

図5-20

$$\frac{1}{3}X_1 r+\frac{1}{3}X_2 r+\cdots\cdots=\frac{1}{3}r(X_1+X_2+\cdots\cdots)\approx\frac{1}{3}r(4\pi r^2)$$
$$=\frac{4}{3}\pi r^3$$

で表され，球の体積と表面積の関係がわかった．

ただし，この説明では球の表面積がわかっていることが前提になるので，球の体積の証明にはならない．しかし，表面積がわかれば体積がわかるということはこの説明からわかる．

次に体積の求め方を考えてみよう．一般的には積分で求めるが，積分自体が難しいので別の求め方を見ていく．

1つは円周率を求めたときに使った「はさみうちの方法」(§4.5)である．すなわち，球に内接する円柱と球に外接する円柱から球の体積を求める．すると図5-21のように表される．

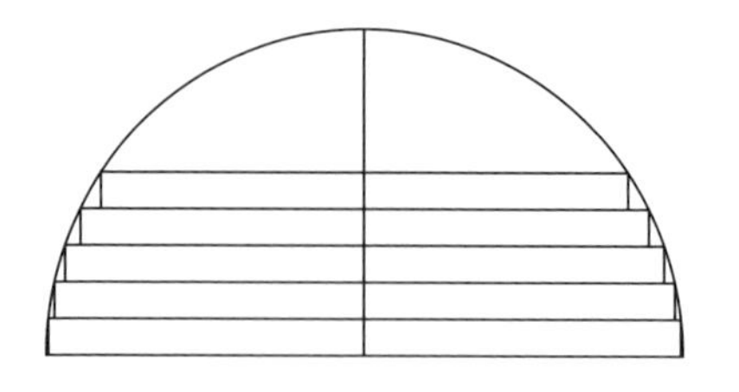

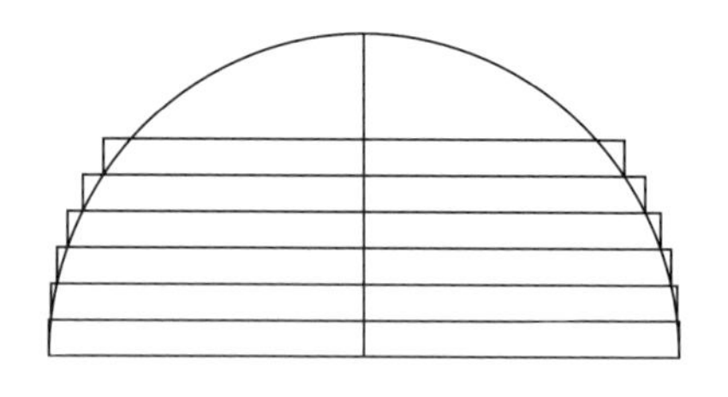

(球に内接する円柱の体積の和) $<$ (球の体積) $<$ (球に外接する円柱の体積の和)

図 5-21

詳しい計算は高校で学ぶ数列を使わなければならないので省略するが，この円柱の高さを 0 に近づけていくと体積の公式が求まる．

もう 1 つ別の考え方としては，カヴァリエリの原理を用いた次のような手の込んだ方法がある．図 5-22 のように半径 r で高さも r の円柱，半球，円錐(ただし円錐は逆向き)を用意する．これら 3 つを同じ高さ x で切ったときの切り口の面積は次のようになる．

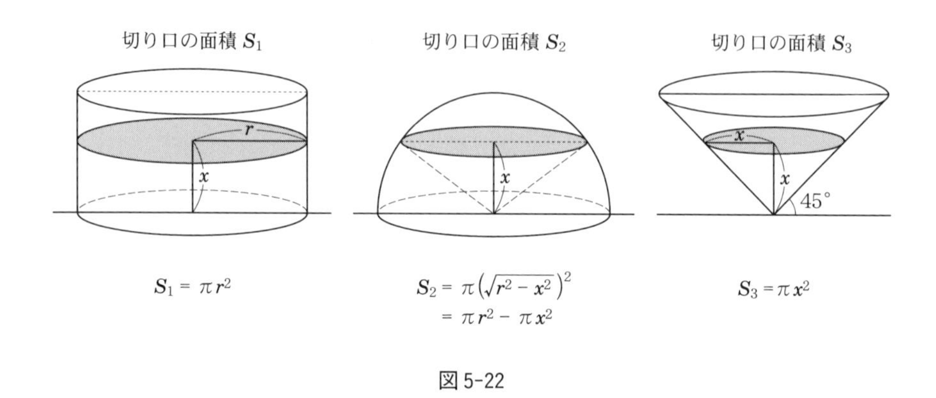

図 5-22

このとき

$$S_2 = S_1 - S_3$$

が成立する．そこで円柱から円錐を逆にくりぬいてできる立体を考える．

同じ高さで切った切り口の面積が等しいことから，カヴァリエリの原理を用いると

(円柱から円錐を逆にくりぬいてできる立体の体積) $=$ (半球の体積)

がいえる．よって

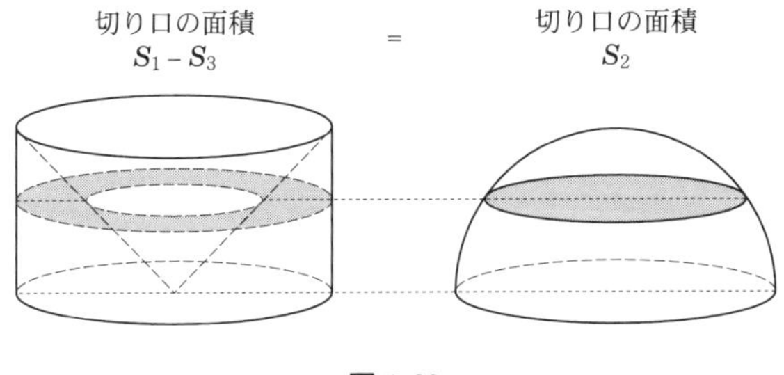

図 5-23

$$(\text{半球の体積}) = \pi r^3 - \frac{1}{3}\pi r^3 = \frac{2}{3}\pi r^3$$

となるから，球の体積は $\frac{4}{3}\pi r^3$ になる．

このように2つの方法で球の体積を求めたが，体積が求まったので，最初に述べた角錐で近似する方法の逆を使えば，球の表面積が求まる．

立体にはもう1つ美しい性質がある．それは，円錐と球，円柱の体積の比である．円柱に内接する球と円錐で考える．円の半径を r とし，高さを $2r$ とすると，次のようになる．

円柱の体積	$2\pi r^3$
球の体積	$\frac{4}{3}\pi r^3$
円錐の体積	$\frac{2}{3}\pi r^3$

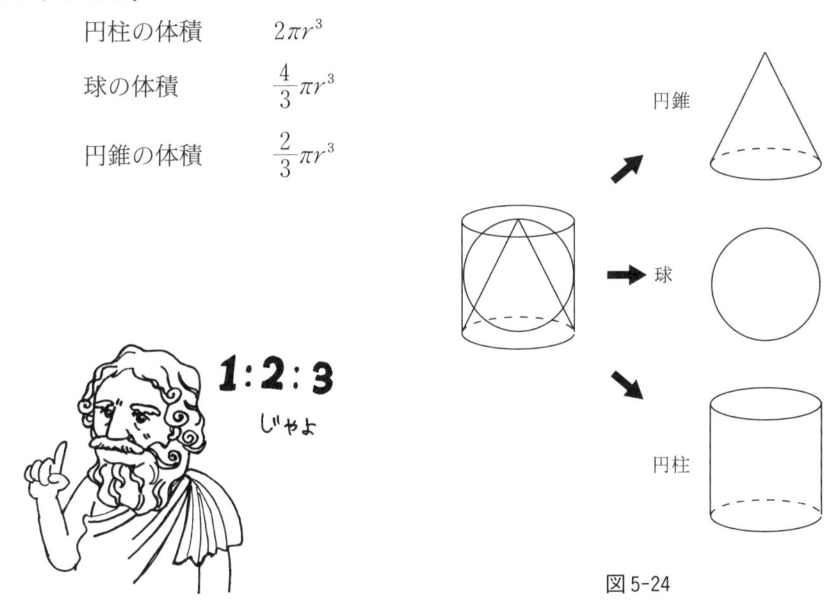

図 5-24

これを比で表すと

(円錐)：(球)：(円柱) = 1：2：3

というきれいな比になる．これは紀元前にアルキメデスが発見したもので，彼の墓碑(ぼひ)にはこの絵(図 5-24 の左図)が描かれていたという．

§5.5　量に対する一般的考察

ここでは，いままで見てきた量に対する重要な点を 2 つ述べておこう．

1 つは，量指導における重要なポイントである．

面積や体積は連続量である．しかも，ある形から取り出される量であるから，形の変形のもとでは，**量の不変性**(りょうのふへんせい)ということが大切である．

量の不変性

① 取り除いたり，付け加えたりしない変形をしても，量(面積，体積)は不変である．

② 形を分割しても，全体の量は不変である．

③ 同じ質の量を持つ 2 つの形を合併したとき，全体量はそれぞれの量の和になる．

2 つ目は，このような量は連続量なので，それを数値化しようとすれば，常にすっきりした数値で答えが求められるとは限らないことである．そのために，どうしても近似の考え方が必要になる．別の言い方をすれば，極限の概念を必要とするということである．

円の面積の求め方にしても，扇形を三角形と見なす(近似)という考え方をした．同じく，球の体積の場合も同じである．また，長方形の面積も，縦と横の長さが自然数の場合は問題はないが，それが無理数になってくるとやはり極限の概念を必要とした．

量が連続量であるということから，無理数が出てくることは避けられない．その無理数を扱うには，**実数の連続性**[*)]を理解する必要がある．実数の連続性は極限の概念と切り離しては考えられないのである．

*)　**実数の連続性とは？**

実数の連続性とは，実数は直線のように隙間なく並んでいるということである．数が有理数

(分数で表されるもの)しかなければ，数と数の間に隙間ができる．つまり，A を $x^2>2$ を満たす有理数 x の集合とし，それ以外の有理数の集合を B とするとき，A と B の境界には有理数は存在しない．この隙間を埋めるものを数と考えて，これを実数とよんだ．いまの A, B の場合は，これが無理数 $\sqrt{2}$ というわけである．このようにして実数は，隙間なく並んでいる数であるというわけである．

演習問題 5

① 台形は向かい合う一組の辺が平行である四角形の中で，最も一般的な形である．したがって，台形の面積の公式

$$\frac{1}{2}h(a+b)$$

を知っていれば，正方形，長方形，平行四辺形の面積にも適用できることを示しなさい．また，三角形の面積にも適用できることを示しなさい．前々回の算数の学習指導要領で台形の面積の公式を外したことの是非について述べなさい．

② 2つの図形が分解合同であるような例をあげなさい．

③ 円の面積は

$$(\text{円の面積}) = (\text{半径})\times(\text{半径})\times\pi$$

で求められるが，この公式の導き方は本書で紹介したもの以外にもたくさんある．その他の導き方を調べなさい．

●第6章

数量関係・データの活用について

§6.1　文字式

「文字」というだけで，見たくもないと感じている人は多いと思う．実際のところ数学嫌いになってしまう原因のほとんどは，この「文字」を使う方程式や関数といった分野であるようだ．小学校のときに算数が得意であった子どもでも一度はつまづくところである．

その大きな原因は，いままで具体的な数しか扱っていなかったのに対して，急に抽象的な文字を使うために，子どもにとって理解しにくく，余計複雑に映っているからである．また，問題文から数量関係を読み取ることが大変難しい．例えば，「りんごを3個ずつ x 人に分けると4個不足する」ということを立式する場合，$3x+4$ なのか，$3x-4$ なのか，問題文の前後の関係などがわからないと立式できない．問題文は誰でも読み取れるものの，全体の構造がイメージしにくいために，このような事態が生じるのである．

【例 6-1】 200円のケーキがある．これを3個買ったときの代金はいくらですか．また，5個買ったとき，8個買ったときはいくらですか．

この問題は難しくない．

3個買ったとき　　$200\times3=600$

5個買ったとき　　$200\times5=1000$

8個買ったとき　　$200\times8=1600$

というふうになる．しかし，これを人に伝えようと

したらどうだろう．いちいちこれだけの情報を伝えるのは大変である．それに対して，ケーキ x 個買ったときの代金は

代金　$200x$　　（x はケーキの個数）

と表せばシンプルに伝えることができる．文字は具体的なものを複雑にしているのではなく，複雑な関係を明らかにわかりやすくするものであり，問題の意味や関係を誰にでも明確に間違いなく伝えることができる．

文字にはもう1つの意味がある．いままでは，具体的な数字を用いて考えてきた．しかし，数学で大切なことは，すべての場合についてあることが成り立つかどうかを考えることである．具体的な数字を用いていると，あることが成り立つかどうか，1からすべての数字を当てはめて考えなければならない．そこで，すべての数字の代表として文字を導入することで，いちいち具体的な数字を当てはめなくても，成立することを示すことができるようにした．また，文字で置き換えることによって一般化され，関係がわかりやすくなり，たくさんの公式などが発見されることになった．具体的に見ると全く別だと思っていた事柄も，文字に置き換えて考えることで，同じものであることが発見されたことも多い．要するに文字は複雑な関係を明らかにしようとする考え方であるが，長い間受け入れられることはなく，結局16世紀頃から発展することになる．

数の代わりに使われる文字には2つの意味がある．

文字の意味

① すでにわかっている数量を文字で表す方法．（例：円周率 π や自然対数の底 e）

② わからない数量を文字で表す方法．（例：x や y）

③ 任意定数としての文字．（例：$y=ax+b$ などの a, b）

①は円周率の π でおなじみの文字である．円周率は前章で述べたように小数でだいたいの数が表される．しかし，この円周率は無限小数である．例えば直径が2の円周は6.28と表すことができるが，これは正確な値ではない．正確な値は6.283……と永遠に続く数である．永遠に続く数を簡単に表すのは非常に困難である．そこで円周率を π という文字で代用することで，取り扱いが簡単になる．先ほどの円周も 2π と表しておけば，実際に使う場合には，使う人によって小数第1位までとか小数第4位までというように，自由にだいたいの大きさを求め，表すことができるのである．

② は方程式や関数に代表される文字である．

③ については，等式などを表すときに，どんな数字をとっても成り立つことを示すように，数字の代表として用いる方法もある．例えば 2 次方程式

$$ax^2+bx+c=0$$

の場合には，a, b, c は任意定数(a, b, c はどんな数でもよい)を表している．

この ② を大きく分けると，さらに次の 2 つのものになる．

> **わからない数量の表し方**
> **未知数**(みちすう)：数値は定まっているが，まだわからないもの．
> **変　数**(へんすう)：文字がいろいろな値をとるもの．

未知数の代表としては方程式がそうである．例えば

$$x^2+x-2=0$$

とする．この場合 x の値は定まっているが，この式を見るだけではどんな値かわからないので，文字 x を使っている．この x はいろいろな値をとるわけではなく，ただ 1 つまたはいくつかに決まる．

もう 1 つの文字の使い方としては，x, y のように x の値が変われば y の値も変わるという**変数**がある．これは関数で使われる．例えば

$$y=2x$$

であれば，x の値が 1, 2, 3, ……と変わるにつれて y の値も 2, 4, 6, ……と変化する．この場合の x は，どんな値であってもよい．

「＝」で結ばれる等式が成り立っている場合は，同じ大きさで加減乗除しても，等式は成り立つ．足したり，引いたりする場合は，図 6-1 のように，天秤(てんびん)で考えれば，この理屈はわかりやすい．

次に，文字を使って表す等式としては，恒等式と方程式がある．

> **文字を使って表す式**
> **恒等式**(こうとうしき)：文字がどのような値をとっても等式が成立するもの．
> **方程式**(ほうていしき)：ある文字のとるべき数値を決定する条件を等式で表したもの．

まず**恒等式**とは，a, b, c などの文字がどのような値をとっても成り立つものをいう．四則演算の性質のところで説明した

$$a(b+c) = ab+ac$$

はこの恒等式にあたる．a, b, c がどのような値をとってもこの等式が成立することを表す．

文字を使って表す式の2つ目は，未知数のところで説明した**方程式**である．

§6.2　方程式

次に方程式について考えてみる．簡単な1次方程式は，図6-1のように等式変形で考えていけば求めることができるので，ここでは2次以上の方程式について考えてみよう．

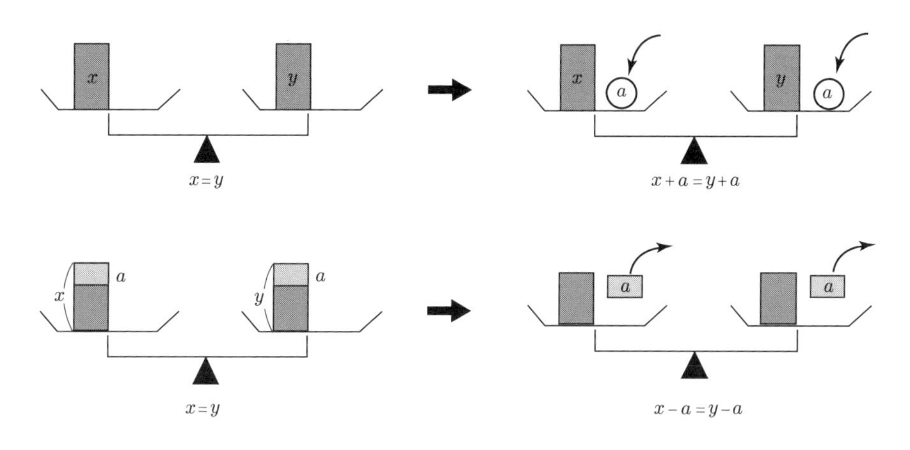

図6-1

2次方程式を一般的には

$$ax^2+bx+c=0 \qquad (a \neq 0)$$

と表す．普通，変数にかかる定数(ある定まった数字) a, b, c のことを**係数**(けいすう)とよぶ．

2次方程式を解く場合，まず**因数分解**(いんすうぶんかい)をしてみることが多い．因数分解とは共通する**因数**(いんすう)(1つの数や文字や式が掛けあわせてある場合，その個々の数や文字や式)を取り出すことである．2次方程式の場合は，1次式の積に分解することである．例えば，$6x^2+x-12=0$ を次のように因数分解して，

$$6x^2+x-12 = (2x+3)(3x-4)$$

$$(2x+3)(3x-4)=0 \quad \text{より，} \quad x=-\frac{3}{2} \quad \text{または} \quad x=\frac{4}{3}$$

というような解き方である．

しかし，2 次方程式のうち因数分解によって簡単に解けるのはごく限られたものである．けれども，下に記した解の公式の導き方のように，平方をつくることと $\sqrt{\ }$ という根号を導入することで，どんな 2 次方程式でも解を導くことができる．

解の公式の導き方

$$ax^2+bx+c=0 \qquad (a \neq 0)$$

$$a\left(x^2+\frac{bx}{a}+\frac{c}{a}\right)=0$$

$$\left(x^2+2\frac{b}{2a}x+\left(\frac{b}{2a}\right)^2\right)-\left(\frac{b}{2a}\right)^2+\frac{c}{a}=0$$

$$\left(x+\frac{b}{2a}\right)^2=\left(\frac{b}{2a}\right)^2-\frac{c}{a}$$

$$\left(x+\frac{b}{2a}\right)^2=\frac{b^2-4ac}{4a^2} \qquad \cdots\cdots (※)$$

$$x+\frac{b}{2a}=\frac{\pm\sqrt{b^2-4ac}}{2a}$$

$$x=\frac{-b\pm\sqrt{b^2-4ac}}{2a}$$

しかし，気をつける必要があるのは，(※)の段階で右辺が必ずしも正になるとは限らないことである．つまり，

$$x^2=-1$$

のような場合が出てくることである．歴史的には，この扱い方は非常に難しかった．負の数が自由自在に取り扱えるようになったのは 19 世紀のことであるが，さらに 2 乗して -1 になるものの扱いに困って，このような方程式自体が特別でおかしいものとされていた．しかし，17 世紀の数学者オイラーが**虚数**(きょすう) $\boldsymbol{i}$ ($i=\sqrt{-1}$) として扱うことでいろいろな発見がなされたのである．まず，虚数を数として認めることで，あらゆる 2 次方程式が解けることになった．その答えを一般的に表したものが解の公式である．

虚数解を認めることによって，3 次方程式の解を求めることもできるようにな

った．３次方程式でも実数解(虚数を使わない解)のものがもちろんあるが，１次式に因数分解して求められるもの以外は虚数を経由しないと求めることができないことが，下の解の公式を見ればわかる．これは「３次方程式の解の公式」とよばれ，カルダノによって得られたので，**カルダノの公式**という．

$$ax^3+bx^2+cx+d=0 \qquad (a \neq 0) \qquad \cdots\cdots①$$

両辺を a で割り，

$$x=y-\frac{b}{3a}$$

とおけば，① は

$$y^3+3py+q=0 \qquad \cdots\cdots②$$

となる．さらに $y=u+v$ とおくと，

$$u^3+v^3+q+3(uv+p)(u+v)=0$$

となる．したがって u, v を

$$u^3+v^3=-q, \qquad uv=-p \qquad \cdots\cdots③$$

を満たすようにとれれば，$u+v=y$ は ② の解となる．よって ③ の u, v を求めればよい．

③ より u^3, v^3 は $t^2+qt-p^3=0$ の解であることがわかる．これを解くと，

$$u^3=\frac{-q+\sqrt{q^2+4p^3}}{2}, \qquad v^3=\frac{-q-\sqrt{q^2+4p^3}}{2}$$

ここで，

$$\alpha=\sqrt[3]{\frac{-q+\sqrt{q^2+4p^3}}{2}}$$

とすれば，$u^3=\alpha^3$ となり，$(u-\alpha)(u^2+\alpha u+\alpha^2)=0$ となる．これより，

$$u=\alpha, \qquad \frac{-1+\sqrt{3}i}{2}\alpha, \qquad \frac{-1-\sqrt{3}i}{2}\alpha$$

である．

$$\omega=\frac{-1+\sqrt{3}i}{2}$$

とおくと，

$$\omega^2=\frac{-1-\sqrt{3}i}{2}, \qquad \omega^3=1$$

となる．この ω は１の３乗根と呼ばれる．この ω を用いると，u は次のよ

うになる．

$$u=\sqrt[3]{\frac{-q+\sqrt{-D}}{3}},\quad \sqrt[3]{\frac{-q+\sqrt{-D}}{3}}\omega,\quad \sqrt[3]{\frac{-q+\sqrt{-D}}{3}}\omega^2$$

v も同様にして

$$v=\sqrt[3]{\frac{-q-\sqrt{-D}}{3}},\quad \sqrt[3]{\frac{-q-\sqrt{-D}}{3}}\omega,\quad \sqrt[3]{\frac{-q-\sqrt{-D}}{3}}\omega^2$$

となる．ただし $D=-q^2-4p^3$ であって，これは②の判別式とよばれる．上の u, v で③の $uv=-p$ を満足する組を求め，$y=u+v$ をつくると，

$$y_1=\sqrt[3]{\frac{-q+\sqrt{-D}}{3}}+\sqrt[3]{\frac{-q-\sqrt{-D}}{3}}$$

$$y_2=\sqrt[3]{\frac{-q+\sqrt{-D}}{3}}\omega+\sqrt[3]{\frac{-q-\sqrt{-D}}{3}}\omega^2$$

$$y_3=\sqrt[3]{\frac{-q+\sqrt{-D}}{3}}\omega^2+\sqrt[3]{\frac{-q-\sqrt{-D}}{3}}\omega$$

これが方程式②の3個の解，つまり①の3個の解である．

この解の公式は公式自体が高度なため，子どもが進んで質問した場合に説明する程度に考えておけばよいが，この公式を見れば，解がどんな値であっても準備段階で i を使わなければならないことがわかる．

また，何次方程式でもこのような形で解けそうな気がするかもしれないが，実は5次方程式以上の解の公式は，このような，$+$，$-$，$\times$，$\div$，$\sqrt{}$ を使った形では導けないことが18世紀の数学者アーベルによって発見され，ガロアによって，方程式に解が存在するとは一般にどのようなことかということが証明された．

また，一般の n 次代数方程式

$$x^n+a_1x^{n-1}+a_2x^{n-2}+\cdots\cdots+a_n=0 \qquad (係数は実数とする)$$

は，複素数の範囲で，**重解**(じゅうかい)(解が同じで重なる特別もの)がなければ，必ず異なる n 個の解がある．もっとも，重解もその重複度まで込めて数えることにすれば，すべての n 次方程式は n 個の解を持つといえる．

例えば，$x^3-6x^2+12x-8=0$ の場合，

$$x^3-6x^2+12x-8=(x-2)^3$$

なので，$x=2$ は3重解とよばれる．これは，2, 2, 2が解であると考えることで，3個の解と考えることができる．

§6.3　関数

歴史的に見ても関数の登場は大変遅い．関数は，変化するもの，動くものをとらえる数学的表現であるが，その定義がきちんとするのは17世紀以降である．関数とは，入力に対して出力があるという関係だと捉えておけばよい．

最初に次の例で考えてみる．

【問6-2】　この「？」に入る変換とは何であろうか．

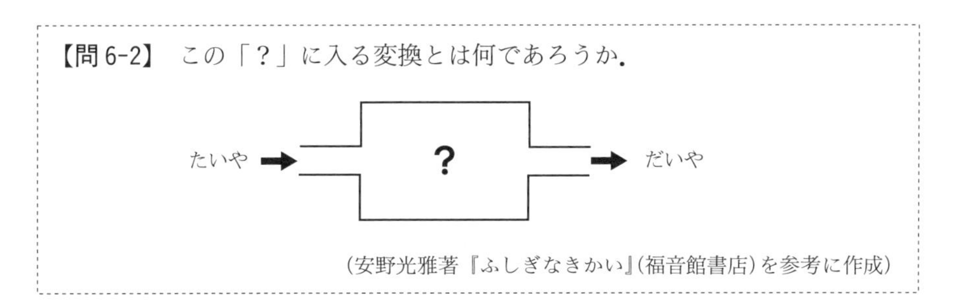

（安野光雅著『ふしぎなきかい』（福音館書店）を参考に作成）

「たいや」が入ると「だいや」になって出てくるので，「゛」がつく変換といえる．

次に数学の世界へ戻して，

$$y = 3x$$

をわかりやすく捉えてみよう．図6-2のように表すと考えやすい．

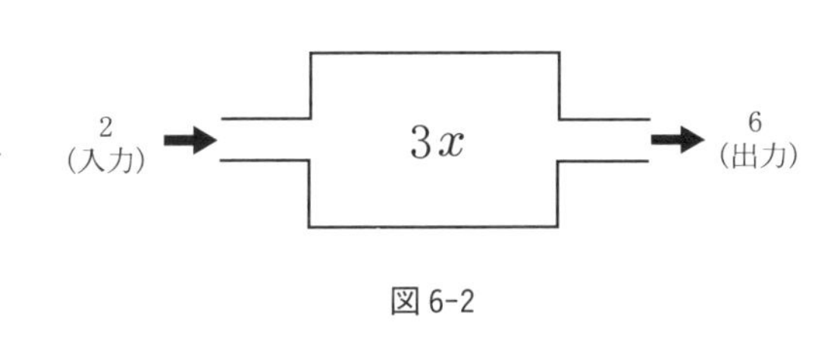

図6-2

2を入れると，

$$y = 3\times 2 = 6$$

で6となって出てくる．

この考え方を身近な世界で捉えてみると，自動販売機がそれにあたる．120円を入れれば缶ジュースが1本出るという対応の仕組みになっている．簡単にいえば，「外から何か原因になる事柄を与えてやると，ある決まった働きをして，結果が出てくる装置」である．

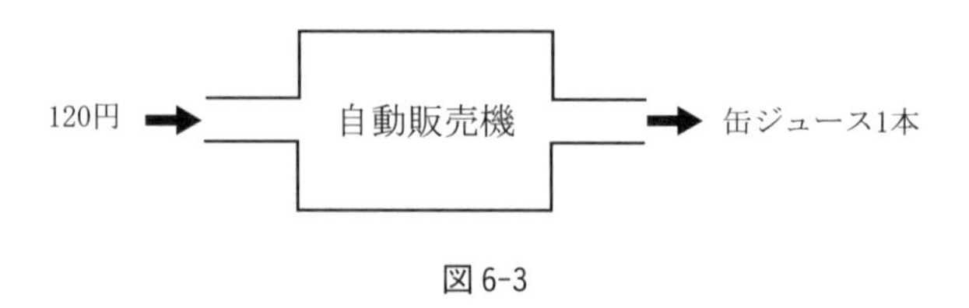

図 6-3

しかし，ここで注意しなければならないが，次のようなものは，高校までの範囲では，関数として扱わない．

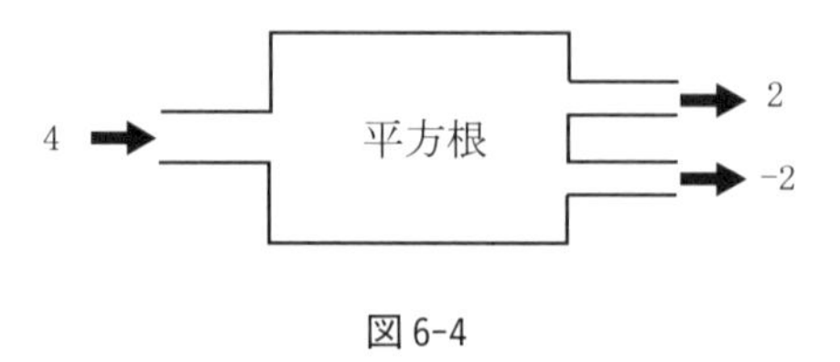

図 6-4

$y^2 = x$ の関数で考えた場合，4 を入力して

$$y^2 = 4$$

となる y を出力せよということになる．グラフで考えると，下のようになる．

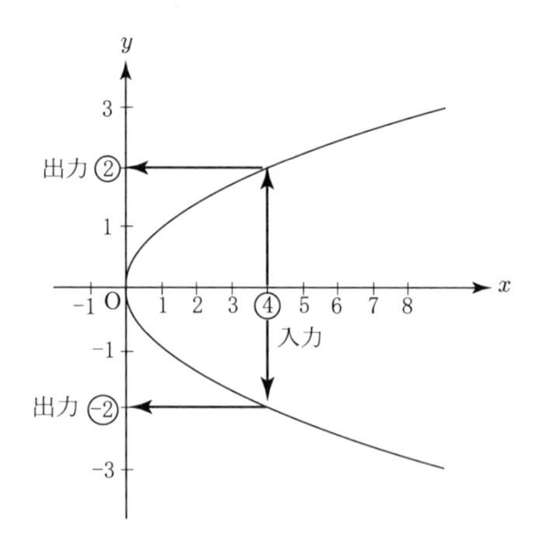

グラフ 6-5

ここで扱う関数をきちんと定義してみると次のようになる．

関数の定義
2つの変数 x と y があって，x の値を決めると，それに対応して，y の値がただ1つに決まるとき，y は x の関数であるという．

先の式 $y^2 = x$ では，$x = 4$ のとき，y は2と -2 の2つの値をとる．ということは，1つの x の値に対して y がただ1通りに決まらないわけで，このような関係はここでは関数と考えない．「自然界や社会の中で起こる原因と結果の関係を数学的に捉える」ということも関数の目的である．そのためには，1つのものに対していくつもの結果が出てくるようなものを取り扱うこともあるが，そのようなものは複雑なので，ここでは関数から除外して考えることにする．

「2次関数や2次方程式は結構難しく役に立たないのに，なぜ学校で教えるのか」という批判も多いが，実は2次関数は日常生活で起こる事象の中で最も典型的なものである．2次関数のグラフは**放物線**（ほうぶつせん）といわれている(グラフ6-6)．この図のように，ボールなど物を放り投げたときに，物体が動いた道筋(軌跡)を表しているのである．実際に関数電卓でボールの軌跡をグラフ化すると，ほぼ物体落下の関数

$$y = -4.9x^2 \qquad (4.9 \text{ は加速度の定数 } 9.8 \text{ を } 2 \text{ で割ったもの})$$

と形が一致する．つまり，図のグラフはこの落下の関数のグラフを平行移動したものと考えることができる．

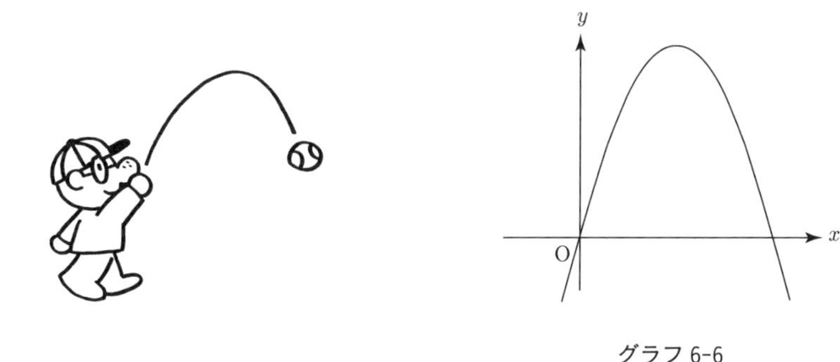

グラフ6-6

また，このグラフの形を実現する一番簡単な方法としては，図6-7のように斜めにした板の上でビー玉を転がしてみるとよい．また，図6-8のように平行に入

ってきたものを１点で集めたり，逆に１点の光を平行なものにする働きもこの放物線の特徴である．これを上手に応用させたのが，衛星放送を受信するときのパラボナ・アンテナや自動車のヘッドライトである．このほかにも，この性質はたくさんのものに応用され，使われている．

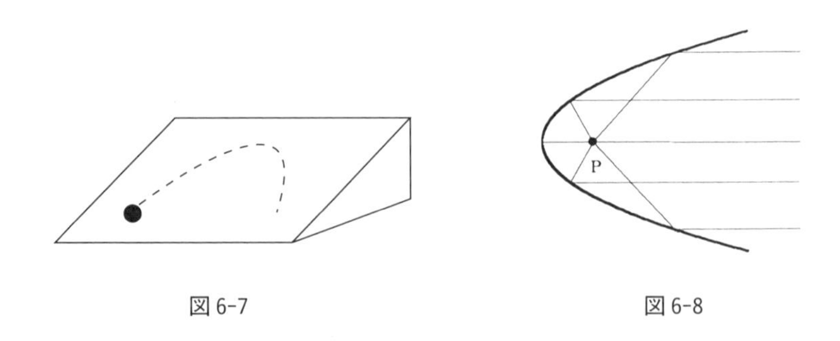

図 6-7　　　図 6-8

２次関数だけではなく，関数は日常生活にさまざまあり，音楽の音階「ドレミファソラシド」も指数関数と呼ばれる関数で表現できる．また，サイン，コサインで頭が痛くなる三角関数は，電気や音楽を聴く CD などに応用され使われている．星の明るさなども関数で表される．

しかし，次のものは関数になりそうだが，関数にはならない．

- 歩いた距離と疲労の程度
- 勉強した時間と成績
- 食べた量と眠くなる程度

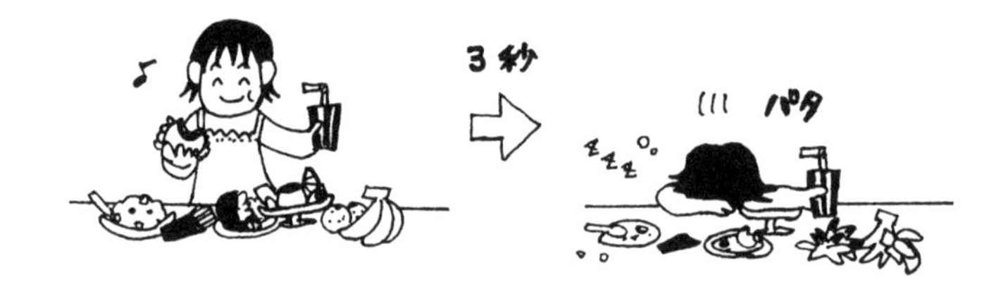

これらが関数にならないのは，関数を $y = f(x)$ と表したときの入力の値 x に対して出力の値 $f(x)$ がただ一通りに確定しないためである．確かに勉強すれば成績は上がるかもしれないが，いつも確実にそうなるとは限らない．難しいテストが出れば，いくら勉強する時間をたくさんとっても，成績が上がらない．このようなことはしばしばある．しかし，一概に成績と勉強時間は無関係ともいいがたい．よってこれらのものは関数ではないが，何回もデータをとって，平均的な

ものとして関数的に表現することは可能であり，実際はそのように利用している．

数学は日常生活と関係ないと感じるかもしれないが，その気になって調べてみると，何らかの数学的な仕組みが存在している．しかし，日頃，自分たちが意識しているわけではないので，「こんな勉強しても役に立たない」という表面的な発想になってしまうのである．

1次関数は

$$y = ax + b$$

の形で表される．1次関数の大きな特徴として，**変化の割合**(x が増えたときの y の増加量)はどの場所でとっても常に一定である．つまり，$x_1 \to x_2$ のとき，$y_1 \to y_2$ であったとすれば，

$$y_2 - y_1 = (ax_2 + b) - (ax_1 + b) = a(x_2 - x_1)$$

なので，

$$\frac{y_2 - y_1}{x_2 - x_1} = \frac{a(x_2 - x_1)}{x_2 - x_1} = a$$

となり，変化の割合は一定 a である．このとき a は $y = ax + b$ のグラフの**傾き**(かたむ)になっている．(図 6-9)

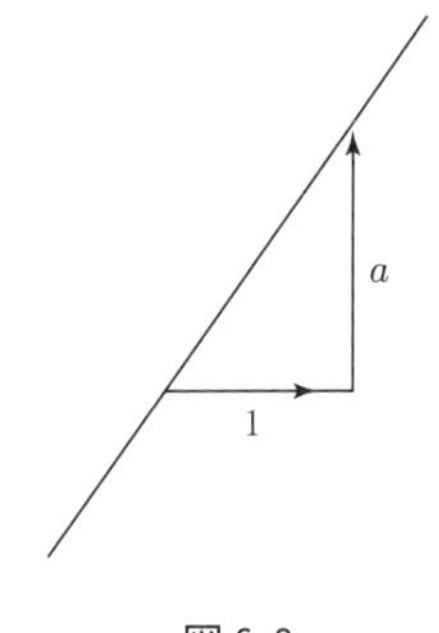

図 6-9

特に1次関数 $y = ax + b$ で $b = 0$ のとき，すなわち

$$y = ax$$

のとき**正比例**(せいひれい)という．正比例は1次関数の特殊な形である．このとき a を**比例定数**(ひれいていすう)という．正比例は，2つの量 x と y があって，x の値が2倍，3倍，……となると，y の値も2倍，3倍，……となることである．

正比例のグラフは必ず**原点**(げんてん)$(0, 0)$ を通る．正の数の中だけで正比例を考えると，グラフは必ず右上がりになる．小学校では右上がりのものしか扱わない．しかし，

傾きを負の数まで拡張したときは必ずしも右上がりのグラフになるとは限らない．右下がりのグラフも出現する．

ところで「封書の重さと郵便料金」は，正比例の関係になりそうだが，正比例ではない．それは，封書の重さが 2 倍になったからといって料金が 2 倍になっていないためである．ちなみにグラフにしてみると，グラフ 6-10 のようになる．

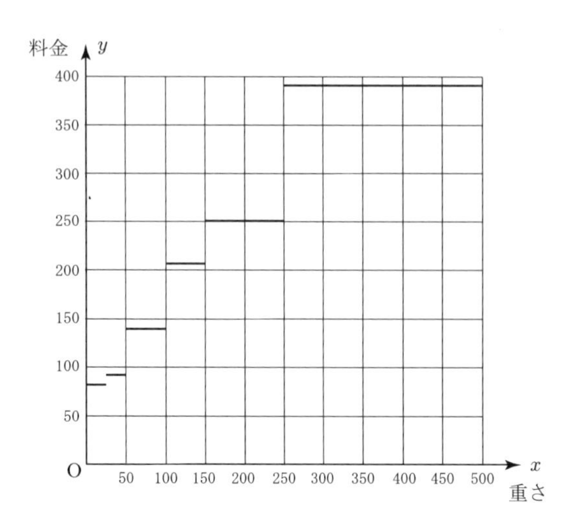

グラフ 6-10（2022 年現在）

また，正比例に対して考えられるのが**反比例**であるが，正比例に比べると格段に難しくなる．反比例とは

$$xy = a \qquad (\text{一定})$$

となる 2 つの量 x, y の関係である．子どもが最も間違えるのは，その「反」という言葉から，正比例が右上がりの直線なので，反比例は右下がりの直線になると勘違いすることである．正比例は直線のグラフであるのに対し，反比例は**双曲線**(グラフ 6-11)と呼ばれる曲線となる．よって，反比例は 1 次関数とはまったく違う別の関数である．

「ろうそくの燃焼時間と長さ」は反比例のような気もするが，そうではない．このような間違いを子どもはよくする．それは反比例が，x の値が増えると y の値が減るものであると勘違いしているためである．反比例の定義に戻ると，2 つの量 x と y があって，x の値が 2 倍，3 倍，……となると，y の値も $\frac{1}{2}$ 倍，$\frac{1}{3}$ 倍，……となる．ろうそくの長さは完全にこのようにはならない．一定の長

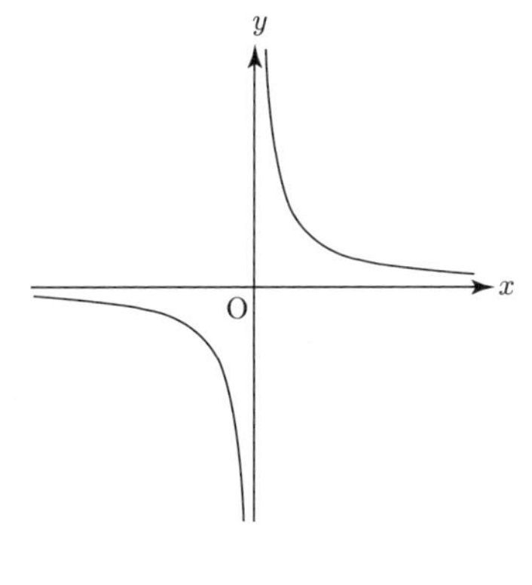

グラフ 6-11

さで減っていく．ということは，これは1次関数であり，右下がりの直線になるのである．

関数が子どもにとってなぜ難しいかといえば，数学的ないろいろな考え方を総合した見方であるためである．それはどのような見方・考え方であろうか．例えば，次のようなことが考えられる．

① 2つの数量の依存関係を考える．(関係づけ)

② 1つの値が決まれば，もう一方の値も決まる．(対応の考え)

③ 集合の考え．(入力の集合 = 定義域，出力の集合 = 値域，という捉え方)

④ 入力の数量を変化させる．(変数の考え)

⑤ 対応の決まりや変化の特徴を見つける．(そのためには帰納的な考え，一般化の考えが必要)

このようなことが関数では必要になってくる．よって，これらの観点をしっかりと理解させながら関数の指導をすることが大切である．

§6.4　グラフ

関数とグラフは切り離せないものである．すべての関数のグラフが描けるわけではないが，グラフはとても重要な思考の道具である．もちろん，小学校や中学校で習う関数の種類は限られているので，関数のグラフといっても限られてくる．ここでは，もっと広い意味でのグラフ(統計的なグラフ)について考えてみよう．

2017年の学習指導要領でも，これからのビッグデータ時代，社会生活などのさまざまな場面において，必要なデータを収集して分析し，その傾向を踏まえて課題を解決したり意思決定をしたりすることが求められており，そのような能力を育成することが重要とされている．

まずグラフを作成するためには，調査・実験などによって得られたデータを**表**（ひょう）にすることから始めなければならない．表を機能的な面から見ると次のように分類できる．

表の種類

予定表・計画表：日程や種々の計画など，物事の予定を表し，生活を能率化・合理化するためのもの．

記録表：実験，観察，測定，調査などで得た個々の結果を順次記録したもの．

関数表：関数関係にある 2 つの数量の対応をまとめたもの．

統計表：統計的な資料の全体的な特徴や関係などを把握したり，わかりやすく伝達するために整理したもの．

まず，統計に用いられるものについて考えていく．データを表にすることで次のような利点が得られる．

① 数量やその関係を簡潔に表せ，数量を取り出したり，関係など説明するのに便利である．(関係性)

② 物事の全体的特徴や傾向を比較的容易に把握することができる．(特徴の直観的把握)

③ 物事の関係や予測について，客観的・能率的に進めることができる．(分析や予測)

ただ単に表をつくらせるだけでなく，このような利点を子どもに感じさせながら，どのような表をつくったらよいかを指導していく必要がある．

そのためには，調査目的を明確にすること(what)，目的に応じて調査項目を選択すること(why)，表題や調査年月日を明示すること(when, where)などが大切である．

次に，表にまとめておくだけでなく，視覚的に関係をわかりやすくするためには，**グラフ化**（か）していくことが有効である．グラフの役割は表の役割とオーバーラップするが，次のような点が挙げられる．

① 関係や変化などを直観的にとらえることができる.

② 事象などをわかりやすく伝達できる.

③ 問題点を発見したり，解決の分析手段として役立つ.

④ 全体としての傾向を大局的・概括的にとらえることができる.

ただ単に表やデータだけを並べておくのではなく，グラフとして表すことで，全く関係のないと思われていた事柄であっても，新しい発見があった例はたくさんある. 例えば，英字新聞の1ページを持ってきて，どのアルファベットがたくさん使われているかという頻度を調べてみる. 単語などに左右されるので，それらの間に何も関係ないように思われる. しかし，それをグラフ化するとアルファベットの使われ方に一定の傾向のあることがわかるのである. 例えば，一番多く使われている文字は「e」である. このような分析をもとにして，いままで読めなかった古代の文字について，どのような形の文字が一番多く使われているかをグラフ化し，アルファベットの傾向と対比することで，解読が可能になる. そういう意味でも，表やグラフは分析の手法として重要性である.

ところで，統計的なグラフにはいろいろな種類がある. どのようなときにどのグラフをどう使うかということは，グラフの役割を十分に発揮させるために重要である. 統計のグラフには次の表のようなものがある.

観点		グラフ
1つの集団の構造を表す	属性や変量を表す	棒グラフ 折れ線グラフ 円・帯グラフ 絵グラフ
1つの集団の系列を表す	場所的	棒グラフ 面積グラフ
	時系列	折れ線グラフ
2つの集団の関係を表す	分割	棒グラフ 円・帯グラフ
	相関	散布図，相関図

表6-12

次に，普通の関数的なグラフについて少し考えてみることにする．

【例 6-3】 1 本 30 円の鉛筆を x 本買ったときの金額 y 円をグラフで表す．

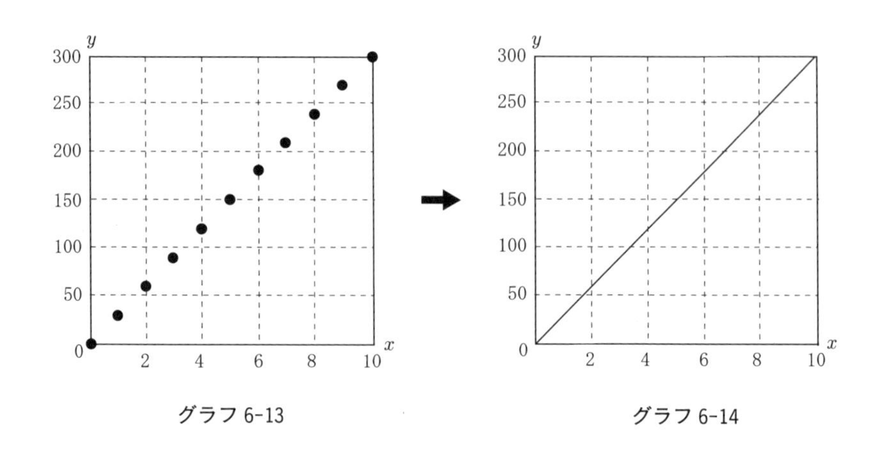

グラフ 6-13　　グラフ 6-14

例 6-3 のグラフは，6-13 なのか 6-14 なのか迷うところである．

つまり，たいていの教科書では，比例のグラフは，水の深さや重さなどの連続量から入る．そのような場合は 6-14 のグラフであって，何も問題はないが，比例関係は連続量だけでなく，この例のように離散量の場合もある．離散量を使った関係でグラフを考えるとき，例 6-3 をグラフ 6-14 のように描くと不思議な感じがする．1 本 30 円の鉛筆を 1.5 本買うということはない．そう考えると x のとる値は整数値だけである．そうなると，グラフ 6-13 で示したように，点で表した整数値だけのグラフにしたほうがよさそうである．それを，グラフ 6-14 のように連続した直線で表示するのは，2 つの x と y の関係を明らかにしたいからである．よって，本来不連続なグラフであっても，小学校程度で扱うものに関しては，その関係を見るためには連続した線にして考えることも必要である．

関数 $y = f(x)$ のグラフとは，x とそれに対応する $f(x)$ をペアにした

$$(x, f(x))$$

という点のつくる集合のことであり，それを座標平面上に表現したものである．グラフが描けずに悩んでいる子どもには，このような平面の座標の点だということを認識させて，いくつかの値を代入して点 $(x, f(x))$ を求め，それを平面上にとらせて線で結ばせる，というようなていねいな指導が大切である．

関数における別の問題点を考えてみよう．

【例6-4】 1人ですると36日かかる作業を x 人ですると y 日かかった．この関係を式に表し，2人の場合，360人の場合，3600人の場合について，それぞれ何日かかったか求めなさい．

この問題を式にすると

$$y=\frac{36}{x}$$

となる．この作業を2人ですると18日になる．これは計算から簡単に出せる．360人でやれば0.1日つまり2.4時間になる．3600人ですれば0.01日つまり，0.24時間，15分程度になる．

答えは求まるが，「あれ？　変だ」と思った人もいるだろう．実際，1人で36日かかる仕事を，3600人呼んできたからといって，たった15分で終わるなどということはあり得ない．実は，この問題には**変域**（へんいき）（x の取りうる範囲）が存在しているのである．しかし，小学校では変域を扱わない．よって，それを無視して考えた結果，答えが非現実的になってしまった．この問題の360人とか3600人という数値が不適切なのである．

このように，関数の問題を考えるには，実際生活と矛盾しないように考えることも必要である．単なる機械的な取り扱いでは，おかしなことを平気で答えさせることにもなる．

また，グラフで嘘をつく方法もあるので，グラフの作り方や見方も大切である．つまり，グラフは視覚的なものであるから，描き方次第では事実を歪曲（わいきょく）することもできるのである．

グラフ6-15はある女性のダイエットの記録である．この女性は必死にダイエットしようと頑張ったがなかなか効果が現れず，3ヶ月を過ぎたところで大きくリバウンドをしてしまい，結果的にはもとの体重よりも重くなった．これを端的に表しているのは，左のほうのグラフである．しかし，これを右のように縦軸の幅を変えてグラフにしたらどうだろうか．2ヶ月間大きくやせて，リバウンドがあまりなかったと誤解するだろう．このように x 軸と y 軸のスケールを変えることで錯覚を起こさせることは可能なのである．スケールの取り方でグラフで強調できるという利点はあるが，事実と異なるようにも見せることも可能である．

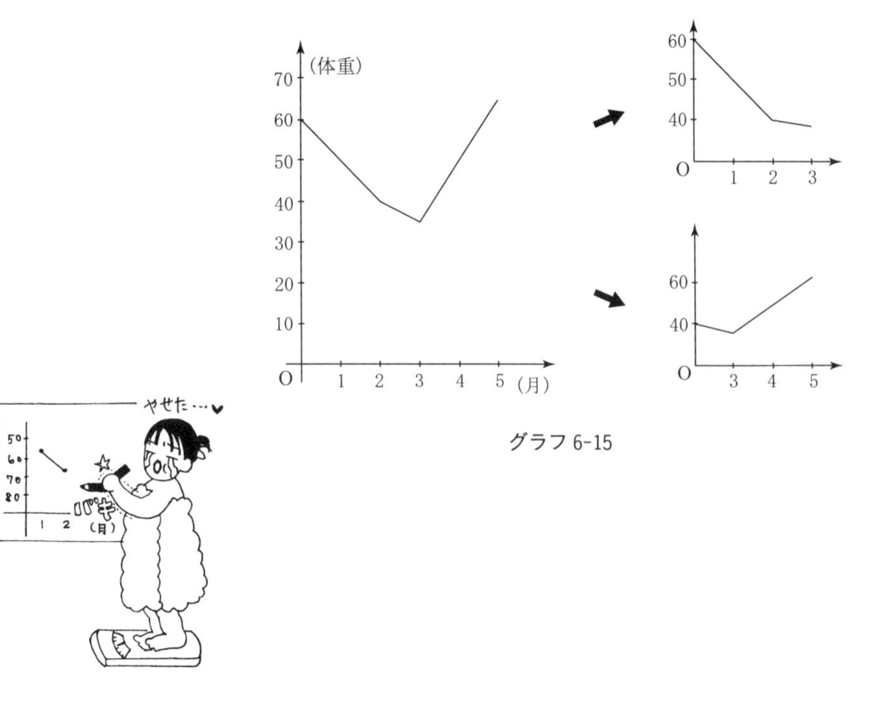

グラフ 6-15

このような資料の見方が弱いことはPISAの学力調査(PISAについては§7.4で紹介)でも明らかになった.

【問題 6-5】 盗難事件の問題(PISA 2000 および 2003)

あるTVレポーターがこのグラフを示して,「1999年は1998年に比べて,

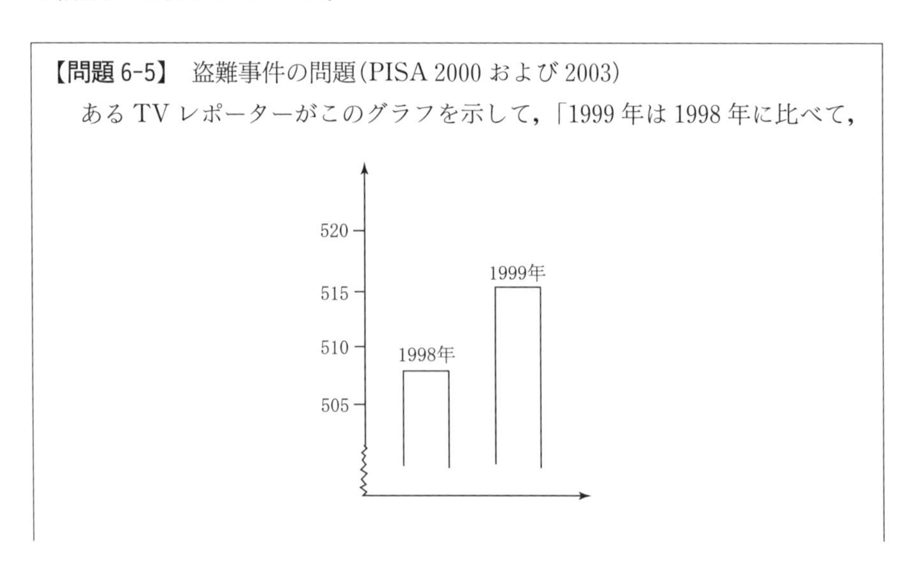

盗難事件が激増しています」と言いました．
　このレポーターの発言は，このグラフの説明として適切ですか．適切である，または適切でない理由を説明してください．

このグラフを見ると，この1年で盗難事件の件数が大きく増加しているような気がするが，実際はそうではなく，10件程度しか増えていない．全体の500件に対して10件というのは全体の2％であり，大きく増加しているとはいえない．この問題も先ほどのダイエットの例と同じようにグラフを意図的につくっており，それを見抜く力が必要になってくる．日本の生徒の傾向は完全正答11％と，OECDの平均点より下回っている．

これらのことは別に特殊なことでもなく，日々の新聞や広告などにもよく見られる．作成者の都合に合わせて事実と異なるように示したのである．これは，数学のトリックである．よって，グラフを機械的に見るのではなく，スケールの取り方に注意を向けるなど，算数・数学的な目を養うことが必要である．

§6.5　割合

2つの数または同種の量 A, B において，A が B の何倍であるかを表した数 P を A の B に対する**割合**（わりあい）という．

この割合の考え方は子どもにとって非常に難しい．また，この割合は教科書によって定義もバラバラで，いろいろな書き方がされている．例えば，ある教科書は「ある量をもとにしてくらべる量がもとにする量の何倍にあたるかを表した数」としている．定義もわかりにくい．また，問題を解くときに，何が「もとにする量」で，「比べる量」がどれなのか，問題文からは読み取るのが難しい．

最初に述べたように，割合のもとになるのは**倍**（ばい）という考え方であるが，倍の考え方にはいくつかの種類がある．ところが，教科書によって，その問題の分類や配列がまちまちなのである．

ここで，倍の種類を整理すると次のような3種類になる．

倍の種類

① **操作の倍**：1つの量が伸縮する場合．

例）300円の商品を特売で240円にして売りました．売った値段はもとの値段の何倍(何割，何%)にあたるでしょう．

② **関係の倍**：2 つの量の対比を見る場合．

例) A さんの家では，米が 1000 kg 収穫できました．B さんの家では米が 1200 kg 収穫できました．B さんの家の収穫高は A さんの家の何倍(何割，何%)でしょう．

③ **分布**：全体を 1 としたときの，全体と部分の関係を見る場合．

例) ある小学校では全校生徒が 500 人います．そのうち 6 年生が 90 人だとすると，全体のどれだけ(何割，何%)になるでしょう．

倍にはこれら 3 種類のことが考えられるにもかかわらず，割合の導入後すぐにその表し方としての百分率を学習することから，1 以下の小数の値が出る ③ を中心に扱っている教科書が多い．したがって，③ に重点を置きすぎて，百分率のところでいきなり ① や ② の問題が出てきても答えられない事態が起こる．やはり，① や ② の考え方の理解をも十分に配慮することが必要である．

次に，割合を考えるとき，基準の量が何かということが大きな問題である．「赤い花は 2 倍ある」というだけでは，何に対してなのか，結局何がいいたいのか全くわからない．「赤い花は白い花の 2 倍ある」とすれば，基準は白い花であり，それに対しての量だということがわかる．例えば「A のバケツに 20 L 入り，B のバケツに 10 L 入るとする」という場合，基準を A にすれば，B は半分しか入らないということになり，B を基準にすれば A は 2 倍分入るといえる．2 種類の同じ量を比較するとしても，基準が変われば，割合の値も変わってくる．分数が入ってくると余計に混乱するので，基準の量を明確にしておくことが必要である．

割合の理解を困難にしているのは，問題文である．文章を読み取っても，どの量がもとになるのか，比べる量なのか，わかりにくい．また，問題文から 1 にあたる量を探すことは非常に困難である．例えば 10 L を 1 と見たり，20 L を 1 と見たり，問題によって 1 となる量が変化する．さらに，問題文が理解できても，それをイメージするのが難しくなおさらわかりにくい．教科書では，テープ図で関係を明らかにしてあるものもあるが，テープ図に表すのは意外に難しい．文章から読み取ることが難しいものなので，あまり手の込んだ問題は避けたほうがよいだろう．

次に，割合には 3 つの用法があるので，ここで確認しておこう．

割合の 3 用法

2 つの数量 A, B において，A の B に対する割合を P で表すと，

① $P = A \div B$　（割合を求める計算）

② $A = B \times P$　（比べる量を求める計算）

③ $B = A \div P$　（基準量を求める計算）

① は割合そのものであり，② は割合が倍だということがわかれば使える．③ の用法はよく使われるが，割合の計算で最も難しい形である．□ を利用して，問題の表現に即した立式をして，② の式の変形より解決させるなど，指導法の工夫が必要である．

割合は，抽象度が高く，理解することが大変難しい．それは，今までは量の世界で大小を比べていたためである．例えば野球の世界では，ホームランは数の多さで比べるのに対して，安打は打率すなわち割合で比較する．ものによって大小の比較の仕方は異なる．割合の理解が困難であることは，全国学力・学習状況調査でも課題になっている．

【例 6-6】 平成 24 年(2012 年)度　全国学力・学習状況調査　算数(A)より

赤いテープの長さは 120 cm です．

赤いテープの長さは，白いテープの長さの 0.6 倍です．

赤いテープと，白いテープの関係を正しく表しているのはどれですか．

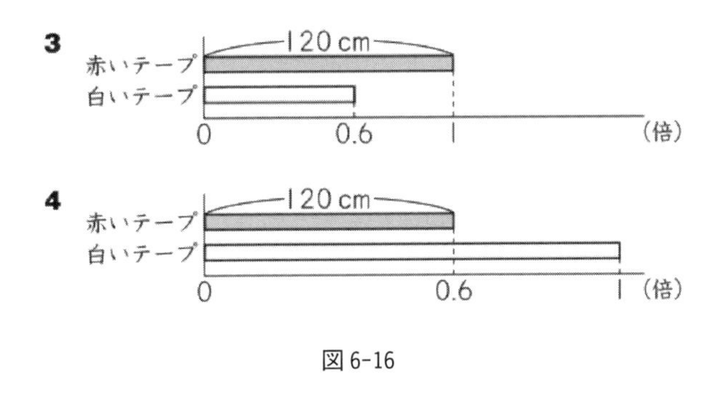

図 6-16

正答は 4 で 34.3 %，誤答の 3 は 50.9 %である．

整数倍では説明しやすいものも，0.6 倍のような小数倍の場面では難しいので，簡単な数値に置き換えて考えたり，○や□を使って立式することで小数倍を捉え

ることができるようにすることが大切である．また，1より小さい小数をかけると，積は被乗数より小さくなることもわかるようにしていきたい．

【例6-7】 平成27年(2015年)度　全国学力・学習状況調査　算数(B)より
家で使っているせんざいが，20％増量して売られていました．増量後のせんざいの量は480 mLです．増量前のせんざいの量は何mLですか．

この問題は正答率が13.4％と非常に低かった．誤答で最も多かったのが，「20％」という言葉から0.2や20をかけたりわったりした解答が36.4％で，「20％引き」である0.8をかけたものが27.6％になっている．そもそも「20％増量」したものが，元の値より大きくなっているという感覚が必要である．ある教科書では図6-17のように，数直線に表しながら，どのような計算にしたらよいのかイメージさせている．

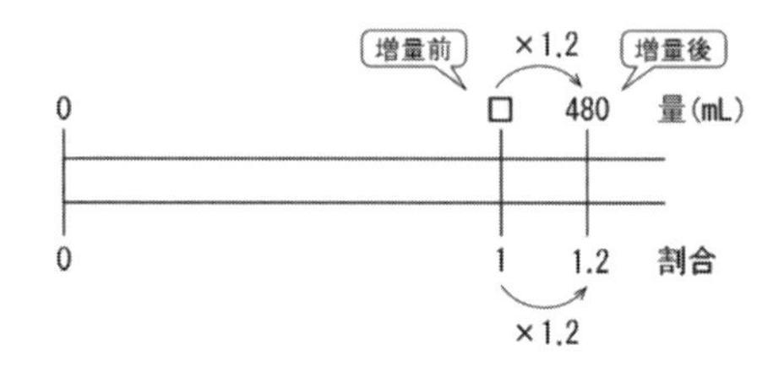

図6-17

また，割合については，2017年の学習指導要領では，5年生よりも低い学年にも下りてくるので，5年生だけの問題ではなく，「基準量：キ」「比較量：ヒ」「割合：ワ」の関係を低学年から指導者が意識しながら5年生につなげていく必要がある．

1年「ながさくらべ」

例）消しゴムの3つ分の長さが鉛筆の長さになります．
キ　ワ　ヒ
⟶基準となる長さをもとに，長さを測定する．

2年「1000までの数」

例）500は100が5つ分の数です．
ヒ　キ　ワ
⟶10や100などを単位として数の大きさを捉える．

2 年「かけ算」

例）4 cm の 3 つ分のことを 4 cm の 3 倍といい，4 × 3 と表します．
キ　　ワ　　　　キ　　ワ　　　　キ　ワ

4 年「小数のわり算」

例）青色のテープの長さ 45 cm は 赤色のテープの長さ 30 cm の 1.5 倍
ヒ　　　　　　　　　　キ　　　　　　　　　　ワ
です．
──→基準量と比較量から倍を求める．

5 年「小数のかけ算」

例）1 m の値段が 90 円 のリボンがあるとき，このリボンの 0.7 m の代金
キ　　　　　　　　　　　　　　　　　ワ
は 63 円です．
ヒ
──→基準量と割合から比較量を求める．

5 年「小数のわり算」

例）2.5 m のねだんが 75 円のリボンがあるとき，1 m のねだんは 30 円
ワ　　　　　ヒ　　　　　　　　　　　　　　キ
です．
──→比較量と割合から基準量を求める。

（国立教育政策研究所「平成 25 年度全国学調の結果を踏まえた授業アイデア例」をもとに作成）

割合の表し方としては，**百分率**（ひゃくぶんりつ）や**歩合**（ぶあい）がよく使われる．百分率は，基準とする量の大きさを 100 と見てそれに対する割合を表すもので，0.01 を 1％と表す方法である．もともとパーセント（per cent）とは，「100 について」という意味である．歩合は，基準とする量の大きさを 10 と見て，それに対する割合を表すもので，0.1 を 1 割，0.01 を 1 分と表す方法である．歩合は十進数位取り記数法のように小数の位ごとに名前が決まっていて，「万」や「億」などと同じような考え方から来ている．この歩合は江戸時代に整った日本にある昔からの考え方である（ただし，ここで注意しなければならないのは，歩合の単位名と小数の単位名が 1 桁ずれていることである）．

歩合や百分率を指導するときには，割合を表す小数とどのように対応するのかを明確にしなければならない．

割合を示す小数から，百分率や歩合に書き直したり，百分率から歩合などさま

ざまな変換ができることは，実生活上でも必要なことである．日常生活では，百分率は消費税や大売出しの割引率などに使われ，歩合は野球の打率などに用いられている．このように日常よく使う考え方なのだから，基本的な計算ができるように，時間をかけて指導しておきたいものである．

さて，次に割合を比で表すことについてであるが，割合を倍で導入しているので，「縦と横の長さは3:2である」とか「3と2の割合で……」ということが子どもたちにはピンと来ないようである．そのために，比から先に入って割合にいくという指導の仕方も行われているようである．

もともと比 $a:b$ というのは，割合とは違ったものであるが，中学生になると比は $a:b$ で表さず，分数の形 $\frac{a}{b}$ で表すことが多くなる．つまり，

$$a:b=\frac{a}{b}$$

そうすることで割合の考え方に帰着できる．

比についても倍と同じようにいくつかの種類がある．

比の種類

① **関係の倍**

例） 兄と弟のお年玉の金額が4:3

② **分布**(全体を1としたときの比率)

例） 料理を作るとき，卵と砂糖の割合が3:2

③ **正比例**

例） ある人が2分で40 m，3分で60 m歩く．$\left(\frac{40\text{ m}}{2\text{分}}=\frac{60\text{ m}}{3\text{分}}\ (\text{一定})\right)$

④ **拡大率**

例） △ABCと△DEFの相似比は5:3
ある地図の縮尺は1:20000

⑤ **形状比**

例） ある長方形の縦の長さと横の長さの比は2:1

比 $a:b$ は，それ自体では何の意味もないが，これが式として機能するのは，別の比 $x:y$ との比較においてである．つまり，2つの比が等しいという比の相

等関係である．2つの比の相等

$$a:b=x:y$$

というのは，a と b の両方をある定数倍(k 倍)すれば x と y になる，つまり，

$$\frac{x}{a}=\frac{y}{b}=k \quad (一定)$$

ということである．このことから，外側同士掛けたもの $a\times y$ と内側同士掛けたもの $b\times x$ は等しいという関係が成立する．

ところで，比というのは2つの量とは限らず，いくつでも考えることができる．例えば3つの量の比 $a:b:c$ も考えることができる．この場合も，比の相等

$$a:b:c=x:y:z$$

の意味は

$$\frac{x}{a}=\frac{y}{b}=\frac{z}{c}=k \quad (一定)$$

ということである．つまり，3つの量 a, b, c をある定数倍(k 倍)すれば，x, y, z になるという関係のことである．

これが比の考え方であって，比 $a:b$ と比の値 $\frac{a}{b}$ は違うことなのである．しかし，

$$a:b=\frac{a}{b}:1=1:\frac{b}{a}$$

であるから，$a:b$ を b に対する a の割合と読むことで，$\frac{a}{b}$ を表していると考えることができる．その意味でも，比の値という考え方は大切なのである．

§6.6　確率について

確率の分野は，ギャンブルから発達したといえる．人々はギャンブルでどのようにすれば大儲(もう)けできるか考えていた．それを数学的に捉えることで生まれたのが確率である．確率が組織的に研究されるようになったのは，15世紀のイタリアの数学者カルダノによる．それ以後，たくさんの人々がギャンブルの秘策を求めて研究を行い，急激な進歩を遂げた．

確率を表すときには，以下のような割合で表すことで，数値が大きいほど起こりやすく，逆に小さいほど起こりにくいように表すことができる．

$$\text{確率 } P(A) = \frac{\text{ある事柄が起こる場合の数}}{\text{起こりうる場合の数}}$$

確率の問題を考えるときに注意する点としては，「**同様に確からしい**(ある試行をしたとき，意図的に偏らず同様に起こり得ること)」ものを考えることが必要である．例えば，硬貨を投げたときの表裏は，細工がしてなかったら，どちらが出るかわからない．確率は $\frac{1}{2}$ になると予想される．このようなことが，同様に確からしいということである．起こり得る場合の可能性を実験で調べなくても理論的に導いて求めた確率を**数学的確率**という．それに対して画鋲を投げたときの表裏はどちらか一方が出やすいはずである．映画などで，いかさまサイコロがよく出てくる．これは，特別な目がよく出るように細工されているのであるから，どの目も同様に出るのが確からしいとはいえないのである．このような場合は，多数回の試行によってそのときの発現傾向が安定したときの値から導き，それを**統計的確率**という．一般的に，学校で学ぶ確率は，同様に確からしい数学的確率を扱う．

確率は自然界で起こる偶然の事象を考えるので，私たちが想像する予想とは大きく異なっていても不思議はないが，その一方で，どうしても願望が入ってきて，確率に対する解釈が恣意的になって間違ってしまうこともたびたび起きる．

例えば，次のようなことはどうであろうか．

【例 6-8】 6 回振ったら 1 回出るのか？

あるプロ野球解説者が「今日続けて 3 打席凡打していますが，3 割バッターですから，そろそろヒットが出る頃ですね」ともっともらしく語っていた．また，似たようなことだが，「サイコロを 5 回振ったが 6 が出なかった．今度こそ6が出る」という人もいる．この考え方は正しいか？

確率で $\frac{1}{6}$ といったら，「サイコロを6回振ったら必ず1が出る」ということを保証したものではない．サイコロを何千回，何万回も振って確率を計算すると，だいたい $\frac{1}{6}$ の確率で1が出るということである．これを**大数**(たいすう)**の法則**という．

ちなみにグラフ 6-18 は，サイコロを 500 回転がしたときの1の出る確率である．200 回を超え始めると確率は $0.16 = \frac{1}{6}$ に近づいていることがわかる．

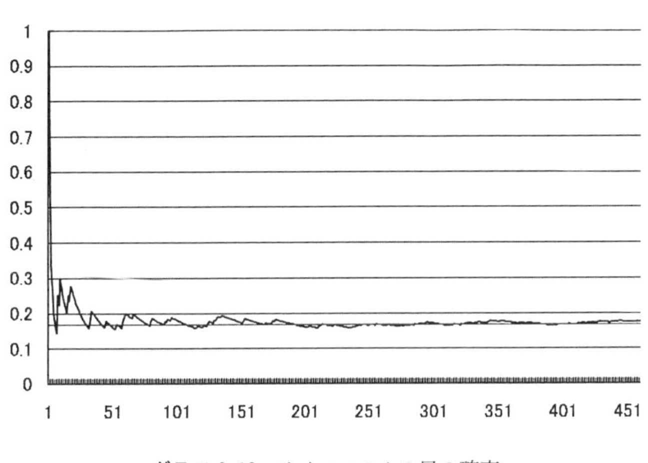

グラフ 6-18　サイコロの1の目の確率

【例 6-9】　数打てば当たるのか？

大学入試ですべらないようにするために 10 校も 20 校も受ける人がいるが，たくさんの大学を受ければ，合格する可能性が上がるのだろうか？

合格率が 20 %といわれるいくつかの大学を受けるとして考えてみる．

1つ受けたら1つ受かる確率　　20 %

逆に，1つ受けたら すべる確率　　80 %

10 校ともすべる確率

$$0.8\times0.8\times\cdots\cdots\times0.8=0.8^{10}\fallingdotseq0.1073774$$

10 校受けたら 1 つ受かる確率 = 1−(10 校ともすべる確率)

$$1-0.1073774=0.89626$$

合格率が 20 %の学校でも，10 校受ければ，なんと約 90 %の確率で 1 つの学校は受かるということがいえる(注意：すべての学校に受かるわけではない).

以上のことから，やはり，数打てば当たることがいえる.

その他にも確率に関するおもしろい話はいくつもある.

【例 6-10】 あてにならない直観

1 クラス 40 人の中に同じ誕生日の人はいるだろうか？

このことを考えるには，先ほどと同じで，全員の誕生日が違う確率を求めて，1 から引けばよい.

2 人目の誕生日が 1 人目と違う確率 $\dfrac{364}{365}$

同じ確率 $1-\dfrac{364}{365}$

2 人とも誕生日が違う確率 $\dfrac{364}{365}\times\dfrac{363}{365}$

人数	少なくとも 2 人が同じ誕生日である確率
10	0.117
20	0.411
23	0.507
30	0.706
40	0.891
50	0.970
60	0.994
70	0.999

表 6-19

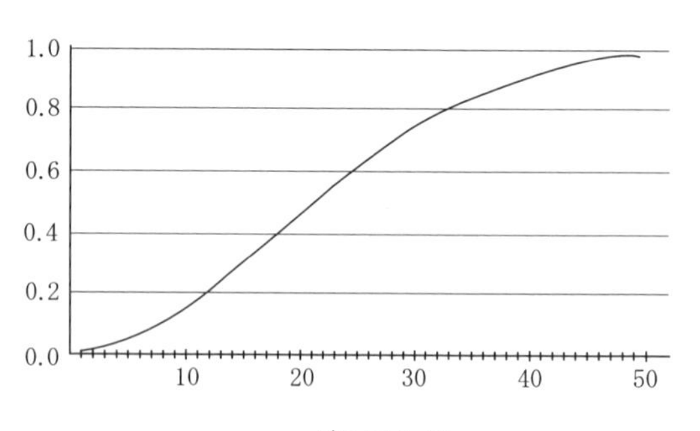

グラフ 6-20

$$同じ確率\quad 1-\frac{364}{365}\times\frac{363}{365}$$

このように計算していくと，40人クラスではほぼ90％になる．

（注意：自分と同じ誕生日ではなく，誰でもよいから同じ誕生日の人がいる確率である）

【例6-11】　天気予報の降水確率はなぜ当たらない？

天気予報の降水確率で，100％といっていたのに5分程度しか降らなかったり，10％といっていたのに1日中大雨だったりしたことがある．また，40％と50％とどこが違うのかわかりにくい．では，降水確率とはどんなものだろうか．

降水確率は過去の天候の記録をもとに計算される．過去の気温，湿度，気圧配置などが記録されてあり，今現在の天候の状態から過去のデータが呼び出される．過去に同じような天候が100日あったとき，そのうちの40日は少しでも雨が降ったとする．このような場合，降水確率が40％になる．よって降水確率は雨の激しさや時間を表すのではなく，雨が一滴でも降る確率なのである．いまは過去のデータから呼び出すのではなく，計算によって求められるようである．

【例6-12】　くじ引きは早いほうが得？

年末になるとあちこちでくじ引きが行われる．1等が当たると鐘を鳴らしたりする．1等の数は決まっているので，全部1等が出てしまったら当たるはずがない．だから，なるべく早く引きたいという人もいれば，「残りものには福がある」と考える人もいる．

例えばここに10本のくじがあり，2本が当たりだとする．このくじをA

が先に引き，B が後から引くとする．さて，くじ引きは最初に引いたほうが得だろうか？

B が当選する確率を考えると，下の ① と ② の場合しか B は当たらない．

① A が当たりを引いて B が当たる確率 $\frac{2}{10}\times\frac{1}{9}=\frac{1}{45}$

② A がはずれを引いて B が当たる確率 $\frac{8}{10}\times\frac{2}{9}=\frac{8}{45}$

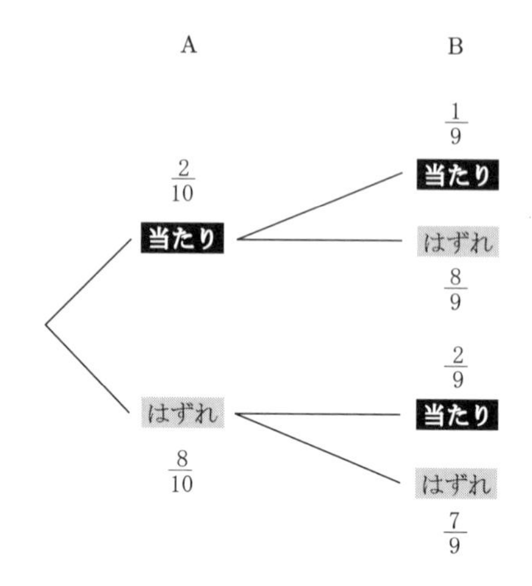

① と ② は同時には起こらない(**排反事象**(はいはんじしょう)という)ので，B の当たる確率は ① と ② を足したもの

$$\frac{1}{45}+\frac{8}{45}=\frac{1}{5}$$

になる．よって A も B も当たりを引く確率は同じになるので，くじ全体で見るといつ引いても確率は同じである．

このように確率の問題は簡単そうに見えて，よく考えないと大きな落とし穴にはまってしまうことが多い．

§6.7　統計について

次に，統計について考える．§6.4のグラフのところでも少し扱ったので簡単にしておく．統計を考えるときには**平均値**(へいきんち)や**散らばり**(**標準偏差**(へんさ))といった考え方が重要になる．

しかし，平均値だけでは役に立たないことも起きる．表6-21を見てみよう．

	A	B	C	D	E	F
算数のテストの点数	83	92	100	0	16	9

表6-21

この6人のテストの平均値を求めることは無駄である．単純に平均値を求めると50点になる．しかし，平均値近くの人は存在しない．A, B, Cは点数の高い部分にあり，D, E, Fは極端に下のほうにある．要するに真ん中がない．このように点数に偏りがあるものに対して平均値を求めることはあまり意味がないのである．

データの持つ特性値(平均値，中央値，最頻値，標準偏差など)が意味を持つには，データから得られる度数分布の形が重要になる．中でも，その度数分布の形が左右対称で，左右にいくほど頻度(度数)が低くなった釣鐘状のグラフ6-22のようなものは**正規分布**とよばれ，身長や全国学力・学習状況調査のような多人数による試験の点数などはこのような分布に従うことが知られている．正規分布では，平均値はほぼ中央になり，平均値の周りの頻度が高くなっているという特徴があり，この場合は平均値が重要になる．むかし使われた通知表にみられる5段階の相対評価は，子どもたちの成績が正規分布に従うものと仮定してつくられたものである．

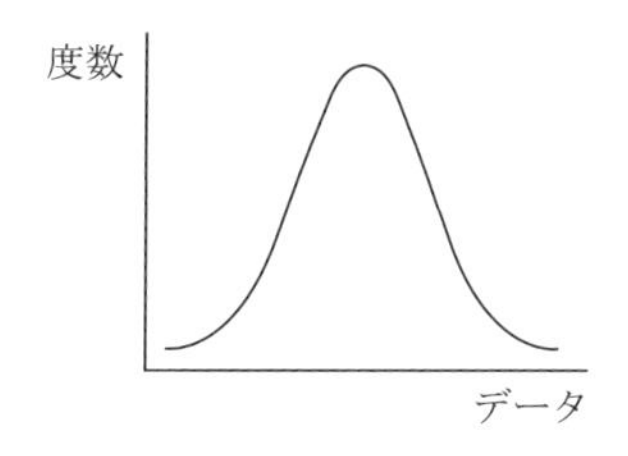

グラフ6-22

（註） 度数分布とは，得られたデータをいくつかの階級に分け，その階級に属するデータの頻度を求め，階級を横軸に頻度を縦軸にした棒グラフのことである．

中央値（メディアン）とは，データを小さいものから順に並べたときに中央にくる値のことであり，データの実態を示すのに平均値より適切な場合がある．例えば，企業賃金の水準などを記述するのに用いられる．

最頻値（モード）とは，データの中で最もたくさん出てくる値のことであり，データの実態を示すのに平均値より適切な場合がある．ファッションなどの流行を示すのに使われる．

散らばり具合というのはデータの平均値からの隔たり具合を示す数値であり，標準偏差とよばれる．標準偏差と平均値を用いて次のようにした数値を**偏差値**（へんさち）という．

$$偏差値 = \left(\frac{自分の点数 - 平均点}{標準偏差}\right) \times 10 + 50$$

つまり，平均点が 50 点で標準偏差が 10 となるように調整したものである．

偏差値は受験戦争の悪の根源のようにいわれてきた．それは，偏差値を受験校を選ぶ指標に用いられたからである．偏差値は，散らばりと平均という 2 つの要素のものを 50 が中心になるように 1 つの数値に的確に表したものである．これによってテストの難易度にも左右されず，自分がどの程度の場所にいるかを的確に数値化できるという利点がある．そのために，この数値が受験校の難易度を比較する基準として採用されたのである．

ところで，森田優三氏は『統計読本』（日本評論社，1958）に次のようなデータ改竄（かいざん）の例を述べられている．

日本では女 100 人に対して，男は 104.7 ぐらいの割合になっている．このデー

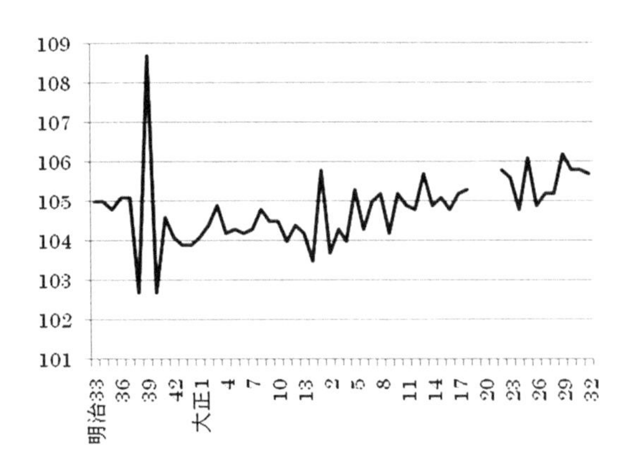

グラフ 6-23（森田優三著『統計読本』より）

タを年度ごとに比較すると不思議な箇所がある．

グラフ6-23を見ると，明治39年(1906年)に異常に性比が狂う．この明治39年は，干支が「丙午(ひのえうま)」で，この年に生まれた女性は気性が荒っぽく，嫁に行けないという迷信があった．さらに調べていくと，年まわりが悪いから女性が生まれなかったわけではなく，この資料のもとになった出生届の上に異変があった．つまりデータの改竄(かいざん)があったことがわかる．この年の1月に生まれた女子はほとんどが，前年の12月生まれとして届けられ，逆にこの年の12月に生まれた女子は，翌年の1月生まれとして届けられたためである．また，昭和25年(1950年)前後にも同様な事例が見られた．

人の心理が統計的な数字に現われた見事な例である．

情報化時代といわれる今日，たくさんのデータが街にあふれている．その使い方によって，データは良いものにも悪いものにもなってしまう．データはあくまでもデータであって，その使い方や解釈は私たち次第である．したがって，データに振り回されてはいけない．高度情報化社会を生きるためには，正しいデータ解析能力を授業で養っていくことも大切になってくる．

演習問題 6

① 関数のグラフを描くには座標の概念が必要であるが，その座標の指導の工夫について述べなさい．

② 手元にある英語の雑誌について，アルファベットの使用頻度を調べなさい．また，それと異なったジャンルの英語についても同様のことを行い，違いがあるかどうかを観察しなさい．

③ 棒グラフの描き方について調べなさい．
また，データの個数と棒の本数の関係について調べなさい．

④ 比と割合の類似と違いについて述べなさい．

⑤ 宝くじの確率を調べなさい．また，その期待値を計算しなさい．

⑥ 正規分布になるようなサンプルの例を述べなさい．
正規分布の特徴について調べなさい．

⑦ 相対評価の1, 2, 3, 4, 5という成績の割合は，どのような統計的理論にもとづいているかを調べなさい．

●第 7 章

数学教育について

§7.1　教科書並びに学習指導要領の変遷

学習指導要領は教科の学習内容を国が定めたものである．今現在，学校の算数・数学の授業内容は文部科学省が定める**学習指導要領**に従って行われている．この指導要領はほぼ 10 年に一度改訂され，その内容も大きく変わってきた．表 7-1 に 5 つの学習内容について，それが指導要領の改訂で小学校何年生に配当されていたかを示してみた．

	緑表紙	1947	1951	1958	1968	1977	1989	1998	2008 2017
長方形，正方形	3	3	4	3	2	2	2	3	2
平行四辺形，台形	4	5	中 1	4	4	4	4	5	4
線対称，点対称	6	4	中 3	5	5	6	6	中 1	6
2 位数× 2 位数	3	4	5	4	3	3	3	3	3
小数×小数	5	5	中 1	5	5	5	5	5	5

表 7 - 1

この表から見ても，学習指導要領における指導内容の学年配置などは，必ずしも一定しているわけではない．そのときの子どもの学習状態や社会状況に左右される．また指導法にはベストのものは存在せず，現場の先生方の日々の努力と研究によって開発されていくべきものである．しかし，数学教育の内容や考え方には，時代や社会情勢に関係なく普遍的なものも存在する．本書の第1章から第6章では，小学校算数や中学校数学で学ぶ事柄をさらにより広い視野に立って数学的に捉えたり，上級学校で学ぶこととのつながりや発展について述べてきた．これらの背景には，人類が積み上げ，伝えてきた文化である「数学」がある．数学教育(算数教育を含む)は，将来を担う子どもたちに数学を教育することである．数学は，長い歴史の中で淘汰され，残ってきたものであり，その価値については今日でも変わらない．ただ，数学のどの内容を教育すべきか，どのような順序や指導法が適切かといったことに関しては変化する部分もある．

この章では数学教育に関する教科書や教材や指導法に関する事柄について，今日までの流れを簡単に述べておく．まず，現在の学習指導要領になるまでに，算数・数学の指導のあり方はどのように変わってきたかについて，具体的に戦前の教育から見てみよう．

●明治6年(1874年)～　『文部省編纂　小学算術書』

明治5年(1873年)，我が国は学制を定め，翌年最初の教科書を発刊した．この教科書には絵も多く取り入れられ，進歩的で優れたものであった．明治維新を迎え欧米の文化がたくさん入ってくるなかで，数学も和算から西洋数学への転換を決意し，西洋数学を取り入れた教科書になった．しかし，和算で教育された教師にとっては，この西洋数学の良さが理解できず，結局失敗に終わってしまった．

●明治10年(1877年)～　『数学三千題』

明治10年代に入ると，『数学三千題』という教科書が，学校の授業のみならず，当時の官吏登用試験にまで取り入れられるほどのベストセラーになった．この教科書の精神は「問題を解くことによって頭が良くなる」というもので，難問が多

く入っていた．この教科書の出現によって，いたずらに問題を多く解く風潮が流行した．

●明治 38 年(1905 年)～　**黒表紙教科書**『尋常小学算術書』(国定)

明治 19 年(1886 年)より教科書が検定制に変わり，明治 38 年(1905 年)にはわが国最初の国定教科書が出た．表紙が黒色のことから「黒表紙教科書」とよばれた．この教科書の目的は「計算の習熟，知識の習得，考え方を正確にする」というもので，知識技能のほかに考え方も重視する内容になった．また**数え主義**(加法や減法などの原理にもとづく計算ではなく，数えながら足したり引いたりする方法．かけ算とは同数累加であるというのもこの原理から来ている)の立場を一貫してとっている．また，日常的に使う計算を中心として，その中に生活上必須の知識を織り込み，応用問題で思考を練るといったものであった．

この教科書は，計算練習と応用問題から成り立っている．計算問題の中には，

$6993\overline{)74111}$ (4 年)，　$\{(3+4)\times 6-8\}\div 3.4$ (5 年)

といった複雑なものまである．この教科書の大きな特徴であるが，2 年生までは，100 以下の数の範囲で四則計算をすべて暗算でさせ，3 年生になってから筆算を指導するという，暗算先行型であった．また，たくさんの計算練習をやらせるあまり，「なぜそうなるのか」という考え方を無視して，具体的な場面とは全く関係のない，形式的な計算ややり方がなされた．その結果，計算はできるが応用問題のできない子どもをたくさん生むこととなった．

この頃，欧米では，イギリスの**ペリー**やドイツの**クライン**らによる**数学教育改良運動**が盛んになっていた．この運動は，いろいろな国の数学教育に影響を与えた．それは，共通した次のようなねらいを持っていた．

- 近代社会の発展にともない，有用性のあるものを取り入れる．
- 生徒の心理的発達に適応するようにする．
- 実験，実測を多く取り入れる．
- 関数の考え方を重視して，グラフ教材を強化する．
- 微分積分などの高度な分野も平易にして取り入れる．

このような改善がなされた．しかし，この改良運動が日本に入ってくるのは，欧米の数学教育の動きより 30 年遅れる結果になってしまった．また，「黒表紙教科書」は具体的な内容に欠け，改良運動とは全く逆の内容であった．

●昭和 10～15 年(1935～40 年)　**緑表紙教科書**『尋常小学算術』(国定)

この教科書は国定算術書で各学年上下2冊から成り，児童用と詳細な解説をした教師用とがある．「数理思想の開発(数理を愛し，数理を把握して喜びを感じる心を基にして，事象を数理的に考察し，数理的な行動をしようとする精神，態度の育成)」と「日常生活の数理的訓練(算術教育を実際生活に役立たせることの必要性から現実に即して観察・実測等を行うことによって数理・空間の知識を与え，これを処理する方法を訓練する)」の2つを数学教育の目的として掲げている．また，この教科書には，先ほど述べた欧米の数学教育改良運動の思想が取り入れられた．

この教科書では，例えば「犬，さる，きじの3匹が一本の道を並んで歩いています．並び方はいくとおりありますか」という問題が載っている．これを解くには，1つを固定し他のものを変化させ，次に最初固定していたものを順次変化させる考え方であり，この考え方は数理思考開発上，極めて有意義な方法であるとされていた(日本数学教育学会『算数教育指導用語辞典』(教育出版)参照)．

次のような点が，黒表紙教科書にはない緑表紙教科書の特徴であった．

①　色刷り絵画などを使用して，子供たちに親しみやすくしたこと．

②　実際の生活に即した教材を取り入れたこと．

③　実験・実測の重視や作業場面を導入し，子どもの活動を重視したこと．

④　計算中心から代数的な考え方などを導入したこと．

⑤　低学年から図形教材を導入したこと．

⑥　発明や発見を重視したこと．

実際に緑表紙教科書6年生上巻の目次を見てみよう．

1. 量をはかること(力・圧力・仕事・工率・密度)
2. 小学生の体位
3. 参宮旅行(ダイアグラム)
4. いろいろな問題(速さ・GCM・LCM・比例配分・歩合算・比例・反比例など)
5. 対称形と回転体
6. 地球
7. 暦(太陽南中・平均太陽日・太陽の高度・古来の暦日・閏年の定め方・月の形状・運行など)
8. いろいろな問題(地球・暦・年齢に関するもの・七曜循環の複雑な表の見方)

9. 水の使用量
10. 伝染病の統計
11. 相似形(拡大された絵の考察，地図の理解，地図を拡大する，地図の縮小率，地球上の二点間の距離，拡大図と原図の面積比較など)
12. いろいろな問題(相似形に関する実際的な問題，船の重さ・容積，ヤード・ポンド法の一端)

資料 7-2 『尋常小学算術』第 6 学年児童用(上)の目次より

内容的には，数理的な見方・考え方，態度を養うもの，概念知識を得させるもの，技術を得させるものなどが広く取り上げられている．また，順列・組合せや確率，関数，極限の基礎を具体的に取り扱っていた．内容の程度は，全国的に程度が下がらないために中位より上を狙っており，最優秀の子にも難しいと思われる問題が加えられている．系統的に書かれているわけではないので，子どもたちの意識の中で数学的概念が定着して使えるようになるのかという点で疑問が残る．

●昭和 16～18 年(1941～43 年)　**青表紙(あおびょうし)教科書**

『カズノホン』『初等科算数』(国定)

緑表紙教科書が何回かの改訂を経て完成した直後，戦争のあおりを受け国民総動員運動が起こり，教育改革の必要性が叫ばれ，青表紙教科書の登場となった．学校も小学校から国民学校へと変わり，名称も「**算術**(さんじゅつ)」から「理数科**算数**(さんすう)」に変更になった．この教科書の目的は「数・量・形について国民生活に必要な知識，技能を習得させ，数理的処理に習熟させ，数理思想を養う」となっており，緑表紙教科書の流れをくむもので，緑表紙教科書と大きな違いはないが，次の点が特色として挙げられる．

① 図形教材に動的なものを導入．

② 理数科両面にわたる教材を導入．

理科と結びついて理数科となったことから，低学年は，植物の形を調べる教材，高学年では「車と力」「力を合わせること」「力を調べること」のような教材が見られる．

③ 戦時色がやや濃くなった．

以上，明治維新後の学制から戦前・戦中までの教育を見てきた．

すでにこの頃の教育は，難しい問題を数多くこなせばよいという考え方から，興味関心を持つ教材や体験活動を取り入れ，生活の場面で使う問題を扱っていくという現在の教育の形へと大きく変換しようとしていた．難しい問題をやたらにたくさん解かせるだけでは意味がないことが，明治からの経験により，戦前のこの時期までにわかっていたのである．

続いて戦後の教育について見てみよう．

戦前は，国がつくった**国定**(こくてい)**教科書**を使っていたが，戦後になると文部省(現文部科学省)が各学年で教える内容を示した「学習指導要領」に基づいて，いくつかの会社が教科書をつくり，文部省の検定を受ける**検定**(けんてい)**教科書**を使うようになった．この学習指導要領はだいたい10年ごとに改訂され，現在に至っている．最初は例示にすぎなかったが，後に強制力を持つようになった．今日では教える最低限の内容であるといわれている．

10年ごとの学習指導要領改訂にともない，教育界にどのような動きがあったのかを簡単に示しておこう．

●問題解決学習・**生活単元**(せいかつたんげん)**学習**(1947年，1951年指導要領)

1947年の学習指導要領では，指導方法として**生活単元**による学習が強調された．いわゆる「生活単元学習」の登場である．これは，生活と結びついた算数教育を実現していくため，知識や技能よりも体験的な活動を重視する学習方法であった．体験活動を通し必要な生活技能を学習していくスタイルで，その都度必要な算数・数学的内容を指導するといったやり方である．

算数科の目標として，

① 生活に起こる問題を必要に応じて自由自在に解決できる能力を伸ばす．
② 数理的処理を通して生活をよりよいものにしていく態度を身につける．
③ 数学的な内容を理解してはじめて数量を日常生活にうまく使っていける．
④ 数理的な内容についてのよさを明らかにする．

が掲げられているが，4つの目標のうち3つに「生活」という言葉が出てくる．

具体的に，4年生の教科書の目次を見てみよう．

1課 「勉強の用意」
2課 「かんたんなかけざん」
　　1．遠足のしたく
　　2．ならびかた

3. 学級のひょう

3課 「小数のよせざん・ひきざん」

4. お店

5. 村のあんないず

4課 「ひょうとグラフ」

6. およぎくらべ

7. 夏やせ

5課 「測定」

8. かんたんなちず

9. いものとりいれ

6課 「かんたんなわりざん」

10. おじさん

11. いまとむかし

12. こよみ

7課 「かけざん」

13. 学用品のかいいれ

14. お店しらべ

8課 「わりざん」

15. いね作り

16. はんのひょうのせいり

資料 7-3 4年生の教科書の目次より

社会科の教科書ではないかと思うほど，生活に関する言葉が出てくる．

この学習方法は，学力低下問題などさまざまな批判を受けることとなった．その批判をまとめてみると，

① 数学の体系の無視

数学的な概念を，生活経験を理解するためにその都度取り出してきた道具のようにして扱った．それぞれの概念の間にある結びつきを無視し，数学の体系が寸断され，算数内容の系統的理解が軽視された．

② 学問文化の成果や科学的思考の軽視

生活単元学習が子どもの直接的な生活体験の指導を重視する結果，間接的経験でしか学べない人類が築きあげてきた科学・芸術・文化の成果の獲得

が軽視されていた.

③　教育現場にもたらした矛盾と混乱

生活単元学習では体験的活動が主であるため，計算力は身につかなかった.そのため，授業では，数学の学習とは別の目先の問題解決にのみ関心が向けられた．また，他方では知識技能を獲得するために，数学的なことを順序正しく押さえず，詰め込み的な計算練習(ドリル)が行われるという分裂を生み出した.

以上のような批判とともに学力低下が問題視され，この生活単元学習は姿を消すことになった．そもそも学習形態は学校や教師に任すべきものであり，国が統制すべきものではないわけだが，戦前の教育への国家統制に対する苦い反省が，この件については生かされたともいえる.

●系統(けいとう)学習(1958年指導要領)

この1958年の学習指導要領では，道徳の時間，特別教育活動が新設された．また，この年の学習指導要領から「試案(しあん)」という文字が消え，法的拘束力を持つようになった．この前の指導要領の「生活単元学習」による学力低下という失敗を踏まえ，経験主義や単元主義に偏りすぎる傾向を改めた．また，基礎学力を向上させ，科学技術の力を高めるために，教える内容を引き上げて充実させ，系統的に学習させることが必要であった.

したがって，戦後レベルダウンしていた指導内容は，緑表紙以上のところまで引き上げられ，また授業時数も多く配当された．そのため，後で述べる表7-5からもわかるように，急に時間数が増えたのである．数え主義や，割合の指導も強化された．しかし，その結果，分数などは子どもたちにとって，いよいよ理解できないものとなっていった.

また，この学習指導要領では，「数学的な考え方」の育成が初めて謳(うた)われたが，実際の指導では生かされなかった.

●数学教育の現代化(1968年指導要領)

1957年のソ連の人工衛星スプートニク1号の打ち上げ成功を起爆剤として，世界各国で急速に数学教育の改革運動(現代化運動)が起こる．日本でも，1958年の改訂で，戦後いったんレベルダウンした算数・数学教育の内容を戦前以上の水準に高めたが，そのために内容も難しくなり，消化不良を起こした多くの子どもたちをつくったため，この改訂では内容を精選し，児童の負担を減らすという方針がとられた．

その一方で，世界的規模で起きた数学教育の現代化の影響を強く受け，現代の急激な数学の発展に対応させるための性急な改革が行われ，小学校では集合や関数の考え方が導入され，中学校では「集合・論理」という領域が新設された．

小学校で始まった「集合」の学習では，例えば，○○の集まりのことを「集合」，集合を作っている１つ１つのものを「要素」，といった定義から始まり，小学校 4 年生で下記のような指導がなされていた．

【例 7-1】

算数の授業のある曜日(月，火，木，金)の集合は授業のある曜日(月～土)の一部分である．

{ 月，火，木，金 } ⊂ { 月，火，水，木，金，土 }

夏休みに，ポスターと作文を希望した人を整理するために，輪の中に名前をいれるとはっきりする．

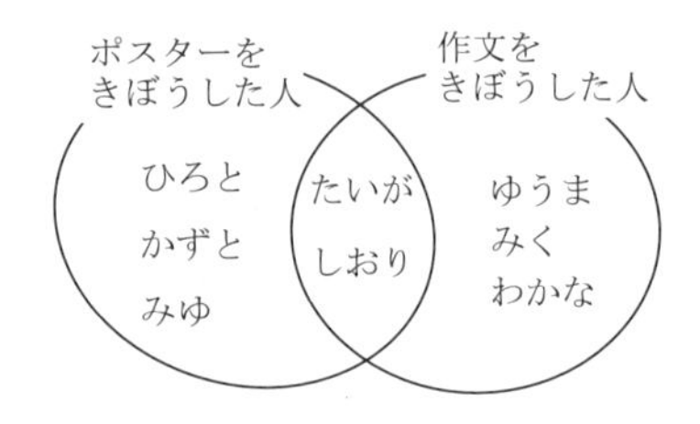

また，中学校１年生では正の数・負の数の前に集合の学習が入り，部分集合や補集合，空集合を記号であらわすことなどを学習した．

しかし，現代化の結果，教材が増え，年齢が早いうちでの抽象化(ちゅうしょうか)・形式化(けいしきか)や，急速すぎる改革で教師側の準備も不備のままで，算数ぎらいや落ちこぼれが大量に発生した．よって，それらの原因が現代化教材，特に集合にあるとする批判が起きた．数学教育の方法の現代化は必要だったにもかかわらず，現代数学を直接的に小学校や中学校に導入するというきわめて乱暴なやり方により，その部分の議論も吹き飛ぶ結果になり，数学教育にとっては不幸な時期であった．

●ゆとり教育(1977 年指導要領)

現代化の反省から，世界的に back to the basic という基調に戻った．現代化の教材(集合，位相など)を削除し，全体的に基礎・基本が厳選され，内容的にゆとりが持てるものになった．しかし，現実には，一学級の児童・生徒数は世界の先進国に比べて1.5倍から2倍もの多さであり，加えて，受験競争の激化や校内暴力など学校が抱える問題も多く顕在化してきた．本来，教育をすべき教師にこそ十分なゆとりが保証されるべきであったが，教師はもとより，子どもにとっても，ゆとりのある教育とはほど遠い内容であった．

●**新しい学力観**と多様化の時代(1989年指導要領)

小学校低学年では，社会科と理科が生活科に統合された．社会が急速に変化していくなかで，変化に対応できる個性化，多様化が重視され，**新しい学力観**である「興味・関心，意欲，態度」が重視された．また，小学校算数では数理的処理の「よさ」，中学校では数学的見方・考え方の「よさ」が強調された．

●**総合的な学習の時間**の導入(1998年指導要領)

受験戦争など「詰め込み型」と呼ばれた知識・技能中心の教育から，「自ら課題を見つけ，自ら学び，自ら考え，主体的に判断し，よりよく問題を解決する資質や能力を育てること．また，学び方やものの考え方を身に付け，問題の解決や探究活動に主体的，創造的，協同的に取り組む態度を育て，自己の生き方を考えることができるようにすること」(2008年改訂)という，**生きる力**を身につけるため，教科の枠にとらわれず，体験的な学習をしていこうという**総合的な学習の時間**が導入された．

また，学校教育にゆとりを持たせるため学校週5日制を導入した．それによって時間数を削減し，学習内容も3割程度削減された．総合的な学習と教科の関係は生活単元学習に少し似ているところがある．再び同じような過ちを繰り返さないようにするためにも，基礎・基本に立脚した活動が必要である．

前のところでも述べたが，この学習内容の削減によって，計算などの領域では型分けでやらないものが出てきたり，台形の面積のように考え方を育てるよい教材がなくなったり，円周率が3になってしまったりと，数学的に見てたくさんの問題点が生じた．この指導要領で学習しなくなったのは，主に次の表のところである．

●小学校

【数と計算】

- 4 位数同士の加減
- 3 位数×2 位数，3 位数×3 位数の筆算
- 除数が 3 位数の筆算
- 小数の加減乗除（小数第 2 位以下）
- 帯分数を含む加減乗除

【量と測定】

- 面積の単位(a, ha)
- 台形の面積，多角形の面積
- メートル法の仕組み

●中学校

【数と計算】

- $A = B = C$ の連立方程式
- 文字置き換えによる因数分解
- 平方根表

【図形】

- 図形の移動（平行，対称，回転）
- 立体の切断投影
- 四角形の包含関係

【数量関係】

- 数の表現（近似値，二進法，流れ図）

削除された内容の他に，不等号，柱体や錐体の体積・表面積，図形の対称，反比例など小学校の内容が中学校へ移行し，中学校の内容が過密になった．二次方程式の解の公式や円の性質が高等学校へ移行され，学習しない生徒が出てきた．

●ゆとり教育の反省と学力向上

ゆとり教育や総合的な学習の時間の導入によって，算数・数学の授業数が減り，内容も 3 割程度削減された．そこから基礎・基本に時間をかけて確実な定着を図ること，また，体験的な活動を増やしていくことが強調されているが，はたして，このような時間の激減で基礎・基本が定着できるかという大きな問題を抱えてきた．また，その削減された内容に関しても上級学年にシフトして，そちらの学習内容が過密化するなど問題もあった．特に，中学校の数学にあっては，小学校から持ち込まれた内容が増えたにもかかわらず，学習時間は週 3 時間に減らされ，学力低下が心配された．

それに追い討ちをかけたのが，PISA(生徒の学習到達度調査：Programme for International Student Assessment)や TIMSS(国際数学理科教育動向調査：Trends in International Mathematics and Science Study)といった国際的な学力調査である．これによると，日本の学力は低い方ではないが，トップではない．特に PISA の結果では 2000 年に 1 位だったのが 2003 年には 6 位に落ち込んだ

ことを国内で大きく報道されたことから，学力低下論争が大きくなった．

また，TIMSS では，我が国の児童生徒の学力は国際的に見て上位だが，学ぶ意欲に課題であることが2003年調査で話題になり，大きく報じられた．近年，国際平均との差は縮まっているが，依然差があることが明らかになった．

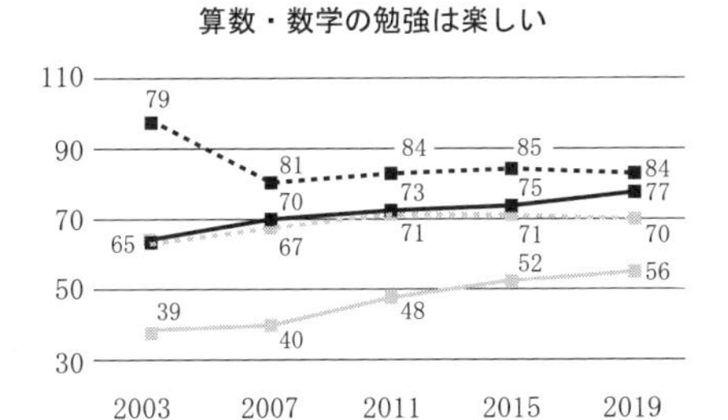

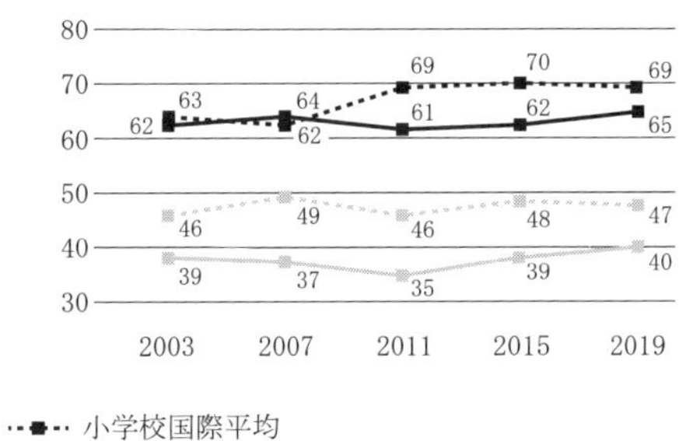

グラフ7-4　文部科学省「国際数学・理科教育動向調査（TIMSS 2019）のポイント」

これらの調査から日本の児童生徒には，次のような課題があることが明らかになった．

① 思考力・判断力・表現力などを問う読解力や記述式問題，知識・技能を活用する問題に課題がある．
② 読解力で成績分布の分散が拡大しており，その背景には家庭での学習時間の減少などの学習意欲，学習習慣・生活習慣に課題がある．
③ 自分への自信の欠如や自らの将来への不安，体力の低下といった課題がある．

それを受けて，小学校では平成17年(2005年)度，中学校では平成18年(2006年)度の教科書改訂より，指導要領が標準のものから最低限指導しなければならないものとする考え方に変わり，平成14年(2002年)度教科書で削除されたものが，全員が学習しなくてもよい発展的な取り扱いになって戻った．台形の公式も練習問題はないものの，発展的扱いとして紹介された．当時のニュースで有名になった3位数のかけ算を扱わなくなったために，円周率が「3」として扱われてしまうという問題も電卓を使わせて，「3.14」にするなど必要なものは各教科書会社が工夫して掲載されるようになった.

ある教科書会社からは，緑表紙教科書(『尋常小学算術』1935〜1940)の復刻版が発売された．この教科書が注目されてきたのも，ゆとり教育の結果，基礎・基本というものが重要視され，学力低下への懸念が強まったということのあらわれともいえる.

学力低下論争を受け，文部科学省は実態調査のために，小学校6年生と中学校3年生全員を対象に，**全国学力・学習状況調査**を2007年から行った．過去にも全国学力テストが1960年代に行われていた．しかし，学校や地域間の競争激化や教職員らの反対闘争によって1964年には全員調査を中止し，抽出調査となるが，裁判所が国の学力調査は違法という判断を下したことで1966年のテストを最後に全面中止となった.

近年行われた自治体での学力調査で学校の評価を上げるために，過去の問題を何度もさせたり，間違えている児童に対して，試験監督が指で教えたりするなどの問題も出てきた．また，新聞で都道府県別の順序が公表されており，過去の過ちが繰り返される危険性もはらんでいる．(学力問題については§7.4で紹介)

●外国語活動の導入(2008年指導要領)

2006年(平成18年)に60年ぶりに**教育基本法**が改正された．これには，道徳教育や愛国心について初めて明文化されるなど，問題を多く含んだ内容となった．また，普通教育の年限が具体的に記載されていない．他にも教員の研修に関すること，教育が法律に基づいて行われるもの，生涯学習の理念や学校，家庭，地域の連携などが明文化された.

読み・書き・計算などの基礎的・基本的な知識・技能の習得の必要性から，この指導要領では減り続けていた総授業時数が増加し，小学校高学年では，全体で35時間(週1時間)増えた．それにともなって国語・社会・算数・理科はそれぞれ時間が増え，前回の指導要領の目玉でもあった総合的な学習の時間は105時間(週3時間)から70時間(週2時間)に減った．しかし，総合的な学習の時間は，学習指導要領総則から取り出して新たに章立てになり，教科の枠を超えた横断的・総合的な学習，探究的な学習を行うものであることをより明確化した.

この指導要領では，読み・書き・計算などの基礎的・基本的な知識・技能は，体験的な理解や繰り返し学習を重視するなどして習得させ，学習の基盤を構築していくことが大切との提言がなされた．また，基礎・基本だけでなく知識・技能を活用して課題を解決するための思考力，判断力，表現力などの育成が大切であり，それを育成するために，観察・実験，レポートの作成，論述などを充実させることが必要だとしている．

また，これからの国際化社会の中で生きていくために，新しく小学校で**外国語活動**(英語)が5〜6年生で必須となった．いままで総合的な学習の時間では行われていたものの，時間数や内容において学校間において温度差があったため，国が作成した「英語ノート」が導入された．

算数科においては，計算などの技能の定着について低下傾向は見られないが，計算の意味を理解することなどに課題が見られ，また，身に付けた知識や技能を生活や学習に活用することが十分でないといった状況がいろいろな調査の結果より明らかにされた．

・時間数の増加

　小学2年生以上は175時間(週5時間)に増加，6年間合計142時間の増加．

　中学校では，週時間3—3—3から，中1と中3で増加し4—3—4，3年間合計70時間の増加．

・内容の復活

　前回の指導要領で3割削減された内容のほとんどが復活．

　ひし形や台形の面積の求め方を考え説明すること，角柱および円柱の体積の求め方が追加．

　図形の合同や拡大図・縮図，対称な図形が中学校から移行．

・スパイラルの学習(系統性の重視と学年間や学校段階間で内容の一部を重複)

　例えば，1年生では，1位数の加減で終わらずに，簡単な2位数の加減を導入的に扱い，2年生で2位数の加減を本格的に指導するようにした．

　2年生で分数の意味を理解する上で基盤となる素地的な学習活動を行う(例：紙を2つに折って1/2をつくる)．

・「はどめ規定」を設けない．

　学習指導要領に書かれていないものは指導しないという考えから，最低学ぶべき内容に．

・低学年から「数量関係」の領域を設ける．

・具体的な「算数的活動」や「数学的活動」の例示．

●主体的・対話的で深い学び(2017年指導要領)

グローバル化の進展や人工知能(AI)の飛躍的な進化により，社会が加速度的に進展していく時代になった．2016年に，チェス，将棋などのボードゲームにおいて，人間とAIの戦いの中で「最後の砦」といわれていた囲碁でも，AIが世界トップレベルの棋士を打ち負かしてしまった．ニューヨーク市立大学教授キャシー・デビッドソン氏は，「2011年度にアメリカの小学校に入学した子供たちの65％は，大学卒業時に，いまは存在していない職業に就くだろう」と述べ，オックスフォード大学准教授マイケル・オズボーン氏は，「今後10〜20年で，雇用者の約47％の仕事が自動化される」と予測するなど，将来の変化を見直すことが困難な時代になった．

予測できない未来に対応するためには，解き方があらかじめ定まった問題を効率的に解いたり，定められた手続を効率的にこなしたりすることにとどまらず，直面するさまざまな変化を柔軟に受け止め，感性を豊かに働かせながら，主体的に学び続けて自ら能力を引き出し，自分なりに試行錯誤したり，多様な他者と協働したりして，新たな価値を生み出していくために必要な力を身に付け，主体的に向き合って関わり合うことが重要であるとした．そのため，学校と社会が学校教育を通じてよりよい社会を創るという目標を共有して「**社会に開かれた教育課程**」の実現が求められているとしている．

これまで改訂の中心であった「何を教えるか」ではなく，「**何ができるようになるのか**」という観点で，育成を目指す資質・能力を整理し，それを育成するために「**何を学ぶか**」という指導内容を検討し，さらにその内容を「**どのように学ぶか**」としている．育成すべき資質・能力の3つの柱として，何ができるかという**知識・技能**，理解していることをどう使うかという**思考力・判断力・表現力など**，どのように社会と関わりよりよい人生を送るかという**学びに向かう力・人間性など**で各教科が整理されている．

「どのように学ぶか」については，指導方法についても学習指導要領で触れることで大きな話題になった．学びの質や深まりを重視することが必要であり，課題の発見と解決に向けて主体的･協働的に学ぶ学習(いわゆる「**アクティブ・ラーニング**」)や，そのための指導の方法などを充実させていく必要があるといったことから，アクティブ・ラーニングという言葉が独り歩きした．授業においてグループで話し合いをすることがアクティブ・ラーニングであるかのような誤解を生んだ．方法論ではなく子どもたちひとりひとりが深く学んでいるかということが大切である．これまでと全く異なる指導方法を導入しなければならないと浮足立つ必要はなく，これまでの教育実践の蓄積を若手教員にもしっかり引き継ぎつつ，授業を工夫・改善する必要がある．各教科等で習得した概念や考え方を活用した「**見方・考え方**」を働かせ「**主体的・対話的で深い学び**」を実現させていくことで，学校における質の高い学びを実現し，学習内容を深く理解し，資質・能力を育み，生涯にわたって能動的に学び続けるようになるようにするための授業改善が求められている．

先行して2018年より道徳が教科化され「**特別の教科　道徳**」になった．また，70時間の「**外国語(英語)**」が小学校5・6年の正式教科になり，「聞く・話す」を中心に英語に慣れ親しむための「外国語活動」が3・4年生に35時間前倒しして行われる．これにより，総時数が小学校4年生以上では980時間から1015時間になり，学校現場では余裕がなくなった．高校では，必修科目の「世界史」を廃止して，新たな必修科目として近現代を中心に日本史と世界史を合わせた「**歴史総合**」を設けるほか，18歳選挙権の導入を踏まえ，社会に参画するのに必要な力を育てる「**公共**」の新設など，主要教科が大幅に再編される．

教科等の目標や内容を見渡し，特に学習の基盤となる資質・能力や現代的な諸課題に対応して求められる資質・能力の育成のためには，教科横断的な学習の充実が必要である．また，主体的・対話的で深い学びの充実には，単元など授業のまとまりの中で，習得・活用・探究のバランスを工夫が求められる．

各学校には，学習指導要領等を受け止めつつ，子どもたちの姿や地域の実情などを踏まえて，各学校が設定する教育目標を実現するために，学習指導要領等に基づき，どのような教育課程を編成し，どのようにそれを実施・評価し改善していくのかという**カリキュラム・マネジメント**の確立が求められている．

また，情報活用能力を育成する観点から，プログラムのスキルではなく，プログラミング的思考を育む**プログラミング教育**が必須化された．算数科においては，例えば第5学年の正多角形の作図を行う学習に関連して，正確な繰り返し作業を行う必要があり，さらに一部を変えることでいろいろな正多角形を同様に考えることができる場面などで取り扱うなど，コンピュータ等を活用した学習活動の充実が求められている．

今回の改訂では，学びの質と量を重視したことで，前回の学習指導要領と比べ，学習内容の削減は行われていない．そのようなこともあり，指導時間の確保や指導内容の定着が危惧されることに加えて，指導方法についての言及があるなど，大きな問題を孕んだ改訂となっている．

2017年告示された学習指導要領は，小中学校では2018年度より移行期間に入り，小学校では2020年度，中学校では2021年度より全面実施された．高校では，2019年度より移行期間に入り，2022年度より年次進行で実施された．2021年より大学入学共通テストが実施され，大学入試が大きく変わった．

戦後の教育は，生活単元学習に始まり，学力低下が指摘され，系統的な学習に戻った．しかし，その後の現代化は，まさに教科の持つ学問的な部分がダイレクトに出されたために失敗をした．このあたりから，世界的な数学教育の潮流が，我が国にも直接的な影響を及ぼすようになってきた．数学教育のグローバリゼーションの始まりである．本書の第1章，第2章に述べた水道方式やタイルによる数の指導などを提唱した数学教育協議会（民間教育団体）の仕事が，世界中で少しずつ認知されるようになった．かなり古い話だが，アメリカの大学にいたときに，知り合いになった小学校教師から“What is the water pool method?”と聞かれた．それが水道方式だった（後述，p. 208）．

現代化以降はback to the basic（基礎・基本へ戻れ）という動きとNew math（新しい数学教育へ）という大きく2つの流れがある．我が国は，これらの流れのどちらというのではなく，基礎・基本を強調すると同時に活動主義的な教育が全面に押し出されている．

ところが，その一方で，中学校，高校へと進むにつれて，受験にシフトした数学教育が主流になり，生徒たちの多くが数学離れや数学嫌いを起こしている．基礎・基本の強調，活動主義，これらはもちろん大切なことだが，それが受験のための道具へと特化していくことで，本来の数学の価値や姿が伝わらず，数学離れや数学嫌いが増えている．数学離れや数学嫌いは学力低下の引き金にもなる．

ところで，日本の教育のシステムは，極めて特異であるということも十分認識しておく必要がある．

国の定める学習指導要領に従って教科書がつくられ，その教科書を国が検定し，検定を受けた教科書で教育が行われるという，国家主義的ともいえる教育システムは，民主主義の発達した国では極めて希（まれ）である．

確かに，その徹底した制度は，日本中どこへいっても同じ教育が受けられるというメリットや，地域差などがさほど問題とならないというメリットがあり，程度のそろった人材を育ててきた．その意味ではある時期にこのようなシステムを必要とすることはあり得る．しかし，その一方で，多くの問題が生じているのも事実である．国家的統制により，国に都合のいい教育内容しか選択されないという事態も起きる．1998年の算数・数学の学習指導要領の改訂では，大幅な内容の削減が行われ，円周率などの小数の計算問題をはじめとして，大変な事態が生じたのである．しかも，それに対応した教科書の検定は非常に厳しかったといわれている．特に，教科書の検定は教育の内容統制であり，教育基本法や憲法にも抵触する可能性がある．社会科教科書の検定問題は，まさにそのような問題でもあった．もちろん，このようなことは，算数・数学の教科書でも起きたのである．実は，ある時期，数学教育協議会のつくった教科書が検定に合格しなかったという．ところが，本書でも取り入れているが，この協議会の開発した方法論がいまの教科書には数多く取り入れられているのだから，歴史の皮肉である．まさに，検定をする側の見識のなさが検証された出来事であったともいえよう．

ここで，学習指導要領に伴って変わった小学校算数科の指導時間数の変遷を見ておこう．(表7-5)

小学校	1947	1958	1968	1977	1989	1998	2008 2017
1年	105	102	102	136	136	114	136
2年	140	140	140	175	175	155	175
3年	140	175	175	175	175	150	175
4年	140～175	210	210	175	175	150	175
5年	140～175	210	210	175	175	150	175
6年	140～175	210	210	175	175	150	175

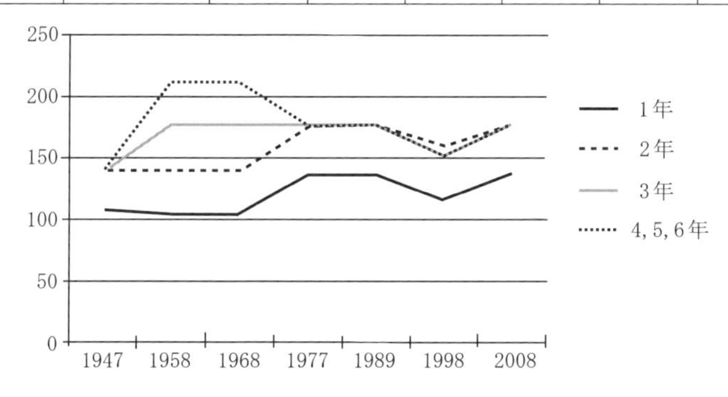

表7-5　小学校算数科の年間標準単位数の推移

低学年では，1977年に時間数が大きく増大した．高学年では，最初の改訂で時間数は大きく増大したが，その後，次第に減っていった．1998年には全体的に時間数が1～2割減ったが，それは「総合的な学習の時間」の確保のためであった．しかし，学力低下問題などにより以前の時間数に戻り，内容もほとんど復活することとなった．

●水道方式(遠山 啓)

国の学習指導要領を徹底，推進する団体としては，つい最近まで半官半民(国と民間が半々でつくっているという意味)の学会であった**日本数学教育学会**がある．

しかし，戦後の算数教育，数学教育では学習指導要領とは別に大きな動きがあった．それは遠山啓氏らを中心とした**数学教育協議会**という民間教育団体によって提唱された算数・数学の教育方法である．結果的に学習指導要領に寄り添う指導法を批判する立場に立つことになり，数学教育界の一部からは異端視された．

その団体が提唱した指導法の 1 つが，1958 年に提唱された**水道方式**という学習方法である．水道方式とは，小学校算数における筆算の計算練習の方式で，水道が水源地からいくつかの支流に枝分かれしていくことと同じように，計算問題もいくつかの型に分類でき，それを一般的なものから特殊型，退化型へと系統的に配列することが必要だと説いたことからこの名前がついた．

詳しく見ていくと，この原理は，

① 複雑な計算過程を最も単純な計算過程に分類し，それらを**素過程**(＝基礎計算)と名づける．

② 素過程を結合して，最も典型的な**複合過程**をつくる．

③ 典型的な複合過程から，しだいに典型的でない複合過程に及ぼしていく(**退化**)．

の 3 つの考え方で構成される．整数の四則演算に始まり，小数や分数もこの原理で指導していくことができるとする．詳しくは，本書の第 2 章「四則演算」をこ

の原理に則った形で書いておいたので参考にしていただきたい．

水道方式の登場により，戦前の緑表紙から続いてきた指導方法――それは**暗算中心の考え方**である――が批判され，姿を消すことになった．暗算主義と反対の考え方が**筆算中心の考え方**で，明治以来，この 2 つの考え方のどちらを採用していくか，論争になっていた．

例えば 23×15 を計算する場合，現在では図 7-6 左のように筆算を書いて計算する．それに対し，緑表紙に代表される教科書では図 7-6 右のように筆算を使わず，暗算で答えを求めることが要求された．暗算で計算するためには，高度な計算能力が必要となるため，計算力を上げる方法として有効だと考えられていたのである．当時は，欧米に追いつけ追い越せの精神であったために，難しい問題を多く解かせて，高い学力をつけさせることができると考えられていた．しかし，難しい問題を多く解かせることだけでは高い学力は保証されない．

$$\begin{array}{r} 23 \\ \times\ 15 \\ \hline 115 \\ 23 \\ \hline 345 \end{array} \qquad \begin{array}{r} 23 \\ \times\ 15 \\ \hline 345 \end{array}$$

図 7-6

水道方式では，タイルを用い，筆算を中心にして，計算を型分けさせた．筆算を用いることで，どんな大きな数の計算であろうと，1 位数同士の基礎演算さえ身につければ計算できる．そして，本書の加法のところで扱ったように，むやみに問題を解かせるのではなく，いくつかのパターンに分類して，簡単なものからくりあがりのあるような難しいパターンへと指導していくことで，どこでつまずいているのかを教師が知り，適切な指導ができると提唱した．それによって生徒の負担を減らし，効率よく計算できるようになった．

この水道方式や筆算中心の考え方は，いまでは現代の算数指導のもとにもなっている．もちろん，暗算が不要だというわけではない．

§7.2　現在の算数教育

学習指導要領には，今の算数教育の課題を次のように挙げている．

・PISA 2015 では，数学的リテラシーの平均得点は上位グループに位置しているが，学力の上位層の割合はトップレベルの国・地域よりも低い結果である．
・TIMSS 2015 での平均得点は良い結果であり，中学生の数学を学ぶ楽しさなどに対して肯定的な回答をする割合も改善が見られる一方で，いまだ諸外国と比べると低い状況であるなど，学習意欲面で課題がある．また，小学校から中学校に移行すると，数学の学習に対し肯定的な回答をする生徒の割合が低下する傾向にある．
・全国学力・学習状況調査等の結果からは，小学校では，「基準量，比較量，割合の関係を正しく捉えること」や「事柄が成り立つことを図形の性質に関連付けること」，中学校では，「数学的な表現を用いた理由の説明」に課題が見られた．

2017 年の学習指導要領では，前回(2008 年)に 2〜3 割程度増えた時間数や内容をそのまま維持し，数学的活動のより一層の充実，小数倍など**低学年から割合に関する指導**を繰り返したり，**統計教育の充実**を行ったりする．§7.1 で挙げられた方向性をもとに，すべての教科等において，教育目標や内容を資質・能力の 3 つの柱「知識・技能」「思考力・判断力・表現力等」「学びに向かう力・人間性等」で再構成している．

【小学校算数科の目標】

数学的な見方・考え方を働かせ，数学的活動を通して，数学的に考える資質・能力を次のとおり育成することを目指す．

「何を理解しているか・何ができるか」(生きて働く「知識・技能」の習得)

(1) 数量や図形などについての基礎的・基本的な概念や性質などを理解するとともに，日常の事象を数理的に処理する技能を身に付けるようにする．

「理解していること・できることをどう使うか」(未知の状況にも対応できる「思考力・判断力・表現力等」の育成)

(2) 日常の事象を数理的に捉え見通しをもち筋道を立てて考察する力，基礎的・基本的な数量や図形の性質などを見いだし統合的・発展的に考察する力，数学的な表現を用いて事象を簡潔・明瞭・的確に表したり目的に応じて柔軟に表したりする力を養う．

「どのように社会・世界と関わり，よりよい人生を送るか」(学びを人生や社会に生かそうとする「学びに向かう力・人間性」の涵養)

(3)　数学的活動の楽しさや数学のよさに気付き，学習を振り返ってよりよく問題解決しようとする態度，算数で学んだことを生活や学習に活用しようとする態度を養う．

【小学校算数科の見方・考え方】

数学的な見方……事象を数量や図形及びそれらの関係についての概念等に着目して，その特徴や本質を捉えること．

数学的な考え方……目的に応じて図，数，式，表，グラフ等を活用し，根拠を基に筋道を立てて考え，問題解決の過程を振り返るなどして，既習の知識及び技能等を関連付けながら統合的・発展的に考えること．

【中学校数学科の目標】

数学的な見方・考え方を働かせ，数学的活動を通して，数学的に考える資質・能力を次のとおり育成することを目指す．

「何を理解しているか・何ができるか」(生きて働く「知識・技能」の習得)

(1)　数量や図形などについての基礎的な概念や原理・法則などを理解するとともに，事象を数学化したり，数学的に解釈したり，数学的に表現・処理したりする技能を身に付けるようにする．

「理解していること・できることをどう使うか」(未知の状況にも対応できる「思考力・判断力・表現力等」の育成)

(2)　数学を活用して事象を論理的に考察する力，数量や図形などの性質を見いだし統合的・発展的に考察する力，数学的な表現を用いて事象を簡潔・明瞭・的確に表現する力を養う．

「どのように社会・世界と関わり，よりよい人生を送るか」(学びを人生や社会に生かそうとする「学びに向かう力・人間性」の涵養)

(3)　数学的活動の楽しさや数学のよさを実感して粘り強く考え，数学を生活や学習に生かそうとする態度，問題解決の過程を振り返って評価・改善しようとする態度を養う．

【中学校数学科の見方・考え方】

数学的な見方……事象を数量や図形及びそれらの関係についての概念等に着目してその特徴や本質を捉えること．

数学的な考え方……目的に応じて数，式，図，表，グラフ等を活用しつつ，論理的に考え，問題解決の過程を振り返るなどして既習の知識及び技能を関連付けながら，統合的・発展的に考えること．

これまでの算数・数学教育において大切にされてきた「概念の理解」「統合的・発展的に考察」「簡潔・明瞭・的確に表現」に加え，「日常の事象の数理的処理」「よりよく問題解決する態度」など，これからの算数・数学教育で大切にしていきたい方向が示されている．

3つの柱で示された資質・能力の育成に向けて，数学的な見方・考え方を働かせた「**数学的活動**」を充実させることが強調されている．算数科の学習過程と育成する資質・能力との関係を明確にするために，これまでの「算数的活動」を発展・充実させて「数学的活動」として，中学校や高等学校のそれと名称を統一した．

また，算数・数学科における主体的・対話的で深い学びの視点は以下のとおりである．

主体的な学び……児童生徒自らが，問題の解決に向けて見通しをもち，粘り強く取り組み，問題解決の過程を振り返り，よりよく解決したり，新たな問いを見いだしたりする．

対話的な学び……事象を数学的な表現を用いて論理的に説明したり，よりよい考えや事柄の本質について話し合い，よりよい考えに高めたり事柄の本質を明らかにしたりする．

深い学び……数学に関わる事象や，日常生活や社会に関わる事象について，「数学的な見方・考え方」を働かせ，数学的活動を通して，新しい概念を形成したり，よりよい方法を見いだしたりするなど，新たな知識・技能を身に付けてそれらを統合し，思考，態度が変容する．

内容については，以下の点が変更になった．

【小学校】

・統計的な内容

小 3「棒グラフ」

・複数の棒グラフを組み合わせたグラフなど

小 4「折れ線グラフ」

・複数系列のグラフや組み合わせたグラフ

小 5「帯グラフ」

・複数の帯グラフを比較すること

小 6「代表値(平均値・最頻値・中央値)」

・データの分布の傾向を捉えること(中１から)

・4 年において，数量の関係どうしを比較する方法として，簡単な割合を用いた比較の仕方を新たに扱う.

【中学校】

・統計的な内容

中 1「ヒストグラムと相対度数」

・データの分布の傾向を捉えること

中 2「四分位範囲と箱ひげ図」

・データの分布を比較すること(数学Ⅰから)

中 3「標本調査」

・母集団の傾向を予測すること

・3 年で扱う「自然数の素因数分解」，小学校 5 年で扱う用語「素数」をそれぞれ 1 年に移行し，倍数．約数，公倍数，公約数などと関連させ，整数の性質を探っていくことができるよう改善・充実.

・2 年における図形の学習において，「反例」を用語として新設し，事柄が正しくないことを示す方法として扱う.

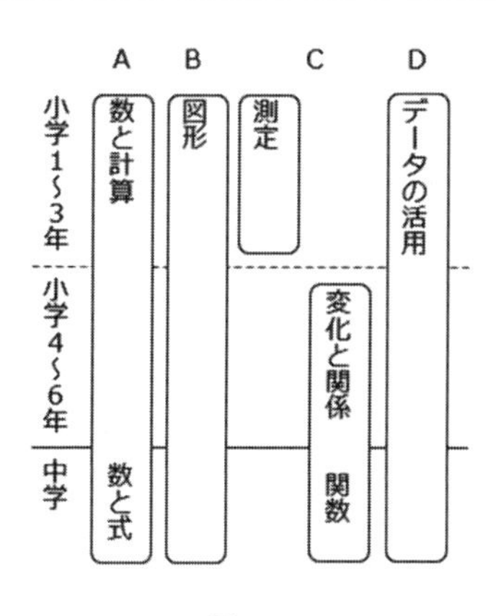

図 7-7

小学校の領域が再編され，「A　数と計算」「B　図形」「C　測定(1～3年)」「C　変化と関係(4～6年)」，「D　データの活用」となり，中学校への接続を捉えやすくした．これまでは「式の表現と読み」として「数量関係」に位置付けられていた式に関する内容を，「数と計算」の考察に必要な式として捉え直し移行した．また，これまでの「量と測定」「図形」領域を再編成し，測定のプロセスを充実する下学年の「測定」領域と，定量的考察を含む図形領域としての「図形」に再構成している．なお，単位量当たりの大きさや速さは2つの数量の関係を考察するという観点から「変化と関係」領域で扱う．これまで以上に「関数の考え」として，2つの量の関係を考察したり，変化と対応から事象を考察したりして中学校数学科の「関数」に接続していく．ただし，小学校算数の区分で量というのが見えなくなってしまったのは，算数科のなかで数学化する以前の重要な段階であり懸念される．

高等学校数学科では，「理数探究」「理数探究基礎」の新設に伴い「数学活用」を廃止した．「数学C」を新たに設けて，「平面上の曲線と複素数平面」「データの活用」で構成した．統計的な内容については，特に情報科などとの連携を重視している．

今回の学習指導要領改訂においては，すべての教科等において，教育目標や内容を資質・能力の3つの柱「知識・技能」「思考力・判断力・表現力等」「学びに向かう力・人間性等」で整理されている．評価については，従来の「関心・意欲・態度」「(見方や)考え方」「技能」「知識・理解」の4観点からこの3つの柱沿って再構成された．しかし，3つ目の「学びに向かう力・人間性」に示された資質・能力には，感性や思いやりなどが含まれており，評価になじまないとして「**知識・技能**」「**思考・判断・表現**」「**主体的に学習に取り組む態度**」の3観点で評価する．「主体的に学習に取組む態度」については，以前の「関心・意欲・態度」で，挙手の回数やノートの取り方など形式的な活動で評価されていたという反省から，単元や題材を通じたまとまりの中で，子どもが学習の見通しを持って学習に取り組み，その学習を振り返る場面を適切に設定することが必要になってくる．

§7.3　数学的な考え方

数学的な考え方を育てるとは，具体的にはどのようなことなのか．まず，「数学的な考え方」とはどのようなものなのだろうか．1989年の文部省『小学校指

導書　算数編』には次のように書かれている．

> 数学的な考え方としては，様々なとらえ方ができるが，数学の内容にかかわる考えと，思考を進めるときにはたらく考え方とに大別できる．前者には，単位の考え，計算の考え，測定の考えなどがある．後者には，帰納的に考える，類推して考える，演繹的に考える，あるいは見通しをもって考えるなどがある．

「数学的な考え方」をさらに細かく分類している事例を紹介する．

片桐重男（かたぎりしげお）氏は，前者の「数学の内容にかかわる考え」について9種類，後者の「思考を進めるときにはたらく考え方」について11種類に分類している．これらの分類は，それぞれの項目が独立した内容になっていないものもあり，分類が細かすぎるという難点もある．また，そんなに細かく分類することに意味があるのかという疑問も起きてこよう．したがって，これらを参考にしながら，教師自らが，その内容を考えていくことが必要であろう．その意味では，この分類がその手がかりを与えてくれるであろう．

実際，細かく分類して，これとこれが数学的な考え方だと当てはめていくことは，あまり意味のあることではない．むしろ，大切なことは，これらを手がかりとして，教師自らが数学的な考え方を感じることこそが重要なことである．それでなければ，子どもたちには伝わらない．

①	集合の考え	：考察の対象の集まりや，それに入らないものを明確にしたり，その集まりに入るかどうかの条件を明確にしたりする．
②	単位の考え	：構成要素(単位)の大きさや関係に着目する．
③	表現の考え	：表現の基本原理に基づいて考えようとする．
④	操作の考え	：ものや操作の意味を明らかにしたり，広げたり，それに基づいて考えようとする．
⑤	アルゴリズムの考え	：操作の仕方を形式化しようとする．
⑥	概括的把握（がいかつてき）の考え	：ものや操作の方法を大きくとらえたり，その結果を用いようとする．
⑦	基本的性質の考え	：基本法則や性質に着目する．
⑧	関数の考え	：何を決めれば何が決まるかということに着目した

	り，変数間の対応のルールを見つけたり，それらを用いたりしようとする．
⑨　式についての考え	：事柄や関係を式に表す．

この分類の ⑥⑦⑨ についてはあまり意味がないと考える．

以上の考え方でわかりにくいものを，例を挙げて考えると次のようになる．

【例 7-1】「平行四辺形は向かい合った辺が 2 組とも平行な四角形である」ことを調べるために，1 つの四角形において測定して調べるのではなく，いくつかの平行四辺形において調べたり，逆に平行四辺形でない四角形を調べたりする(**集合の考え**)．

【例 7-2】 $\frac{3}{5}\times 4$ を考えるとき，$\frac{3}{5}$ の単位分数 $\frac{1}{5}$ に着目し，$\frac{1}{5}$ の 3 つ分に見て，$\frac{1}{5}$ の 3 倍の 4 倍なので，$\frac{1}{5}\times(3\times 4)$ を考えればよい(**単位の考え**)．

【例 7-3】 $a\times b=c$ を考えるとき，長方形の縦と横と面積の関係を使って，図 7-8 のように表すことができる(**表現の考え**)．

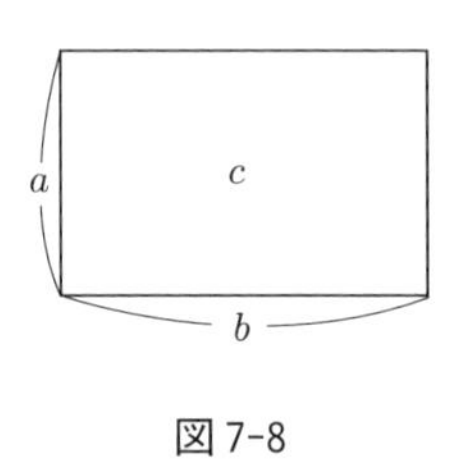

図 7-8

【例 7-4】 計算方法や順序づけられた算法，もしくは操作手順を**アルゴリズム**という．例えば四捨五入の方法や，最大公約数を見つけるときのユークリッド互除法(§ 3.4)などがこれにあたる．

【例 7-5】 小数のかけ算 4.2×5.9 を求めるのに，4.2 と 5.9 をだいたい 4 と 6 として考えることができ，答えは $4\times 6=24$ に近い数になると予想できる(**概括的把握の考え**)．

続いて，「思考を進めるときにはたらく考え方」については，次の 11 種類を挙げている．すでに触れたように，この 11 種類はそれぞれ独立したものとはいえないので，あくまで 1 つの指導上の手がかりと捉えておけばよいだろう．

① 帰納的な考え方：いくつかの事象を調べて観察し，すべてに共通なルールや性質を見つけたり，パターンごとに分類したものが成立することを推測する．その推測したものに間違いがないか別の事象で検証する．

② 類推的な考え方：これまでの知識や経験を手がかりに，解決の結果や方法に同様なことがいえるのではないかという見通しをもつ．

③ 演繹的な考え方：いつでもいえるということを主張するために，すでにわかっていることを基にしてそのことが正しいということを証明する．

④ 統合的な考え方：獲得したいくつかの数理をより高次な視点からとらえ，それらの共通性を抽象化し，それによって同じものをまとめる．

⑤ 発展的な考え方：解決できたある事象の条件や観点を変えて，違った角度から考察する．

⑥ 抽象化の考え方：事象や観察結果がもっている具体物ならではの属性や誤差などを捨て，ある観点からは同じものとして，あるいは，あえて理想的な姿として見る．

⑦ 単純化の考え方：解決が難しそうな事象や問題を全体で考えるのではなく，「まずここまでは……」，「もしこうだったら……」と部分に分けたり，簡単な場面になおしたりして考察する．

⑧ 一般化の考え形：獲得したある数理をさらに広い範囲に広げながらまとめる．

⑨ 特殊化の考え方：ある事象の集合に関する考察からそれに含まれるそれより小さい集合，またはその中の１つの事象について考えようとする．

⑩ 記号化の考え方：事象そのものや言葉ではぼんやりしていたり複雑だったりする場面の様子や解決の道筋を，記号や数を当てはめたり図や式に表したりして分かりやすくする．

⑪ 数量化，図形化の考え方：量の大きさを，数を用いて表すことによって，量の大きさが簡潔明確に示され，扱いやすくなる．場

面や事柄，関係などを図に表してとらえようとする．

①②③ は基本的な推論の方法である．数学的考え方というよりはもっと広い論法である．④ は ①②③ と無縁ではあり得ないし，他の項目と関わる．どのような考えをしたのかということを分析的にみればこうなるということであり，基本的なものとしてはことさら挙げる必要はないと考える．⑤ と ⑧ は関係しているし，⑥⑦⑩⑪ は，思考の進め方というより，算数・数学全般のこととして認識すべきで，枠外と考えたほうがよい．

①②③ と ⑧⑨ は小学校や中学校でも基本的に重要なことであろうと考える．

特に ④ の「統合的な考え方」について，片桐氏はさらに 3 つの形に分類がされるとしている．

ア） 統合 I 型(高次の統合)

大体同じレベルの，いくつかの事柄(法則や考え方，理論)があるとき，これらよりより広い，一段高い観点から見て，その共通性を見出して，より高い観点でまとめていく．

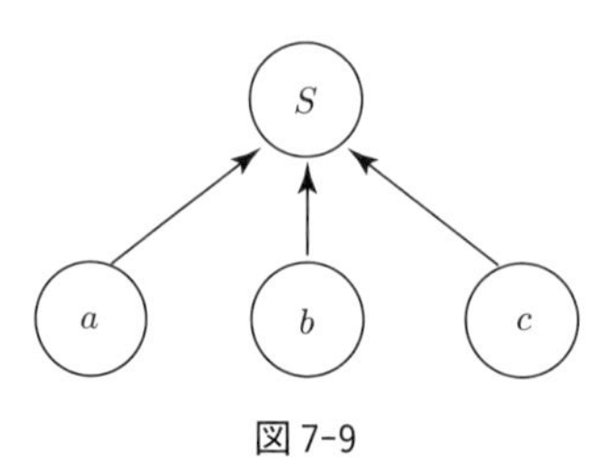

図 7-9

イ） 統合II型(包括的統合)

いくつかの事柄 a, b, c があるとき，それらを見直して，b や c をその中の 1 つ a の特別な場合と見られることがある．そのときこれらをすべて a としてまとめる．

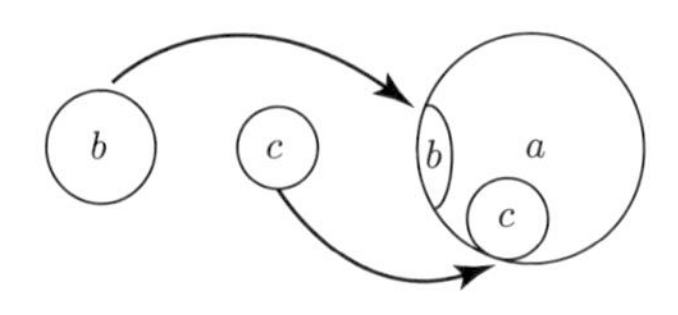

図 7-10

ウ） 統合III型(拡張的な考え方)

ある範囲で，ある事柄が成り立っている．このときその範囲に入っていないものも，そのことがらが成り立つものとして取り入れていこうと考える．そのために，成り立っている条件を少しゆるめて(拡大解釈して)より包括的な範囲にして考えていく．

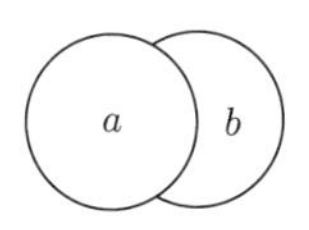

図 7-11

【**例 7-6**】 三角形の内角の和を考えていくとき，まず，正三角形や三角定規の内角の和で考えてみる(**特殊化**)．すると

$$60+60+60=180, \qquad 90+45+45=180$$

より 180 度でないかと予想できる．これがどのような三角形であっても内角の和が 180 度になることを証明する(**一般化**)．この特殊なもので成立することから一般的なものへ拡張して考えていくことを**帰納的**方法という．

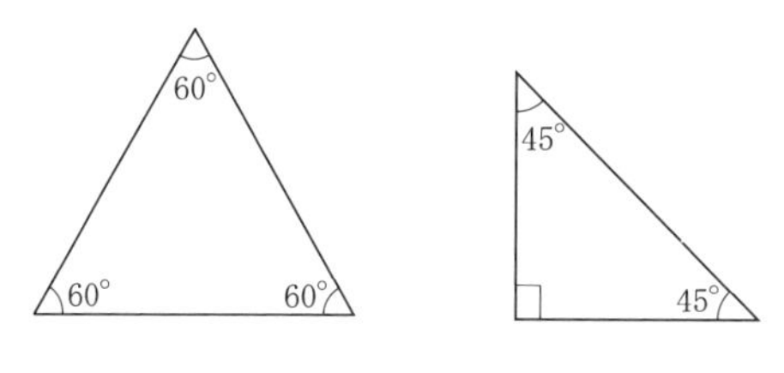

図 7-12

【**例 7-7**】 帰納的な考え方と逆で，一般的なものから特殊なものを考えること，または抽象(ちゅうしょう)的なものから具体的なものを考えることを**演繹的**方法という．演繹的な考え方の代表として，例えば「自然数ならば整数である」「整数ならば有理数である」という 2 つの命題から「自然数ならば有理数である」という命題を導く**三段論法**(さんだんろんぽう)が挙げられる．

【**例 7-8**】 (整数)＋(整数)は下記のように位をそろえて計算する．このことを使って，(小数)＋(小数)も同じように位をそろえれば計算できると考える．(**類推**)

$$\begin{array}{r} 413 \\ +\ \ 32 \\ \hline \end{array} \quad \xrightarrow{\text{このことを使って}} \quad \begin{array}{r} 2.15 \\ +\ 4.2\ \ \\ \hline \end{array}$$

【例 7-9】 整数の加法，小数の加法，分数の加法とそれぞれ違う方法で計算していたのを，「同単位の大きさを加える」という原理を見つけ，同じ加法であると考えること．(**高次の統合**)

【例 7-10】 4÷3 をするときに，除数の逆数をかければよいことに帰着させることから

$$4 \div 3 = 4 \times \frac{1}{3}$$

となる．わり算もかけ算で表されることから，わり算もかけ算の一種であることがいえる．(**包括的統合**)

【例 7-11】「かけ算 $a \times b$ とは，a という大きさを b 個集めるときの計算である」と指導しているが，a, b が自然数の場合はこの説明で成り立つ．自然数だけでなく 0 が入ってもかけ算が成り立つかどうか調べるために，「1 皿 4 個のりんごが 0 皿あるときのりんごの個数」と考えれば $4 \times 0 = 0$ と説明できる．このことによって，かけ算は自然数だけでなく，0 でも成り立つことがいえる．(**拡張的な考え方**)

【例 7-12】 整数のときに扱った交換・結合・分配法則が，小数や分数のときにも成り立つであろうと考える．(**発展**)

【例 7-13】 第 1 章でいちごや，車，ボールペンから，それらの色や形，性質を捨てて半具体物(●)と 1 対 1 対応させることから「数」を取り出した．(**抽象化**)

【例 7-14】「1 本 30 円の鉛筆 3 本と 1 個 50 円の消しゴムを 2 個買いました．代金はいくらでしょう」

このような問題を考えるとき，いきなり考えることのできない子どもに対して，次のように考えやすいいくつかの問題に分けてみる．(**単純化**)

鉛筆の値段	$30 \times 3 = 90$
消しゴムの値段	$50 \times 2 = 100$
代金の合計	$90 + 100 = 190$

【例 7-15】 えんぴつとボールペンの長さを比べたら，「ちょっと鉛筆のほうが長かった」では，長さの違いがはっきりしない．この違いを明らかにするため，数を使って「鉛筆のほうが 1 cm 2 mm 長かった」と表す．(**数量化**)

【例 7-16】 2 年生の「かくれた数はいくつ」の単元で，はじめはいくつかを求める問題．「あめを 5 こ食べたのでのこりは 13 こになりました．はじめはいくつでしょう」の問題で，この問題を考えるとき，テープ図を用いて考えた．(**図形化**)

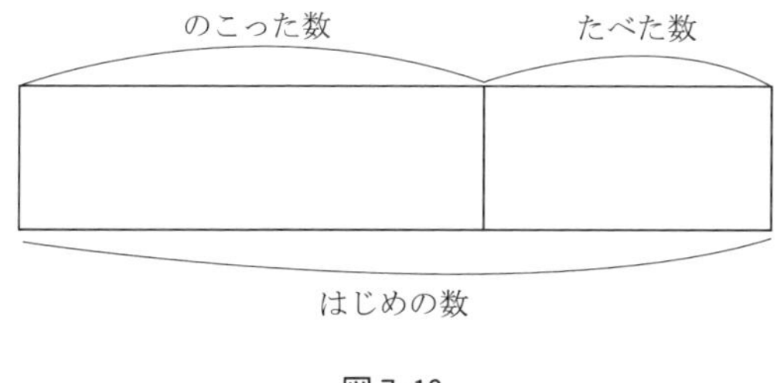

図7-13

片桐氏は数学的な考え方をこのように打ち出している．

それでは実際には，授業でこの数学的な考え方をどのように養っていけばよいのか．

2017年の指導要領には数学的な見方・考え方について以下のように書かれている．

> 事象を数量や図形及びそれらの関係などに着目して捉え，根拠をもとに①筋道を立てて考え，②統合的・発展的に考えること．

これはこの数学的な考え方の主要な側面を示しているものと見られる．これを授業の場面で考えていくと，

> ①「論理的な思考力」(筋道を立てて考える)
> 何らかの判断の理由を，根拠を明確に表現する．
> 「なぜかというと～だからです」
> ②「統合的・発展的な思考力」
> いくつかの事象に共通点を見いだす．
> それに連動して他の場合を考えて未知の範囲でも同じ形式にしていく．
> 「にているところがある」「同じところをみつけた」
> 「もし～だったら」「じゃあ～なら」

といったつぶやきが授業で出てくるような話し合いにしていかなければならない．

§7.4　数学的リテラシー

OECD(経済協力開発機構)加盟国を中心に，義務教育を修了した15歳の子どもたちを対象に**PISA**(**生徒の学習到達度調査：Programme for International Student Assessment**)を行った．この調査は2000年に第1回目の調査が行われ，3年ごとに調査が行われている．読解力，数学的リテラシー，科学的リテラシーを主要3分野として調査され，2003年，2012年の調査では，特に数学的リテラシーを重点的に調査した．

PISA調査は，学校の教科で扱われているようなある一定範囲の知識習得を超えた部分まで評価しようとするものであり，生徒がそれぞれに持っている知識や経験をもとに自らの将来の生活に関係する課題を積極的に考え，知識や技能を活用する能力があるかをみるものである．義務教育の修了段階でどの程度身についているかを測定することを目的としている．この調査の特徴は，学校カリキュラムの内容の習熟度を見ているのではないということである．これまでにこのような観点からの調査はなされてこなかったという意味で画期的である．それのみならず，「**数学的リテラシー**」という概念で規定された能力や技能を多層的に調査していることである．その数学的リテラシーとは，

① 数学が世界で果たす役割を見つけ，理解する能力
② 確実な数学的根拠にもとづき判断を行う能力
③ 数学に携わる能力(数学を使ったり，研究したり，楽しんだりする能力など)

とされ，これは次の3つの側面で特徴づけられるとしている．

(イ) 数学的な内容
生徒が各分野で習得する必要がある知識の内容または構成
それは「量」「空間と形」「変化と関係」「不確実性」の4つからなる
(ロ) 数学的プロセス
実行する必要があり，さまざまな認知的技能が求められる幅広いプロセス
(ハ) 数学が用いられる状況
知識・技能の応用やそれが必要とされる状況

(イ)に関していえば，実生活で見られるような数学的概念のまとまりであり，わが国の学習指導要領で規定されている領域に対応しており，決して特異なことではない．(ハ)は，生徒との「距離」や「数学の記号や構造が現れる程度」によって状況を分類したものである．(ロ)は，生徒が数学的な内容に取り組むのに必要とされる技能のまとまりで，3つの能力クラスターに分類している．数学のある問題を解くときに，多段階の「数学化」のプロセスが関わるとしている．その数学化のプロセスにおいては，8つの能力が関わるとしており．これを図示すると以下のようになる．

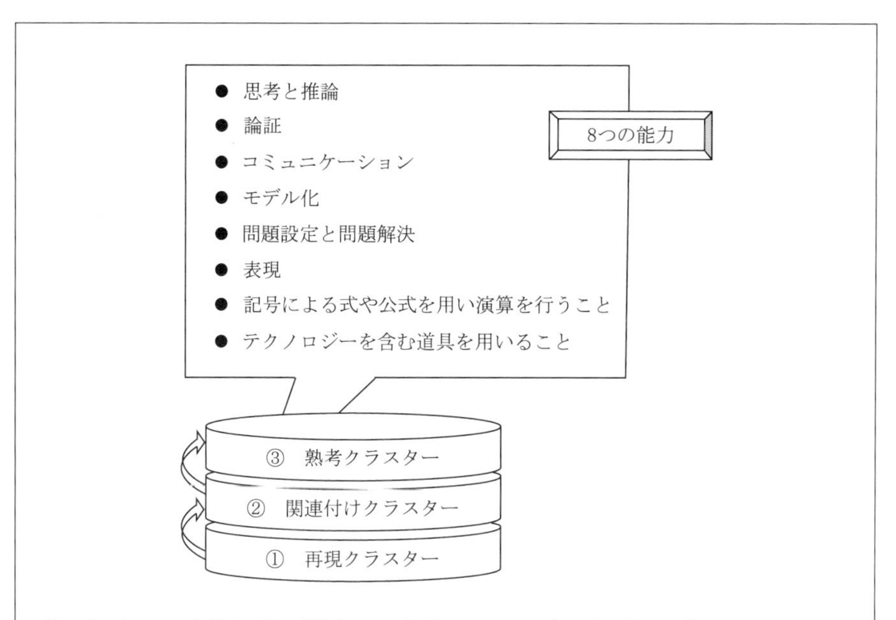

③　洞察，反省的思考，関連する数学を見つけ出す創造性，解を生み出すための関連する知識を結びつける能力

②　見慣れた場面から拡張され発展された場面において，手順がそれほど決まりきっていない問題を解く能力

①　主として練習された知識の再現に要する問題を解く能力

では，わが国の生徒はこの数学的リテラシーがどこまで身についているのだろう．過去3回の数学的リテラシーの得点の変化は，表7-14のようになった．

それまで日本は諸外国と比較して，高い教育レベルだと思われていた．2006年の調査で順位が下がったことが国内で大きく報道され，学力低下論争を生むこ

	2000年	2003年	2006年	2009年	2012年	2015年	2018年
1	日　本	香　港	台　湾	上　海	上　海	シンガポール	北京・上海など
2	韓　国	フィンランド	フィンランド	シンガポール	シンガポール	香　港	シンガポール
3	ニュージーランド	韓　国	香　港	香　港	香　港	マカオ	マカオ
4	フィンランド	オランダ	韓　国	韓　国	台　湾	台　湾	香　港
5	オーストラリア	リヒテンシュタイン	オランダ	台　湾	韓　国	日　本	台　湾
6	カナダ	日　本	スイス	フィンランド	マカオ	北京・上海など	日　本
7	スイス	カナダ	カナダ	リヒテンシュタイン	日　本	韓　国	韓　国
8	イギリス	ベルギー	マカオ	スイス	リヒテンシュタイン	スイス	エストニア
9	ベルギー	マカオ	リヒテンシュタイン	日　本	スイス	エストニア	オランダ
10	フランス	スイス	日　本	カナダ	オランダ	カナダ	ポーランド

表7-14　数学的リテラシーの得点の変化　（網掛けはOECD非加盟国）

ととなった．諸外国と教科書の内容を比較してみると，もともとこのようなPISA型の問題が少ないことがわかってきた*)．そこでこのような力をつけていくために，授業で話し合いや考える時間を十分にとることが重要になってきた．他の国や地域の学力への関心も高まり，2000年当時参加していない国や地域の参加も増えたことも1つの要因として考えられる．

*）　田中裕人・黒木哲徳「PISA調査からみた算数・数学の教科書の調査研究――PISA型の数学的リテラシー向上を目指す授業改善のために――」．

それでは，この調査でどのような問題が出されたのか見ておこう．

【例7-17】　レーシングカーの問題(PISA 2000)

下のグラフは，1周3 kmの平らなサーキットで，レーシングカーの2周目の速度がどのように変化したかを示したものです．

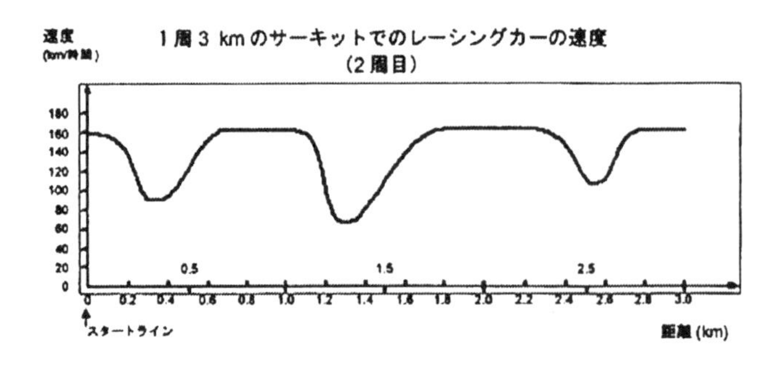

下の図は，5種類のサーキットを表しています．前に示したグラフのレーシングカーが走行したのは，どのサーキットですか．次のうちから一つ選んでください．

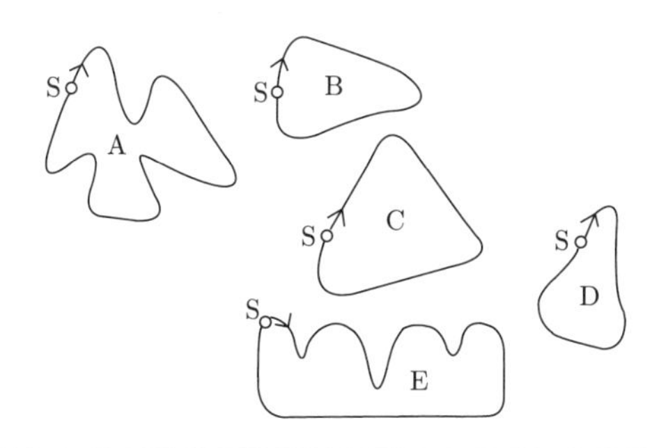

この問題は3回のコーナーを曲がるときに，2回目のコーナーが大きく減速していることから，カーブする角度が鋭いということを考えながら選ばなければならない．カーブの角度が鋭いときに減速するということは，学校の授業だけで得られるものではなく，生活体験などと密着しているということがいえる．また，グラフからそういった読み取りもできなければならない．

【例7-18】　花壇の問題(PISA 2000 と PISA 2003)

ある人が，長さが32 m の木材を使って，花壇の外わくを作りたいと考えています．この人は次のようなデザインを考えています．

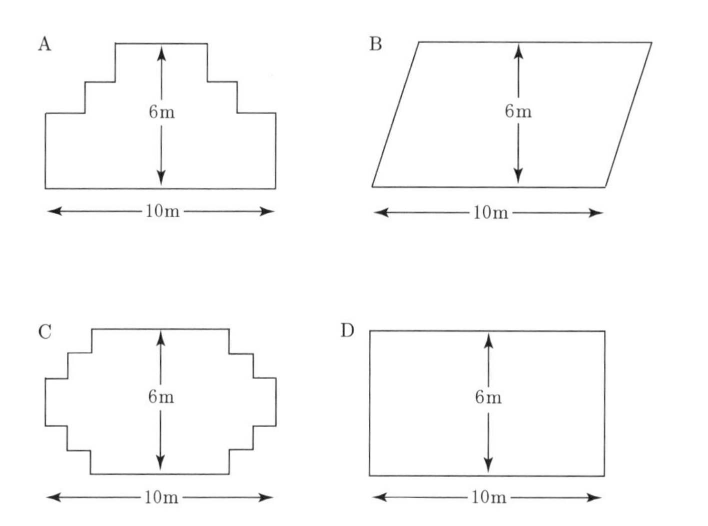

長さが32 mの木材で，A～Dそれぞれのデザインの花壇を作ることができますか．「できる」または「できない」のどちらかを○で囲んでください．

この問題は，前回との経年比較で正答率が下がっている問題である．AとCは長方形の向かい合う2辺の長さは等しい性質を使い，長方形に変形することができる．

このように単に知識の暗記だけでなく，数学的な性質を利用して，実生活と結びつけて解く問題が多い．このような考える力をつけるためには，計算練習の反復などによる知識注入型の授業だけではなく，考え，話し合う授業が必要になってくる．

このようなPISAの問題が，わが国の全国学力・学習状況調査のB(活用)問題でも同じように問われるようになった．

【例7-19】(平成20年度，全国学力・学習状況調査，算数（B)より)

長方形アと四角形イについて，下の図のように，頂点を中心に半径10 cmの円の一部をかいて，黒くぬります．

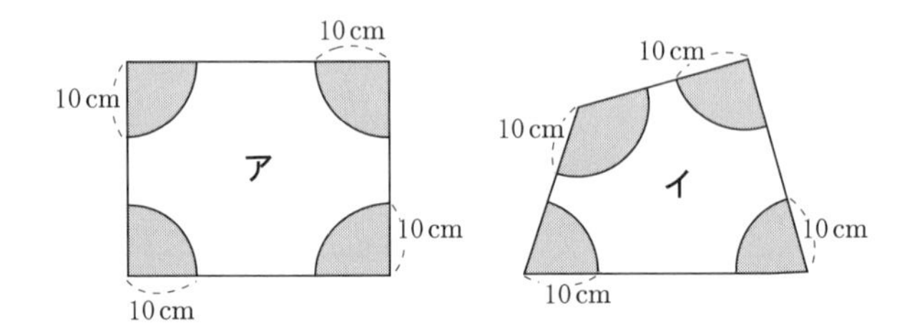

長方形アの4つの黒い部分をあわせた面積と，四角形イの4つの黒い部分をあわせた面積を比べると，どのようなことが言えますか．下の1から3までの中から正しいものを1つ選んで，その番号を書きましょう．また，その番号を選んだわけを，言葉や式を使って書きましょう．

1　4つの黒い部分をあわせた面積は，長方形アの方が大きい．

2　4つの黒い部分をあわせた面積は，同じになる．

3　4つの黒い部分をあわせた面積は，四角形イの方が大きい．

これは，「どんな四角形でも内角の和は360度である」ということが必要な知識であり，それを活用する問題である．解答例としては以下のようになる．

> 長方形アと四角形イは，両方とも四角形だから，4つの角の大きさの和は，どちらも360°になる．だから，4つの黒い部分を頂点であわせると，どちらも半径10 cmの円ができる．
>
> このことから，4つの黒い部分をあわせた面積は，長方形アと四角形イで同じになる．

「四角形の内角の和は360度」ということは，子どもたちがよくわかっていることだが，それをストレートに内角の和を求めるのではないので難しい．また，それを説明することが難しいのである．この問題の正答率は33.4％と低い正答率の中の1つである．このように計算や立式だけでなく，わけを説明するような問題が算数(B)の問題の中に多くある．よって日頃から意味の指導や「なぜそうなるのか」といったことを明らかにして指導していくことが必要であろう．

> **【例7-20】**　テストの点数に関する問題(PISA 2003)
>
> 下のグラフは，2つの班AとB の理科のテスト結果を示しています．
>
> A 班の平均点は62.0，B 班の平均点は 64.5 です．50点以上とった生徒は合格になります．
>
> 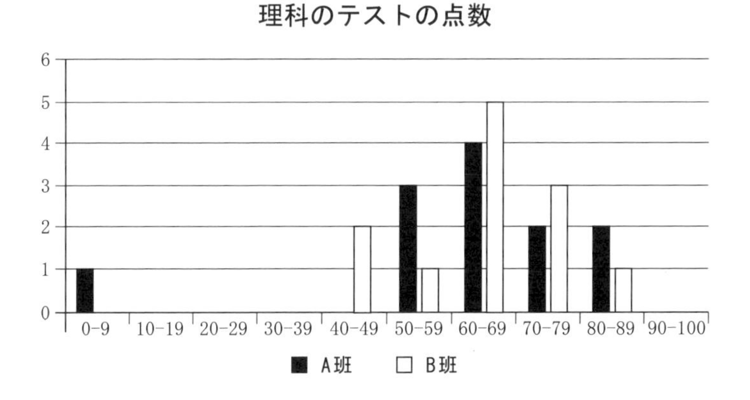
>
>
> 先生はこのグラフを見て，今回のテストでは，B班のほうが A班より良かったといいました．A班の生徒たちは先生の意見に納得できません．A班の生徒たちは，B 班のほうが必ずしも良かったとはいえないということを先生

に納得させようとしています．グラフを使い，A班の生徒が主張できる数学的な理由を１つ挙げてください．

この問題も全国学力・学習状況調査では，次のような問題になっている．

【例 7-21】（平成 27 年度　全国学力・学習状況調査　数学(B)より）

生活委員会では，落とし物を減らすために，全 15 学級で落とし物調査を行うことにしました．調査を同じ日数で 2 回行ったところで，拓也さんと優香さんは，その結果を表とグラフにまとめました．2 人は，調査結果について話し合っています．

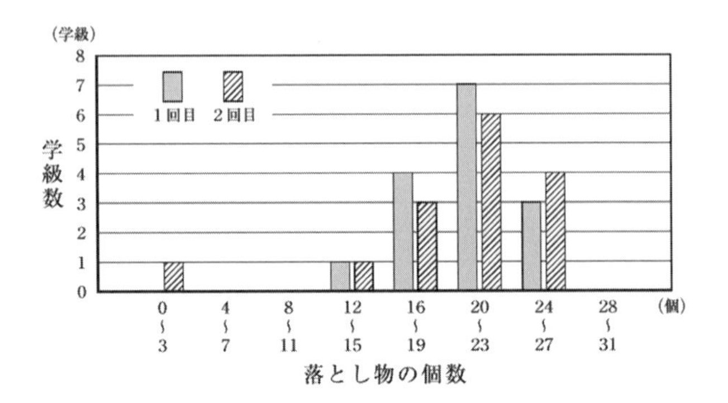

拓也さん「落とし物の合計の平均値が 20.3 個から 19.3 個に減ったから，1 回目より 2 回目の方が落とし物の状況はよくなったね」

優香さん「でも，平均値だけで判断していいのかな．グラフ全体を見ると，よくなったとはいい切れないよ」

グラフを見ると，優香さんのように「1 回目より 2 回目の方が落とし物の状況がよくなったとはいい切れない」と主張することもできます．そのように主張することができる理由を，グラフの 1 回目と 2 回目の調査結果を比較して説明しなさい．

「1 回目より 2 回目の方が落とし物の状況がよくなったとはいい切れない」ことを説明するためには，(a)〜(c)までの根拠と(d)の結論が必要になる．

(a)　2 回目の調査結果では，落とし物が極端に少ない学級があるから，平均値が下がっていること．

(b)　1 学級を除くとグラフの形がほとんど変わっていないこと，最頻値が変わらないこと，中央値が含まれる階級が変わらないことのいずれか．

(c)　落とし物の個数が24個以上27個以下の学級が増えていること．

(d)　1回目の調査結果より2回目の調査結果の方が，必ずしもよくなったとはいい切れないこと．

正答率は24.0%と低い．一般的な平均値だけで判断するのではなく，グラフから傾向を捉え，判断の理由を数学的な表現を用いて説明できるようにする必要がある．話し合う活動をするだけでなく，その話し合いが数学的に論理的に説明できているか吟味していく必要がある．

領域別系統図

2017年指導要領

A　数と計算（数）

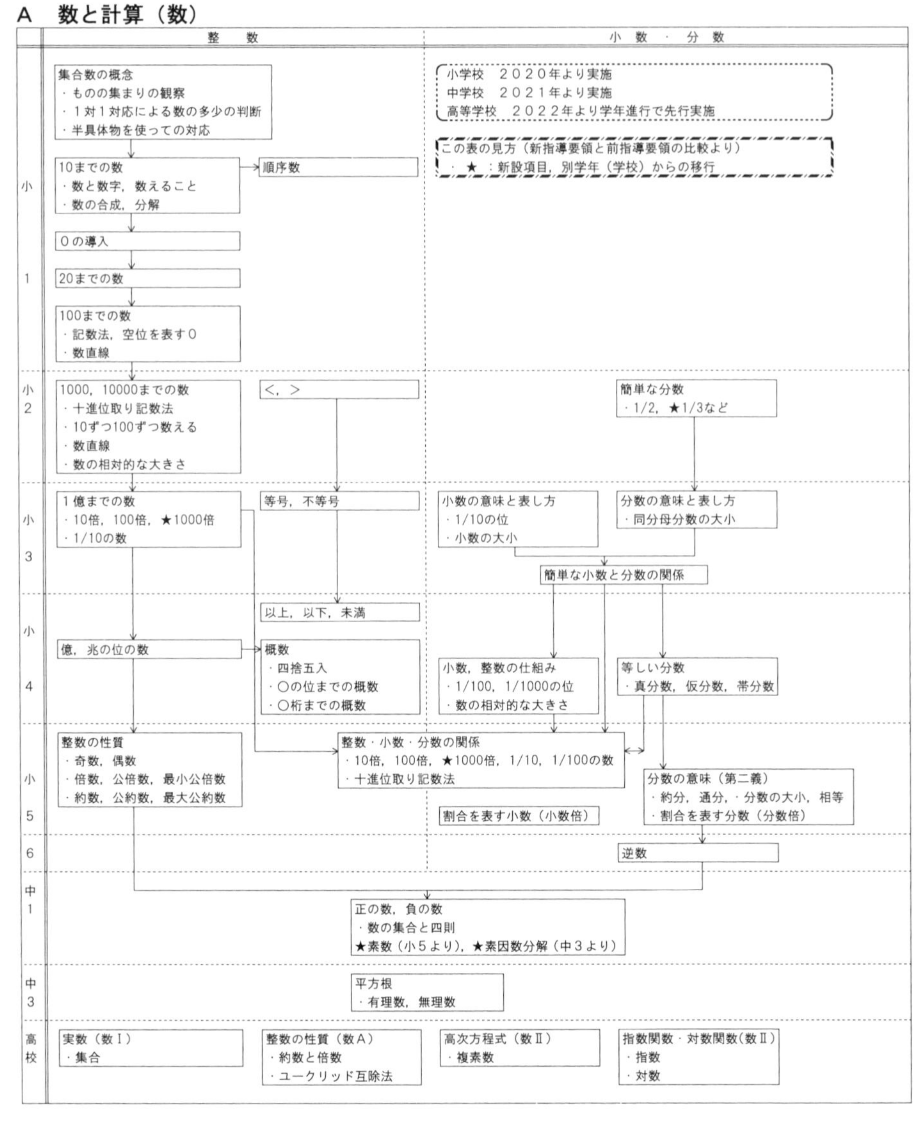

A　数と計算（計算）

	加法・減法	乗法・除法	計算の法則	文章題
小1	数の合成分解			
	合併，増加 ・1位数＋1位数≦10	求残，求差，求部分 ・10以下－1位数		加減の式の表現 式の読み
	1位数＋1位数＞10	十何－1位数＝1位数		

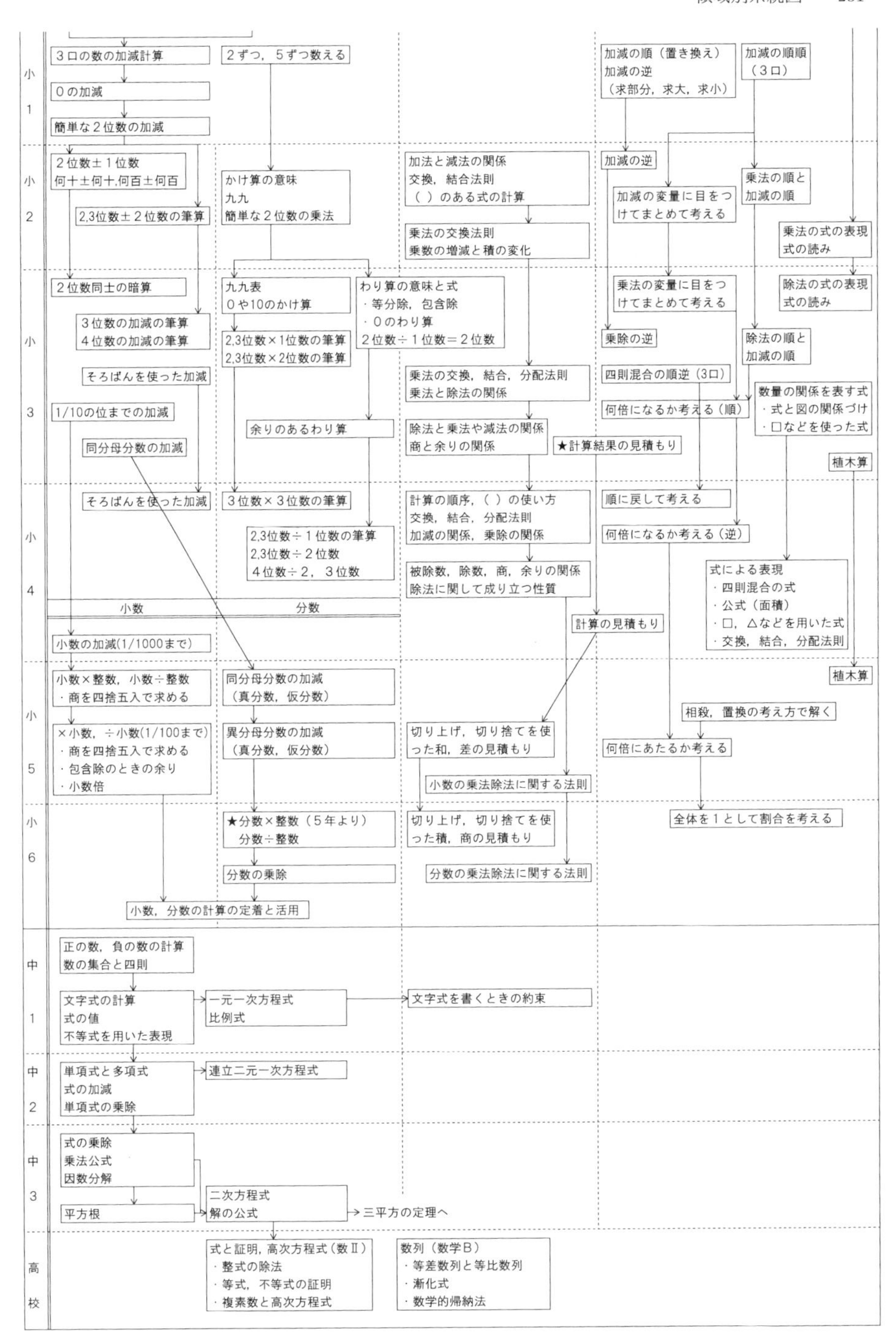

小1
3口の数の加減計算
0の加減
簡単な2位数の加減
2ずつ，5ずつ数える
加減の順（置き換え）
加減の逆
（求部分，求大，求小）
加減の順順
（3口）
小2
2位数±1位数
何十±何十,何百±何百
2,3位数±2位数の筆算
かけ算の意味
九九
簡単な2位数の乗法
加法と減法の関係
交換，結合法則
（ ）のある式の計算
乗法の交換法則
乗数の増減と積の変化
加減の逆
加減の変量に目をつけてまとめて考える
乗法の順と
加減の順
乗法の式の表現
式の読み
小3
2位数同士の暗算
3位数の加減の筆算
4位数の加減の筆算
そろばんを使った加減
1/10の位までの加減
同分母分数の加減
九九表
0や10のかけ算
2,3位数×1位数の筆算
2,3位数×2位数の筆算
わり算の意味と式
・等分除，包含除
・0のわり算
2位数÷1位数＝2位数
余りのあるわり算
乗法の交換，結合，分配法則
乗法と除法の関係
除法と乗法や減法の関係
商と余りの関係
★計算結果の見積もり
除法の式の表現
式の読み
乗法の変量に目をつけてまとめて考える
乗除の逆
除法の順と
加減の順
四則混合の順逆（3口）
何倍になるか考える（順）
数量の関係を表す式
・式と図の関係づけ
・□などを使った式
植木算
小4
そろばんを使った加減
3位数×3位数の筆算
2,3位数÷1位数の筆算
2,3位数÷2位数
4位数÷2，3位数
計算の順序，（ ）の使い方
交換，結合，分配法則
加減の関係，乗除の関係
被除数，除数，商，余りの関係
除法に関して成り立つ性質
順に戻して考える
何倍になるか考える（逆）
式による表現
・四則混合の式
・公式（面積）
・□，△などを用いた式
・交換，結合，分配法則
小数
分数
小数の加減(1/1000まで)
計算の見積もり
小5
小数×整数，小数÷整数
・商を四捨五入で求める
×小数，÷小数(1/100まで)
・商を四捨五入で求める
・包含除のときの余り
・小数倍
同分母分数の加減
（真分数，仮分数）
異分母分数の加減
（真分数，仮分数）
切り上げ，切り捨てを使った和，差の見積もり
小数の乗法除法に関する法則
植木算
相殺，置換の考え方で解く
何倍にあたるか考える
小6
★分数×整数（5年より）
分数÷整数
分数の乗除
切り上げ，切り捨てを使った積，商の見積もり
分数の乗法除法に関する法則
全体を1として割合を考える
小数，分数の計算の定着と活用
中1
正の数，負の数の計算
数の集合と四則
文字式の計算
式の値
不等式を用いた表現
一元一次方程式
比例式
文字式を書くときの約束
中2
単項式と多項式
式の加減
単項式の乗除
連立二元一次方程式
中3
式の乗除
乗法公式
因数分解
平方根
二次方程式
解の公式
→三平方の定理へ
高校
式と証明，高次方程式（数Ⅱ）
・整式の除法
・等式，不等式の証明
・複素数と高次方程式
数列（数学B）
・等差数列と等比数列
・漸化式
・数学的帰納法

B　図形

	基　本	平　面　図　形	空　間　図　形
小1	色板による形づくり（面） 棒による形づくり（線） ドット図による作図（点）	形の観察と直観的弁別 位置関係（前後，上下，左右） 立体図形，平面図形	積み木遊び
小2	直線 辺，頂点，直角，面 紙を折って長方形・正方形を作る 方眼紙上での作図 長方形，正方形，直角三角形の敷き詰め	三角形 直角三角形 四角形 長方形 正方形	箱の形 ★正方形や長方形の面
小3	角 正三角形，二等辺三角形の敷き詰め 定規・コンパスによる作図	二等辺三角形 正三角形 円 ・中心，直径，半径	球 ・中心，直径，半径
小4	角の概念,単位度(°) 分度器による測定 三角定規の角 垂直，平行 平面 四角形の敷き詰め	平行四辺形，台形，ひし形 ・対角線 広さの比較 ・単位cm² m² km² 長方形，正方形の面積の公式 単位a，ha	直方体，立方体 ・見取図，展開図 ・辺，面の形，位置関係 ・位置の表し方
小5	曲面,底面,側面 図形の合同 ・合同な三角形をかく３つの要素 ・三角形分割による四角形の作図 三角形，四角形の内角の和	三角形の面積 平行四辺形の面積 台形ひし形の面積 円周と直径 ・円周率 正多角形や扇形	角柱，円柱 体積の比較 ・単位cm³ m³ 立方体，直方体の体積の公式
小6	対称な図形 ・線対称，点対称 縮図，拡大図	円の面積 概形の面積	角柱・円柱の体積
中1	基本の作図 直線と角 平面図形 ・図形の移動 ・平行，対称，回転	扇形の面積	柱体，錐体の表面積，体積 球の表面積，体積 平面と直線 投影図
中2	基本的な平面図形と平行線の性質 ・平行線と角 ・多角形の角の性質 合同 ・合同条件と証明の意味 ★反例 ・三角形や平行四辺形の基本的な性質		
中3	相似 ・相似な多角形，三角形の相似条件 ・平行線と線分の比，中点連結定理 ・相似形の面積比，体積比 ・相似の利用	三平方の定理 円の性質 円周角と中心角 円周角の定理の逆	
高校	図形と方程式（数Ⅱ） ・円の方程式 ベクトル（数B）	図形と計量（数Ⅰ） ・三角比 ・正弦定理，余弦定理 三角関数（数Ⅱ） 図形の性質（数A） ・平面図形（三角形，円の性質） ・空間図形	

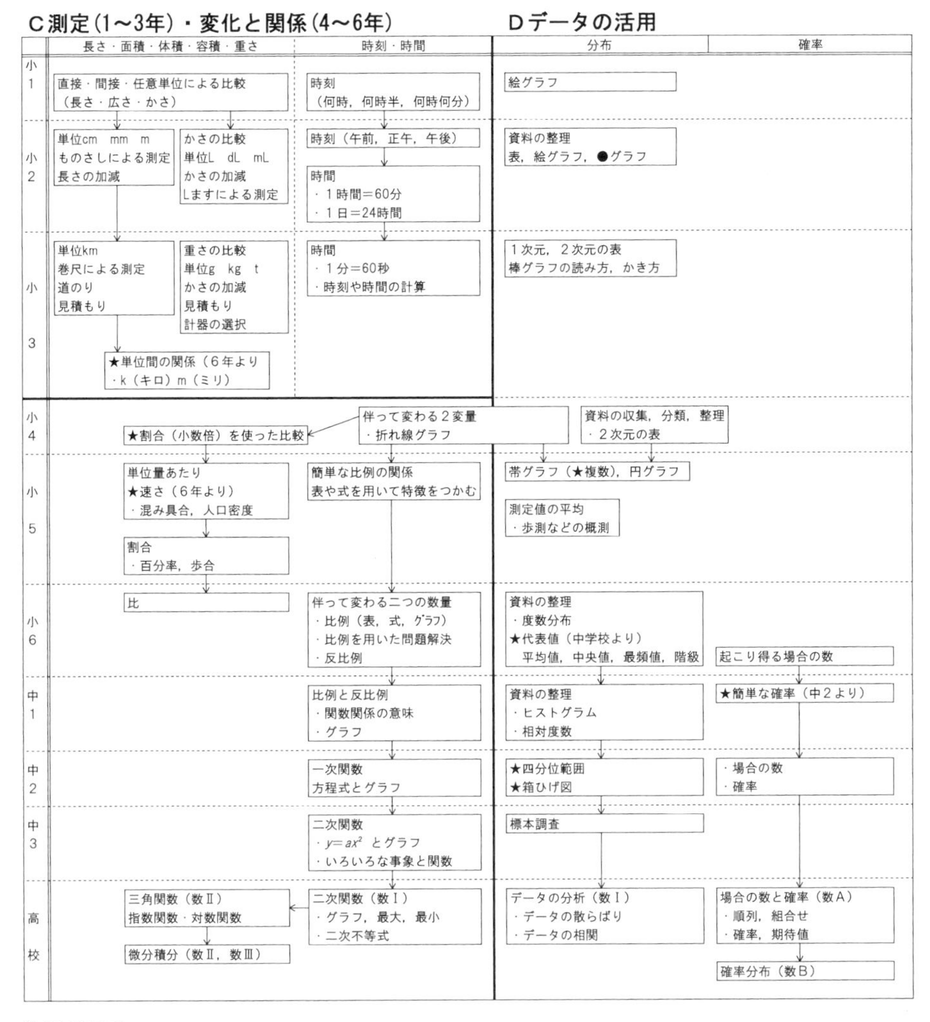

数学的活動

小1	身の回りの事象を観察したり，具体物を操作したりして，数量や形を見いだす活動	日常生活の問題を具体物などを用いて解決したり結果を確かめたりする活動	算数の問題を具体物などを用いて解決したり結果を確かめたりする活動	問題解決の過程や結果を，具体物や図などを用いて表現する活動
小2 3	身の回りの事象を観察したり，具体物を操作したりして，数量や図形に進んで関わる活動	日常の事象から見いだした算数の問題を，具体物，図，数，式などを用いて解決し，結果を確かめる活動	算数の学習場面から見いだした算数の問題を，具体物，図，数，式などを用いて解決し，結果を確かめる活動	問題解決の過程や結果を，具体物，図，数，式などを用いて表現し伝え合う活動
小4 5		日常の事象から算数の問題を見いだして解決し，結果を確かめたり，日常生活等に生かしたりする活動	算数の学習場面から算数の問題を見いだして解決し，結果を確かめたり，発展的に考察したりする活動	問題解決の過程や結果を，図や式などを用いて数学的に表現し伝え合う活動
小6		日常の事象を数理的に捉え問題を見いだして解決し，解決過程を振り返り，結果や方法を改善したり，日常生活等に生かしたりする活動	算数の学習場面から算数の問題を見いだして解決し，解決過程を振り返り統合的・発展的に考察する活動	問題解決の過程や結果を，目的に応じて図や式などを用いて数学的に表現し伝え合う活動
中1		日常の事象を数理的に捉え，数学的に表現・処理し，問題を解決したり，解決の過程や結果を振り返って考察したりする活動	数学の事象から問題を見いだし解決したり，解決の過程や結果を振り返って統合的・発展的に考察したりする活動	数学的な表現を用いて筋道立てて説明し伝え合う活動
中2 3		日常の事象や社会の事象を数理的に捉え，数学的に表現・処理し，問題を解決したり，解決の過程や結果を振り返って考察したりする活動	数学の事象から見通しをもって問題を見いだし解決したり，解決の過程や結果を振り返って統合的・発展的に考察したりする活動	数学的な表現を用いて論理的に説明し伝え合う活動

資質・能力（「思考力、判断力、表現力等」「学びに向かう力、人間性等」）

小学校	A数と計算	B図形	C測定		Dデータの活用	学びに向かう力・人間性等
第１学年	ものの数に着目し、具体物や図などを用いて数の数え方や計算の仕方を考える力	ものの形に着目して特徴を捉えたり、具体的な操作を通して形の構成について考えたりする力	身の回りにあるものの特徴を量に着目して捉え、量の大きさの比べ方を考える力		データの個数に着目して身の回りの事象の特徴を捉える力	数量や図形に親しみ、算数で学んだことのよさや楽しさを感じながら学ぶ態度
第２学年	数とその表現や数量の関係に着目し、必要に応じて具体物や図などを用いて数の表し方や計算の仕方などを考察する力	平面図形の特徴を図形を構成する要素に着目して捉えたり、身の回りの事象を図形の性質から考察したりする力	身の回りにあるものの特徴を量に着目して捉え、量の単位を用いて的確に表現する力		身の回りの事象をデータの特徴に着目して捉え、簡潔に表現したり考察したりする力	数量や図形に進んで関わり、数学的に表現・処理したことを振り返り、数理的な処理のよさに気付き生活や学習に活用しようとする態度
第３学年	数とその表現や数量の関係に着目し、必要に応じて具体物や図などを用いて数の表し方や計算の仕方などを考察する力	平面図形の特徴を図形を構成する要素に着目して捉えたり、身の回りの事象を図形の性質から考察したりする力	身の回りにあるものの特徴を量に着目して捉え、量の単位を用いて的確に表現する力		身の回りの事象をデータの特徴に着目して捉え、簡潔に表現したり適切に判断したりする力	数量や図形に進んで関わり、数学的に表現・処理したことを振り返り、数理的な処理のよさに気付き生活や学習に活用しようとする態度
	A数と計算	B図形		C変化と関係	Dデータの活用	学びに向かう力・人間性等
第４学年	数とその表現や数量の関係に着目し、目的に合った表現方法を用いて計算の仕方などを考察する力	図形を構成する要素及びそれらの位置関係に着目し、図形の性質や図形の計量について考察する力		伴って変わる二つの数量やそれらの関係に着目し、変化や対応の特徴を見いだして、二つの数量の関係を表や式を用いて考察する力	目的に応じてデータを収集し、データの特徴や傾向に着目して表やグラフに的確に表現し、それらを用いて問題解決したり、解決の過程や結果を多面的に捉え考察したりする力	数学的に表現・処理したことを振り返り、多面的に捉え検討してよりよいものを求めて粘り強く考える態度、数学のよさに気付き学習したことを生活や学習に活用しようとする態度
第５学年	数とその表現や計算の意味に着目し、目的に合った表現方法を用いて数の性質や計算の仕方などを考察する力	図形を構成する要素や図形間の関係などに着目し、図形の性質や図形の計量について考察する力		伴って変わる二つの数量やそれらの関係に着目し、変化や対応の特徴を見いだして、二つの数量の関係を表や式を用いて考察する力	目的に応じてデータを収集し、データの特徴や傾向に着目して表やグラフに的確に表現し、それらを用いて問題解決したり、解決の過程や結果を多面的に捉え考察したりする力	数学的に表現・処理したことを振り返り、多面的に捉え検討してよりよいものを求めて粘り強く考える態度、数学のよさに気付き学習したことを生活や学習に活用しようとする態度
第６学年	数とその表現や計算の意味に着目し、発展的に考察して問題を見いだすとともに、目的に応じて多様な表現方法を用いながら数の表し方や計算の仕方などを考察する力	図形を構成する要素や図形間の関係などに着目し、図形の性質や図形の計量について考察する力		伴って変わる二つの数量やそれらの関係に着目し、変化や対応の特徴を見いだして、二つの数量の関係を表や式、グラフを用いて考察する力	身の回りの事象から設定した問題について、目的に応じてデータを収集し、データの特徴や傾向に着目して適切な手法を選択して分析を行い、それらを用いて問題解決したり、解決の過程や結果を批判的に考察したりする力	数学的に表現・処理したことを振り返り、多面的に捉え検討してよりよいものを求めて粘り強く考える態度、数学のよさに気付き学習したことを生活や学習に活用しようとする態度
中学校	A数と式	B図形		C関数	Dデータの活用	学びに向かう力・人間性等
第１学年	数の範囲を拡張し、数の性質や計算について考察したり、文字を用いて数量の関係や法則などを考察したりする力	図形の構成要素や構成の仕方に着目し、図形の性質や関係を直観的に捉え論理的に考察する力		数量の変化や対応に着目して関数関係を見いだし、その特徴を表、式、グラフなどで考察する力	データの分布に着目し、その傾向を読み取り批判的に考察して判断したり、不確定な事象の起こりやすさについて考察したりする力	数学的活動の楽しさや数学のよさに気付いて粘り強く考え、数学を生活や学習に生かそうとする態度、問題解決の過程を振り返って検討しようとする態度、多面的に捉え考えようとする態度
第２学年	文字を用いて数量の関係や法則などを考察する力	数学的な推論の過程に着目し、図形の性質や関係を論理的に考察し表現する力		関数関係に着目し、その特徴を表、式、グラフを相互に関連付けて考察する力	複数の集団のデータの分布に着目し、その傾向を比較して読み取り批判的に考察して判断したり、不確定な事象の起こりやすさについて考察したりする力	数学的活動の楽しさや数学のよさを実感して粘り強く考え、数学を生活や学習に生かそうとする態度、問題解決の過程を振り返って評価・改善しようとする態度、多様な考えを認め、よりよく問題解決しようとする態度
第３学年	数の範囲に着目し、数の性質や計算について考察したり、文字を用いて数量の関係や法則などを考察したりする力	図形の構成要素の関係に着目し、図形の性質や計量について論理的に考察し表現する力		関数関係に着目し、その特徴を表、式、グラフを相互に関連付けて考察する力	標本と母集団の関係に着目し、母集団の傾向を推定し判断したり、調査の方法や結果を批判的に考察したりする力	数学的活動の楽しさや数学のよさを実感して粘り強く考え、数学を生活や学習に生かそうとする態度、問題解決の過程を振り返って評価・改善しようとする態度、多様な考えを認め、よりよく問題解決しようとする態度

高等学校指導内容

（2022年度入学生より実施）

数学Ⅰ（必須・３単位）	数学Ⅱ（４単位）	数学Ⅲ（３単位・２単位減）
① 数と式 数と集合 ・実数 簡単な無理数の四則計算 ・集合 式 ・式の展開と因数分解 二次の乗法公式と因数分解 ・一次不等式 ② 図形と計量 三角比 ・鋭角の三角比 ・鈍角の三角比 ・正弦定理と余弦定理 図形の計量 三角比の活用 ③ 二次関数 二次関数とそのグラフ 二次関数の値の変化 ・二次関数の最大・最小 ・二次方程式・二次不等式 ④ データの分析 データの散らばり ・分散，標準偏差 データの相関 ・散布図，相関係数	① いろいろな式 式と証明 ・整式の乗法・除法，分数式の計算 三次の乗法公式，因数分解 分数式の四則計算 ・等式と不等式の証明 高次方程式 ・複素数と二次方程式 複素数の四則計算 二次方程式の解の判別 ・因数定理と高次方程式 ② 図形と方程式 直線と円 ・点と直線 平面上の線分を内分・外分する点 二点間の距離 直線の方程式 ・円の方程式 円と直線の位置関係 軌跡と領域 ③ 指数関数・対数関数 指数関数 ・指数の拡張 指数を正の整数から有理数へ拡張 ・指数関数とそのグラフ 対数関数 ・対数 ・対数関数とそのグラフ ④ 三角関数 角の拡張 ・弧度法 三角関数 ・三角関数とそのグラフ ・三角関数の基本的な性質 三角関数の相互関係 三角関数の加法定理 ⑤ 微分・積分の考え 微分の考え ・微分係数と導関数 ・導関数の応用 極大，極小，グラフの概形 積分の考え ・不定積分と定積分 ・面積	① 極限 数列とその極限 ・数列の極限 ・無限等比級数の和 無限級数の収束，発散 関数とその極限 ・分数関数と無理関数 ・合成関数と逆関数 ・関数の値の極限 ② 微分法 導関数 ・関数の和・差・積・商の導関数 ・合成関数の導関数 ・三角・指数・対数関数の導関数 導関数の応用 接線の方程式 グラフの概形 ③ 積分法 不定積分と定積分 ・積分とその基本的な性質 ・置換積分法・部分積分法 ・いろいろな関数の積分 積分の応用 図形の面積や立体の体積 曲線の長さ

数学Ａ（２単位）	数学Ｂ（２単位）	数学Ｃ（２単位・新設）
① 図形の性質 平面図形 ・三角形の性質 ・円の性質 ・作図 空間図形 ② 場合の数と確率 場合の数 ・数え上げの原則 集合要素の個数 ・順列・組合せ 確率 ・確率の意味とその基本的な法則 ・独立な試行と確率 ・条件付き確率 ③ 数学と人間の活動 ※数学史的な話題，数理的なゲームやパズル 約数と倍数 素因数分解を用いた公約数，公倍数 ユークリッドの互除法 最大公約数 整数の性質の活用 二進法，分数の仕組み	① 数列 数列とその和 ・等差数列と等比数列 ・いろいろな数列 漸化式と数学的帰納法 ・漸化式と数列 ・数学的帰納法 ② 統計的な推測 標本調査 確率分布 ・確率変数と確率分布 ・二項分布 ③ 数学と社会生活 ※日常の事象や社会の事象などを数学化し，数理的に問題を解決する	① ベクトル 平面上のベクトル ・ベクトルとその演算 ・ベクトルの内積 空間座標とベクトル ② 平面上の曲線と複素数平面 平面上の曲線 ・直交座標による表示 放物線，楕円，双曲線 ・媒介変数による表示 ・極座標による表示 複素数平面 ・複素数の図表示 複素数平面と複素数の極形式 複素数の実数倍，和，差，積，商 ・ド＝モアブルの定理 ③ 数学的な表現の工夫 ※日常の事象や社会の事象などを，図，表，統計グラフなどを用いて工夫して表現する

参考文献

吉田洋一／著『零の発見』岩波書店，岩波新書，1939

T.ダンツィク／著，河野伊三郎／訳『科学の言葉＝数』岩波書店，1953；水谷淳／訳『数は科学の言葉』筑摩書房，ちくま学芸文庫，2016

森田優三／著『統計読本』日本評論社，1958；『新統計読本』日本評論社，1981

遠山啓／著『数学入門(上)』岩波書店，岩波新書，1959

G.ポリア／著，柴垣和三雄／訳『数学における発見はいかになされるか 1 帰納と類比』丸善出版，1959

モリス・クライン／著，中山茂／訳『数学文化史(上・下)』河出書房新社，1962；『数学の文化史』河出書房新社，2011

遠山啓／編『現代数学教育事典』明治図書，1965

R.クーラントほか／著，森口繁一／監訳『数学とは何か』岩波書店，1966

矢野健太郎／編『数学小辞典』共立出版，1968；『数学小辞典(第 2 版：増補)』共立出版，2017

遠山啓／著『数学の学び方・教え方』岩波書店，岩波新書，1972

大矢真一／著『ピタゴラスの定理』東海大学出版会，1975

銀林浩／著『数の科学――水道方式の基礎』むぎ書房，1975

銀林浩／著『量の世界――構造主義的分析』むぎ書房，1975

武藤徹・竹内嗣郎／著『きみはクラスの算数博士』学伸社，1979

矢野健太郎／著『数学質問箱』講談社，ブルーバックス，1979

R. B.デーヴィス／著，佐伯胖／監訳『数学理解の認知心理学』国土社，1987

上垣渉／著『算数・数学授業を楽しくする数学史の話』明治図書，1990

吉田甫／著『子どもは数をどのように理解しているのか』新曜社，1991

川久保勝夫／著『算数のしくみ』日本実業出版社，1992

数学教育協議会・銀林浩／編『算数・数学なぜなぜ事典』日本評論社，1993

仲田紀夫／著『お父さんのための算数と数学の本(新訂版)』日本実業出版社，1993

V. V. ニクリン - I. R. シャファヴィッチ／著，根上生也／訳『幾何学と群』シュプリンガー・ジャパン，1993
秋山仁／監修，東数研・不思議調査班／編『秋山仁と算数・数学不思議探検隊』森北出版，1994
亀谷義富／著『授業に役立つ算数なぜなぜ事典——わかる教え方のノウハウ』あゆみ出版，1994
数学教育協議会・銀林浩／編『算数・数学なっとく事典』日本評論社，1994
樋口禎一・橋本吉彦／著『数学科教育法』牧野書店，1994
ボルチャンスキーほか／著，木村君男・銀林浩・筒井孝胤／訳『面積と体積』東京図書，1994
矢野健太郎・茂木勇／著『新版 お母さまのさんすう』暮しの手帖社，1994
L. L. ハイベルグ／編集，中村・寺阪・伊東・池田／訳『ユークリッド原論(縮刷版)』共立出版，1996
江藤邦彦／著『算数と数学の素朴な疑問』日本実業出版社，1998
大矢浩史／著『図解雑学　算数・数学』ナツメ社，1999
岡部恒治・戸瀬信之・西村和雄／編
『分数ができない大学生』東洋経済新報社，1999；『新版 分数ができない大学生』筑摩書房，ちくま文庫，2010
『小数ができない大学生』東洋経済新報社，2000
『算数ができない大学生』東洋経済新報社，2001
小林昭七／著『円の数学』裳華房，1999
汐見稔幸・小寺隆幸・井上正允／編『時代は動く！　どうする算数・数学教育』国土社，1999
仲田紀夫／著『恥ずかしくて聞けない数学64の疑問』黎明書房，1999
中原忠男／著『算数・数学科　重要用語300の基礎知識』明治図書，2000
黒木哲徳／著『なっとくする数学記号』講談社，2001
今野紀雄／著『数の不思議』ナツメ社，2001
野崎昭弘ほか／著『数と計算の意味がわかる』ベレ出版，2001
上野健爾・岡本和夫・黒木哲徳・野崎昭弘／編『数学の教育をつくろう』日本評論社，数学セミナー増刊，2002
和田常雄／著『これだけは教えたい算数』いかだ社，2002
片桐重男／著『数学的な考え方の具体化と指導』明治図書，2004
国立教育政策研究所ホームページ『OECD生徒の学習到達度調査(PISA)』

2000－2015
国立教育政策研究所ホームページ『全国学力・学習状況調査』2007-2017
文部科学省ホームページ『次期学習指導要領等に向けたこれまでの審議のまとめについて(報告)』2017
文部科学省ホームページ『新学習指導要領(平成29年3月公示)』2017
日本数学教育学会／編『算数教育指導用語辞典(第4版)』教育出版，2009
上野健爾／著『数学フィールドワーク』日本評論社，2008
船越俊介・家田晴行／著『指導書小学校算数』新興出版社啓林館，2008
清水静海ほか／著『わくわくさんすう』1年～6年，新興出版社啓林館，2015

索引

●た行

●な行

●は行

●ま行

●や行

●ら行

●わ行

●著者
黒木哲徳(くろぎ・てつのり)

略歴
1944 年　宮崎県生まれ.
1966 年　九州大学理学部数学科卒業.
1968 年　九州大学大学院理学研究科修士課程修了.
その後, 九州大学・名古屋大学の理学部, 福井大学教育地域科学部,
南九州大学人間発達学部に勤務. 退職後, 宮崎県都城市教育委員会にて教育行政に携わった.
理学博士. 福井大学名誉教授.
著書
『なっとくする数学記号』(講談社)
『基礎から学ぶ線形代数』共著(共立出版)
『算数から数学へ』(日本評論社)

●編集協力
京岡成典(きょうおか・しげのり)
福井県立小浜水産高等学校, 小浜市立今富小学校, 小浜第二中学校教諭,
福井県教育庁嶺南教育事務所研修課を経て, 現在小浜市内小学校に勤務.
小学校 1 年生から高校生までの算数・数学の指導を経験.

趙　雪梅(ちょう・せつばい)
南九州大学人間発達学部准教授を経て, 福井医療大学看護学科教授.

●イラスト
山田直子(やまだ・なおこ)
福井県立福井農林高等学校教諭.

入門 算数学［第 3 版］

2003 年 7 月 10 日　第 1 版第 1 刷発行
2009 年 2 月 25 日　第 2 版第 1 刷発行
2018 年 3 月 30 日　第 3 版第 1 刷発行
2022 年 12 月 30 日　第 3 版第 3 刷発行

著　者……………………黒木哲徳 ©
発行所……………………株式会社 日本評論社
〒170-8474 東京都豊島区南大塚 3-12-4
TEL：03-3987-8621［販売部］　https://www.nippyo.co.jp
企画・制作………………亀書房［代表：亀井哲治郎］
〒264-0032 千葉市若葉区みつわ台 5-3-13-2
TEL & FAX：043-255-5676
印刷所……………………精文堂印刷株式会社
製本所……………………井上製本所
装　幀……………………銀山宏子
ISBN 978-4-535-79814-4　Printed in Japan